DIPL.-SCHIFFBAU-ING. KARL MARCONI

WIE KONSTRUIERT UND BAUT MAN EIN BOOT

Ein Wegweiser für Konstruktion, Bau und Beurteilung
von Segel- und Motorfahrzeugen

11. Auflage

VERLAG KLASING & CO GMBH BIELEFELD

ISBN 3-87412-005-8

Einbandgestaltung: Siegfried Berning

Druck: Kunst- und Werbedruck, Bad Oeynhausen-Eidinghausen

Inhaltsverzeichnis

Vorwort

Hiermit erreicht die 9. Auflage dieses bekannten und weitverbreiteten Buches seine Leser. Karl Marconi, der heute in Italien lebende Österreicher, der sich viele Jahre in Deutschland aufgehalten hat und auch jetzt noch für deutsche und nordische Auftraggeber arbeitet, hat die vorige Auflage seines Buches jedoch nicht einfach zum Nachdruck freigegeben. Vielmehr schien es ihm an der Zeit, Fortschritte und Neuerungen zu berücksichtigen und sein Buch um ein wichtiges Thema zu bereichern: die Stabilitätsberechnung. Eine ähnlich vereinfachte und dem Yachtbau angepaßte Darstellung dieses Gebietes gibt es bisher nicht. Aber auch die übrigen Kapitel sind zum größten Teil neugeschrieben und dabei wurde viel Neues eingearbeitet.

Das Buch ist in derselben Weise Schritt für Schritt aufgebaut, wie der Weg, den der Konstrukteur gehen muß, bevor er sich der endgültigen Formgebung, dem Linienriß, seines Objektes zuwenden kann. Da ein Boot ein Boot ist und der zur Verfügung stehende Raum keine Wiederholungen erlaubte, sollte der Segler auch jene Abschnitte lesen, die ihm nur das Motorboot zu betreffen scheinen. Das gleiche gilt für den Motorbootfahrer im Hinblick auf die seglerischen Kapitel. Als Endergebnis soll der Sportsmann die Fähigkeit erhalten, neuzubeschaffende Fahrzeuge und vorzunehmende größere Umbauten richtiger zu beurteilen, Vor- und Nachteile zu erkennen und seine Wünsche auf schiffbautechnischer Grundlage festzulegen. Dem Bootsbauer können die Ausführungen dieses Buches die Abfassung von Angeboten und an Hand der verschiedenen Berechnungen auch die Kalkulation wesentlich erleichtern. Die Bearbeitung und Erweiterung machen das Buch auch für jene wieder wertvoll, die eine der früheren Auflagen besitzen oder kennen.

Der Verlag

1. Ganz wenig Mathematik

Um eine bestimmte Länge auf einer Linie anzugeben, ist bloß ein Maß erforderlich, welches mit Angabe der gewählten Maßeinheit (z. B. dm oder km) eine „Strecke" ergibt. Eine Strecke hat also eine Dimension (Ausdehnung).

1 Seemeile = 1852 m

gewählte Maßeinheit	gewählte Maßeinheit
Seemeilen.	Meter.

Ein Flächeninhalt ist im Prinzip Länge × Breite, also das Produkt zweier Strecken. Eine Fläche hat also zwei Dimensionen (Nur „mal" und „durch" bestimmen die Dimensionen, nicht + oder —. Auch nicht die Multiplikation oder Teilung mittels Konstanter, wie auch zum Beispiel 2π).

Der Rauminhalt eines Körpers ist im Prinzip Länge × Breite × Höhe, also das Produkt dreier Strecken.

Ein Körper ist daher eine Größe „dritter Dimension" (dreier Ausdehnungen).

Nimmt man eine bestimmte Strecke, z. B. 4 m, macht daraus die Seitenlängen eines Quadrats, so hat das Quadrat den Flächeninhalt von $4 \times 4 = 16\ m^2$ (Quadratmeter), dies der Gedanke des „Quadrierens" Strecke × Strecke = Strecke².

Macht man aus obiger Strecke die Seiten eines Würfels, so wird dessen Rauminhalt gleich sein:

$$4 \times 4 \times 4 = \underset{\text{Grundfl.}}{16} \times \underset{\text{Höhe.}}{4} = 64\ m^3$$

(Kubikmeter) dies der Gedanke des „Kubierens".

Die umgekehrten Vorgänge heißen „Quadratwurzelziehen"

$$\text{z. B.: } \sqrt{16} = 4$$

und „Kubikwurzelziehen"

$$\text{z. B.: } \sqrt[3]{64} = 4$$

Jedes technische Nachschlagewerk enthält Tabellen über die Quadrate, Kuben und Wurzeln der Zahlen von 1 bis 1000, welcher Bereich fast immer genügt.

Tabelle 1
Flächen (F) und Schwerpunktlage (S)

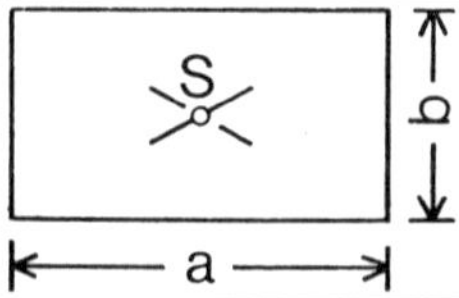

Rechteck

$F = a \times b$
S im Mittelpunkt

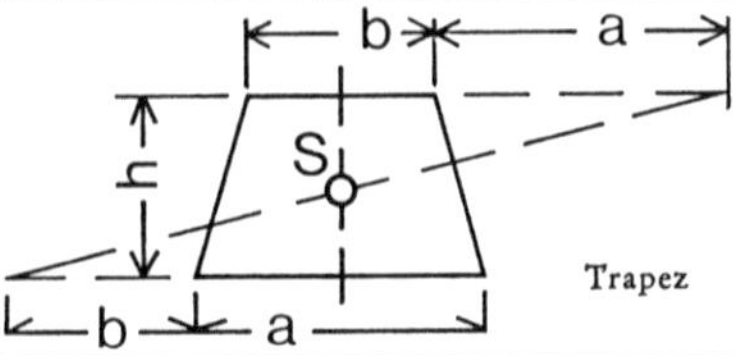

Trapez

$F = \frac{a + b}{2} \times h$

S-Konstruktion siehe links

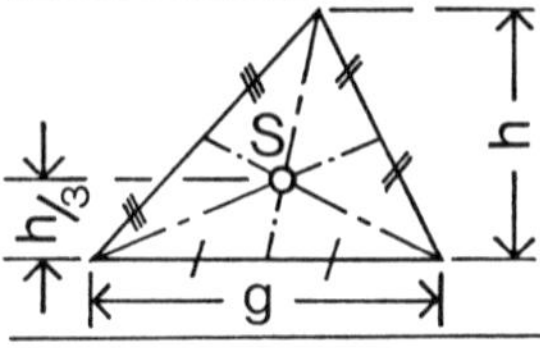

Dreieck

$F = \frac{g \times h}{2}$

S auf 1/3 der Höhe
Konstruktion siehe links

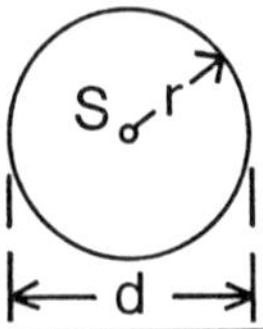

Kreis

$F = r^2 \pi = \frac{d^2 \pi}{4}; U = 2 r \pi =$
$= d \pi; \pi = 3{,}14$
S im Mittelpunkt

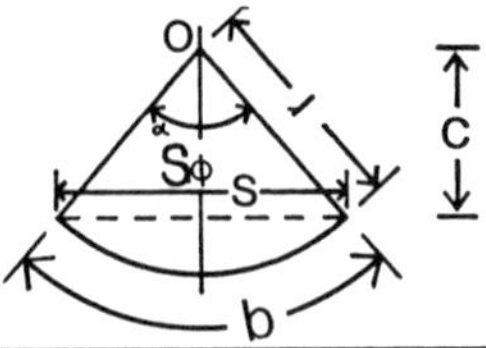

Kreis-Ausschnitt

$F = \frac{b \times r}{2}; b = \frac{2 r \pi \alpha}{360};$
α in Graden
S im Abstand: $\frac{r^2 s}{3 F}$ vom Mittelpunkt (O)
$s = 2 \sqrt{r^2 - c^2}$

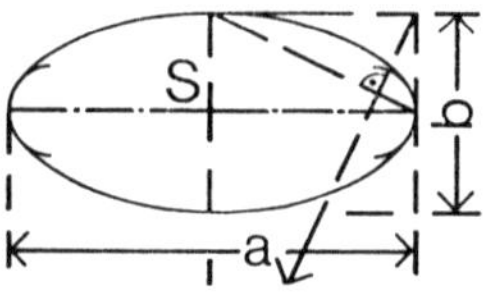

Ellipse

$F = \frac{a \times b \times \pi}{4}; U \cong \frac{a + b}{2} \times \pi$
S im Mittelpunkt

Körper. Oberfläche (O) und Rauminhalt (V).
G = Grundfläche; M = Mantelfläche.

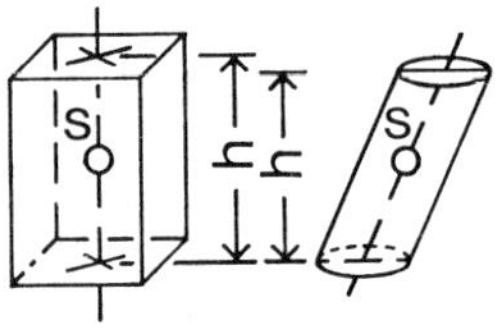

Prismen und Zylinder

Ob gerade, schräge, vieleckig, kreisförmig oder elliptisch:

$$O = 2G + M; \; V = G \times h$$

S auf ½ Höhe in der Mittellinie

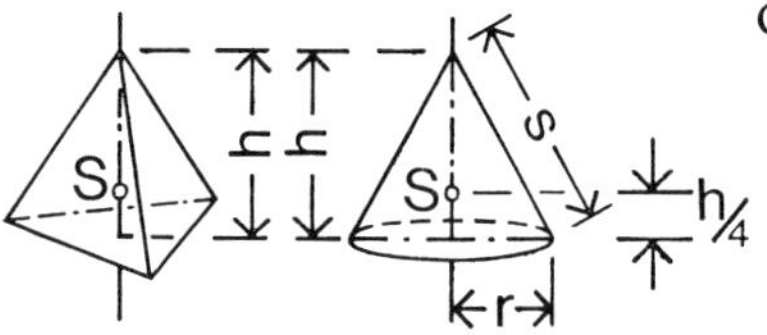

Pyramide und Kegel

Ob gerade, schräge, vieleckig, kreisförmig oder elliptisch:

$$O = G + M; \; V = \frac{G \times h}{3}$$

für kreisf.: $s = \sqrt{r^2 + h^2}$
S auf ¼ der Höhe in der Mittellinie

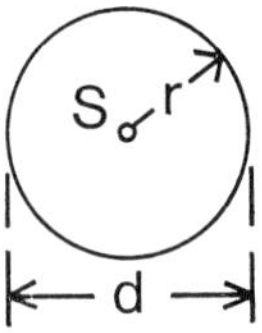

Kugel

$$V = \frac{4}{3} r^3 \pi = \frac{d^3 \pi}{6}$$

$$O = 4 r^2 \pi$$

S im Mittelpunkt

Beispiel

Ein Benzintank hat eine elliptische Stirnfläche, dessen Achsen gleich 3,0 dm und 1,5 dm sind. Die Länge ist 7,0 dm. Wieviel Liter Benzin vermag er zu fassen?

$$\text{Grundfläche} = \text{Stirnfläche} = \frac{a \times b \times \pi}{4}$$

$$= \frac{3{,}0 \times 1{,}5 \times 3{,}14}{4} = 3{,}53 \text{ dm}^2$$

Höhe = hier gleich Länge = 7,0 dm
Grundfläche × Höhe = 3,53 × 7,0 = 24,71 dm³ = Liter = „V“ (Volumen).

2. Das Rechnen mit Maßstäben

Hat man z. B. eine im Maßstab 1 : 15 ausgeführte Zeichnung vor sich liegen, so ist es wohl allgemein bekannt, daß jede wiedergegebene Länge mit 15 zu multiplizieren ist, um dieselbe in natürlicher Größe zu erhalten.

Auf dieser Zeichnung sei eine rechteckige Fläche zu sehen, deren Seiten 5 und 7 cm lang sind. In natürlicher Größe werden diese Seiten also $5 \times 15 = 75$ cm und $7 \times 15 = 105$ cm lang sein. Der wahre Flächeninhalt des Rechteckes wird also $75 \times 105 = 7875$ cm² sein. Diese Zahl erhalten wir auch, wenn wir $F = 5 \times 15 \times 7 \times 15 = 5 \times 7 \times 15^2$ setzen; daher $F = 35 \times 225 = 7875$ cm².

D. h.: Um einen Flächeninhalt einer in einem bestimmten Maßstab gezeichneten Fläche in natürlicher Größe zu erhalten, muß man den Flächeninhalt auf der Zeichnung mit dem Quadrate des Maßstabes multiplizieren. (Und umgekehrt).

Beispiel: Man will ein Modell einer 150-m²-Segeljacht im Maßstab 1 : 20 herstellen. Wieviel m² Stoff hat das Modell zu erhalten?

Da es der umgekehrte Vorgang wie oben ist, muß man mit dem Quadrate des Maßstabes dividieren.

$$F\ \text{Mod.} = \frac{F}{(\text{Maßstab})^2} = \frac{150}{20^2} = \frac{150}{400} = 0{,}375\ \text{m}^2$$

In derselben Art und Weise ergibt sich die Umdrehung von Rauminhalten (Verdrängungen), welche jedoch dreidimensional sind, so daß wir sagen können:

Um einen Rauminhalt eines in einem bestimmten Maßstab gezeichneten Körpers in natürlicher Größe zu erhalten, muß man den in Zeichnungsgröße gedachten Rauminhalt mit dem Kubus des Maßstabes multiplizieren. (Und umgekehrt.)

Beispiele:

1. Die Wasserverdrängung eines im Maßstab 1 : 25 dargestellten Schiffsmodells (oder die der Zeichnung entsprechende Verdrängung) sei 2000 cm³. Welche Verdrängung (Deplacement) hat das große Schiff?

$D = 2000 \times 25^3 = 2000 \times 15\,625 = 31\,250\,000$ cm³ $=$ *31,25 m³* (bei Süßwasser gleich Tonnen = to).

2. Für die Beplankung eines Bootes sei 1,7 m³ Holz verwendet worden. Es sei ein in jedem Ausmaß denau doppelt so großer Bootskörper herzustellen, dessen Beplankung auch doppelt so stark werden soll. Wieviel m³ Holz werden hierzu gebraucht?

M. : 1 : 2 daher $1{,}7 \times 2^3 = 1{,}7 \times 8 =$ *13,6 m³*

Beachtet: Alles zweimal so groß und stark kostet achtmal soviel!

3. Das Archimedische Prinzip oder die Gesetze des Schwimmens

Es lautet:

Ein in eine Flüssigkeit getauchter Körper verliert scheinbar soviel von seinem Gewicht, als die von ihm verdrängte Flüssigkeitsmenge wiegt.

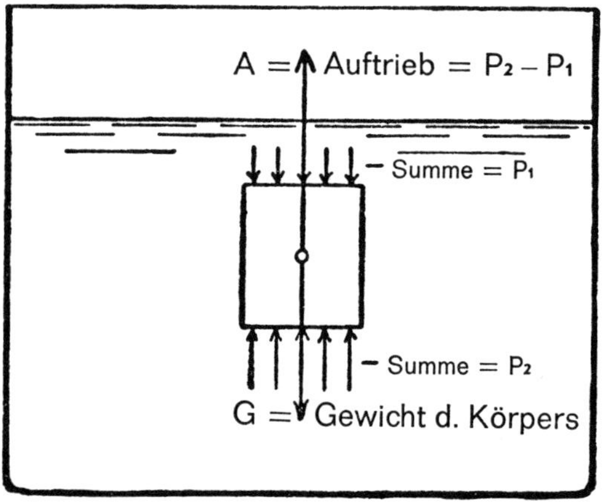

Zeichnung 1

Erläuterung:

Denkt man sich einen in eine Flüssigkeit getauchten Zylinder (Zeichn. 1) und beachtet dabei, daß der Flüssigkeitsdruck nach unten zu um das Gewicht der darüberlastenden Flüssigkeit zunimmt, wird man leicht erkennen, daß der Druck von unten (P_2) gerade um das Flüssigkeitsgewicht der Körperform größer sein muß als der Druck von oben (P_1). Die Differenz dieser beiden Drücke nennt man Auftrieb, welcher also auch gleich dem scheinbaren Gewichtsverlust ist.

Ebenfalls aus dem Grunde, daß ein Flüssigkeitsdruck mit offener Oberfläche außer vom Gewichte der Flüssigkeit bloß von der Tiefe unter dem Flüssigkeitspiegel abhängig ist, erklärt es sich, daß in verbundenen, oben offenen Gefäßen sich die Flüssigkeit stets gleich hoch einstellt. Dies ist das Gesetz der „kommunizierenden (verbundenen) Gefäße".

Ein solches, mit einem anderen verbundenes Gefäß stellt z. B. jeder Schwertkasten dar (Zeichn. 2), wobei das zweite Gefäß von den Ufern des Gewässers gebildet wird.

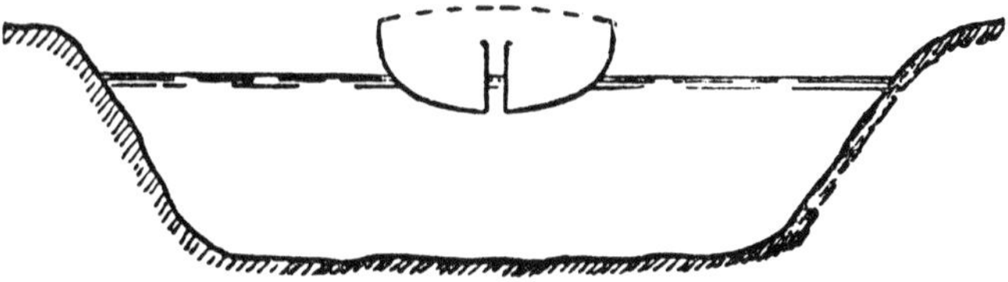

Zeichnung 2

Zurückkommend auf das Archimedische Prinzip und auf Zeichn. 1 ergibt sich, daß auf den untergetauchten Körper zwei Kräfte wirken. Die eine Kraft ist das Eigengewicht G, die andere der Auftrieb A. Diese beiden Kräfte wirken entgegengesetzt, und nun ist es nicht schwer, zu erkennen, daß der (bzw. ein) Körper

1. „schwimmen, also nach oben kommen wird, wenn im untergetauchten Zustand der Auftrieb größer als das Gewicht ist,

2. der Körper „schweben“ wird, wenn der Auftrieb gerade dem Gewicht gleich ist, und
3. der Körper „untergehen“ wird, wenn der Auftrieb kleiner als das Gewicht ist.

Angenommen, der Rauminhalt des Körpers sei gleich dem eines Würfels, dessen Seiten die Länge einer gewählten Maßeinheit haben, also z. B. 1 cm, Inhalt 1 cm³, so wird der Körper schweben, wenn 1 cm³ der Flüssigkeit ebensoviel wiegt.

Das Gewicht einer solchen Raumeinheit eines Körpers nennt man „spezifisches Gewicht“ (Zeichen „γ“ sprich „gamma“).

Da die Einheit des Gewichtsmaßes aus praktischen Gründen gleich dem Gewicht einer Raumeinheit Süßwasser gesetzt wurde, ist umgekehrt das spezifische Gewicht von Süßwasser = 1.

Daraus läßt sich folgern:

Ein Körper wird, je nachdem ob sein spezifisches Gewicht kleiner, gleich oder größer als 1 ist, in Süßwasser schwimmen, schweben oder untergehen.

Das spezifische Gewicht ist eine Verhältniszahl zum Wassergewicht. Man rechnet, wenn in cm³ — in Gramm, wenn in dm³ — in kg und wenn in m³ — in to.

Die spezifischen Holzgewichte der Tabelle 2, γ (gamma) genannt, entsprechen dem mittleren Feuchtigkeitszustand eines schon einige Zeit zu Wasser befindlichen Bootes. Ganz genau genommen wären die Hölzer der stets benässten Bootsteile schwerer, jene der oft oder dauernd trockenen Teile dagegen etwas leichter.

Tabelle 2 – spezifische Gewichte

Material	Gewicht einer Raummaßeinheit (cm³—g; dm³—kg; m³—to)
Süßwasser	1,00
Seewasser	1,012—1,040
Leichtbenzin	0,73
Rohöl und Öle ca.	0,80—0,83
Gußeisen	7,65
Schmiedeeisen und Schiffbaustahl	7,80—7,86
Messing und Bronze	8,50
Blei	11,40
Leichtmetalle	2,60—2,70
Glas	2,60—2,70

Zement, erhärtet	2,30
Linoleum ca.	1,00
Kiefer, Tanne, Fichte, Lärche ca.	0,45—0,50
Spruce	0,43
Gaboon (Okumé)	0,45
Gaboon-Sperrholz	0,54
Mahagoni	0,60
Mahagoni Sperrholz oder formverleimt	0,66—0,70
Buche (für Möbel)	0,65
Eiche	0,80—0,85
Esche	0,70
Zeder	0,57
Zypresse	0,65
Oregonpine	0,60
Pitchpine	0,85
Teak	0,88
Schaumstoff als Tragkörper oder Füllstoff	0,02
Neueste Schaumstoff-Auffüllmittel, fertig	0,01
Plastik-Fertigteile „GFK" je nach verlangter Festigkeit (1966)	1,40—1,90

1 m³ = 1000 dm³; daher:
1 to = 1000 kg; 1 dm³Wasser = 1 l wiegt 1 kg.

Ein in Wasser untergetauchtes Stück Holz wird also stets zur Oberfläche kommen, schwimmen oder sogar noch über den Wasserspiegel herausragen. Jeder schwimmende Körper wird soweit aus dem Wasser heraustauchen, bis der eingetauchte Teil eine solche Wassermenge verdrängt, welche gerade soviel wiegt wie der Körper selbst.

Auf diesem Prinzip beruht die Möglichkeit, ein Schiff so zu gestalten, daß es auf dem gewünschten Tiefgang schwimmt.

Eine eiserne Schiffsschale schwimmt vermöge ihres Hohlraumes, welcher bewirkt, daß verhältnismäßig bald die gleichschwere Wassermenge verdrängt wird. Eine bestimmte Wassermenge, also ein bestimmtes Wassergewicht im Schiff, gleichgültig ob es sich mit dem Außenwasser in Verbindung befindet oder nicht, ist rechnerisch stets ebenso wie ein jedes andere, an derselben Stelle befindliche Gewicht aufzufassen.

Beispiele:

1. Eine Waage (Zeichn. 3) ist auf jeder Seite mit einem 1-kg-Eisengewicht belastet, wovon eines unterhalb der Schale an einem Faden hängt. Stellt man die Waage so auf, daß letzteres Gewicht in ein Wassergefäß taucht, wird das Gewicht einen Auftrieb erleiden und, um wieder Gleichgewicht herzustellen, muß man auf die linke Waagschale 0,131 kg zugeben. Dieses Gewicht entspricht also dem Auftrieb oder dem Gewicht der verdrängten Wassermasse, und da für Wasser $\gamma = 1$ ist, auch der Verdrängung = dem Rauminhalt des Körpers. Dadurch kann man sagen, daß einem Rauminhalt von 0,131 dm^3 ein Eisengewicht von 1 kg entspricht. Einem dm^3 entspricht

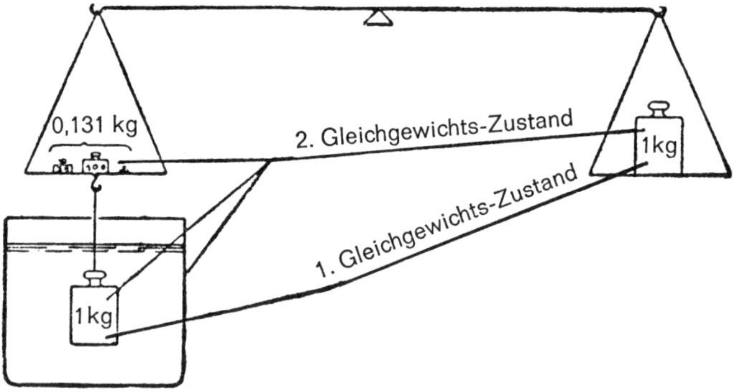

Zeichnung 3

daher ein Gewicht von $\frac{1}{0{,}131} = 7{,}63$ kg Eisen bzw. 1 m^3 ein Gewicht von 7,63 to (siehe Tab. 2 Eisen-Guß). Somit hat man das spez. Gew. des Eisengewichts als auch seinen Rauminhalt in einfacher Weise bestimmt.

2. Eine 100 kg schwere, würfelförmige Blechkiste, deren Seiten je 1 m lang sind, wird ins Wasser gesetzt. Wie tief taucht sie ein?

Die Verdrängung wird gleich 1 m × 1 m × Tauchung sein. Diese Verdrängung × spez. Gew. der Flüssigkeit (Wasser,

$\gamma = 1$) muß laut Archimedischem Prinzip gleich dem Gewicht des Körpers sein. Daher

$$1 \times 1 \times T \times 1 = 0{,}1 \text{ (to)}$$

$$\text{und } T = \frac{0{,}1}{1 \times 1 \times 1} = 0{,}1 \, m.$$

Gießt man nun noch 150 l Wasser (= 150 kg) in die Kiste, wie tief schwimmt sie dann?

$$100 + 150 = 250 \text{ kg} = 0{,}25 \text{ to}$$
$$= \text{jetziges Gewicht des Körpers.}$$

$$\underbrace{1 \times 1}_{\text{Grundfl.}} \times \underbrace{T_1}_{\text{Tauchung}} \times \underbrace{1}_{\gamma} = 0{,}25.$$

$$T_1 = 0{,}25 \, m.$$

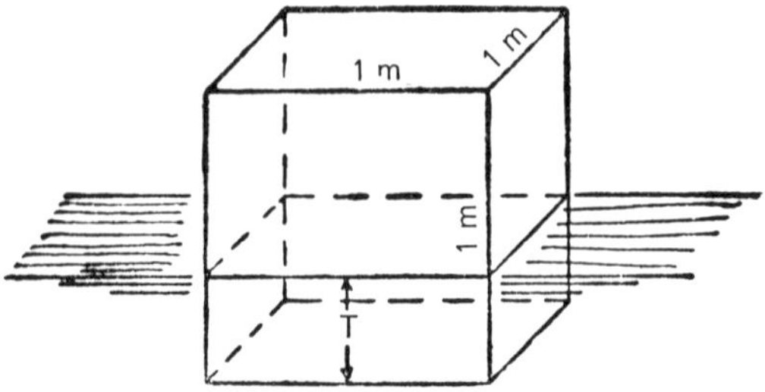

Zeichnung 4

3. Jedes Stück Holz mit gleichmäßiger Höhe und gerade hochgehenden Seiten wird um das Maß Seitenhöhe × spez. Gewicht tief tauchen.

4. Schwerpunkt und Gleichgewicht

Der Schwerpunkt eines Körpers ist jener Punkt, in welchem man sich die ganze Masse des Körpers vereinigt denken kann.

Von einer Fläche ist er nur dann auch ihr Druckmittelpunkt, wenn der Druck gleichmäßig auf sie verteilt ist. Bei der weiter hinten erklärten Berechnung der Segel und des Lateralplanes muß man das zu Anfang so annehmen um dann nachher die jeweils angebrachten Korrekturen durchzuführen. Dies weil die Druckmittelpunkte unter den Einflüssen der Antriebs- und der Widerstandskräfte wandern.

Über die Lage der Schwerpunkte geometrischer Flächen und Körper gibt Tab. 1, Seite 11, genügend Auskunft. Allgemein kann der Schwerpunkt mit Hilfe der Überlegung gefunden werden, daß er sich, bei einem an einem Punkte frei aufgehängten Körper, stets lotrecht unter dem Aufhängungspunkt einstellen wird. Eine solche „Lotrechte“ nennt man Schwerlinie. Hängt man den Körper an verschiedenen Punkten auf, so wird der Schnittpunkt der jeweiligen Schwerlinien der Schwerpunkt sein (siehe Zeichn. 5).

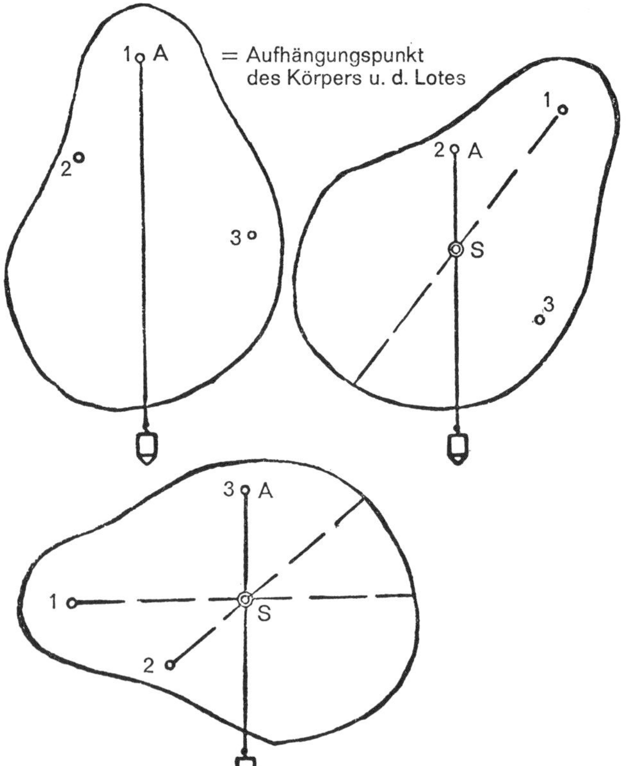

Zeichnung 5

Von der Richtigkeit obiger Darstellung kann man sich leicht durch einen Versuch mit einem beliebig ausgeschnittenen Stück Pappe überzeugen. Horizontal im Schwerpunkt auf eine Spitze aufgestellt, muß die Pappe im Gleichgewicht verharren.

Die Gleichgewichtslagen des Körpers (Fläche) in Zeichn. 5 sind durchweg als „stabil“ zu bezeichnen, weil der Körper, aus seiner Lage gebracht, wieder in seine alte Lage zurückkehrt (zurückschwingt). Desgleichen steht auch z. B. ein Schrank stabil, doch darf er bloß so weit aus seiner Gleichgewichtslage gebracht werden, bis die Lotrechte durch seinen Schwerpunkt noch innerhalb der Unterstützungsfläche fällt. Darüber hinausgebracht, kippt er und sucht sich eine neue Gleichgewichtslage. In jenem Augenblick, wo sich der Schwerpunkt gerade über der Kippkante befindet, herrscht „labiles“; d. h. schwankendes Gleichgewicht, weil der Körper bei der geringsten Störung in eine stabile Gleichgewichtslage übergeht (= Zeichnung 6).

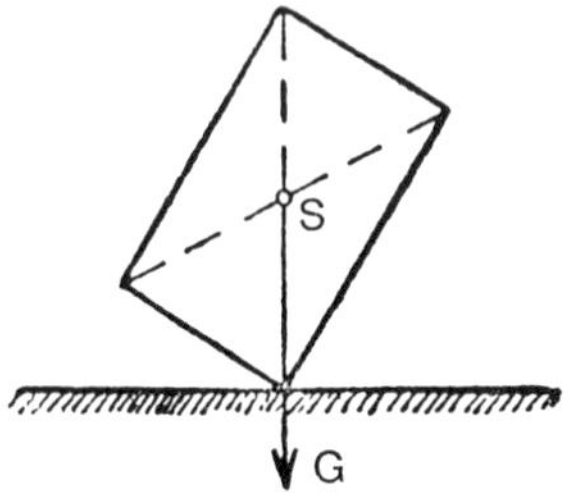

Zeichnung 6

Weiter unterscheidet man noch ein „indifferentes“, d. h. gleichgültiges Gleichgewicht, welches dann herrscht, wenn der Körper in seinem Schwerpunkt selbst unterstützt wird. Der Körper verharrt dann in jeder beliebigen Lage (z. B. eine Rolle oder ein Rad auf der Achse).

Zusammenfassend kann man sagen: Ein Körper befindet sich dann im Gleichgewicht, wenn sich die Wirkungen aller auf ihn einwirkenden Kräfte, einschließlich der Wirkung seiner eigenen Schwerkraft, gegenseitig aufheben.

5. Das Hebelgesetz

Im vorhergehenden Kapitel hat man gesehen (Zeichn. 6), daß eine Kraft (Gewicht) gegenüber einem Drehpunkt (Kante) eine Bewegung oder Drehung eines Körpers herbeiführen kann.

Wie ist diese Drehkraft, technisch das „Kraftmoment“ oder „Drehmoment“, zu errechnen?

Kraftmoment = Kraft × Hebelarm, wobei für den Hebelarm immer der zur Kraftrichtung senkrechte Abstand vom Drehpunkt zur Kraftrichtung einzusetzen ist.

Man sieht in Zeichn. 7 eine Kraft P_1 auf einen um den Punkt D drehbaren Körper wirken. Der senkrechte Abstand = a_1, daher das Kraftmoment $a_1 \times P_1$. Die Richtung der Kraft P_2 geht durch den Drehpunkt, der senkrechte Abstand ist hier daher = 0 und das Kraftmoment = $0 \times P_2 = 0$. Die Kraft P_2 übt also keine drehende Wirkung auf den Körper aus.

Wirkt die Kraft im rechten Winkel zum vorhandenen Hebel, so wie dies P_3 tut, dann entspricht der theoretische senkrechte Abstand a_3 der vorhandenen Hebellänge.

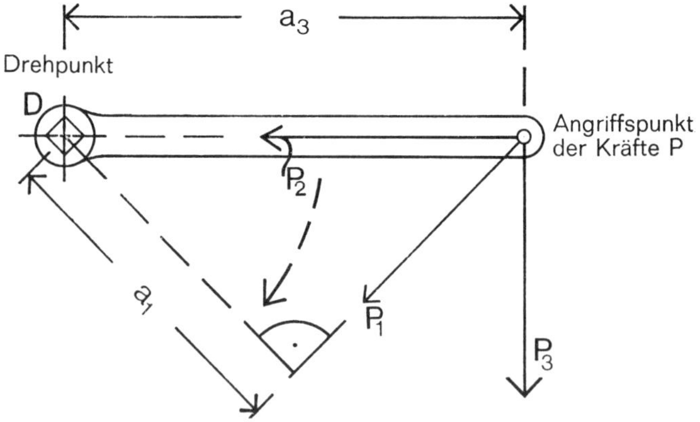

Zeichnung 7

Wirken auf einen um einen Punkt drehbaren Körper (Hebel) mehrere Kräfte (Zeichn. 8), so wird dann Gleichgewicht (keine Drehwirkung) herrschen, wenn die Summe aller Kraftmomente in der einen Richtung gleich ist der Summe aller Kraftmomente in der anderen Richtung.

Beispiele:

1. In Zeichnung 8 a sei $P_1 = 20$ kg, $P_2 = 5$ kg, a = 2 m, b = ? wenn Gleichgewicht herrschen soll.

Es muß sein: $P_1 \times a = P_2 \times b$

$$20 \times 2 = 5 \times b$$

$$b = \frac{40}{5} = 8 \text{ m}$$

2. In Zeichnung 8 b sei $P_1 = 140$ kg, a = 2,5 m, b = 7 m. Wie groß muß P_2 sein, um der drehenden Wirkung von P_1 das Gleichgewicht zu halten?

Es muß sein: $P_1 \times a = P_2 \times b$

$$140 \times 2{,}5 = P_2 \times 7$$

$$P_2 = \frac{350}{7} = 50 \text{ kg}$$

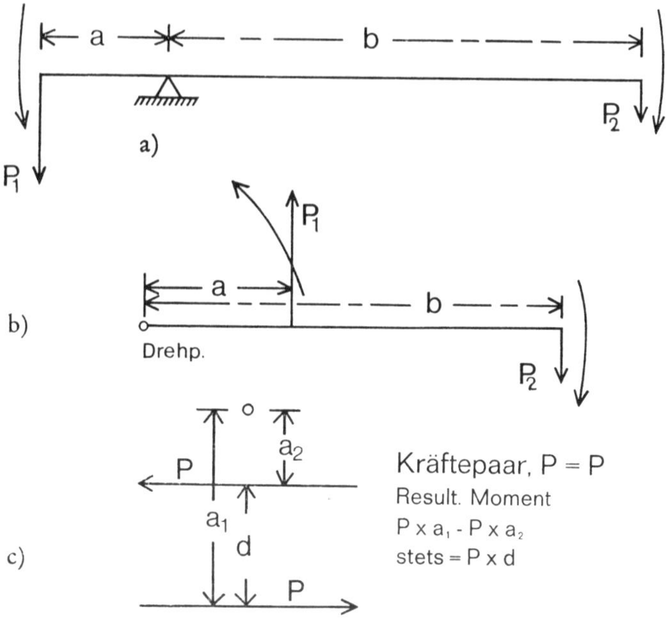

Zeichnung 8 a, b und c

Beide Kräfte müssen dasselbe Kraftmoment, und zwar von 350 m/kg (Meter-Kilogramm), auf den Drehpunkt bezogen, auswirken.

8c zeigt das resultierende Drehmoment eines Kräftepaares (P = P und parallel), was wir im Kap. 15 als Propellerschub gegen den Bootswiderstand benötigen.

6. Wie man System- und Flächenschwerpunkte bestimmt

Auch im Kleinschiffbau ist das vorher beschriebene Hebelgesetz für die Ermittlung einer aus vielen Einzelkräften sich ergebenden „Resultierenden" und ihres Angriffspunktes von großer Wichtigkeit.

Beispiele:

1. Es wird hier nur gezeigt „wie" man es macht, denn in Wirklichkeit ist die Zahl der Einzelgewichte eines Bootes bedeutend größer. Ich habe darum für dieses erste Beispiel nach Zeichnung 9 nur einen Teil der Hauptgewichte herausgegriffen. Es folgt später alles genauer, auch wie man die Bootsrumpf- und Einzelgewichte berechnet und ihre Schwerpunkte findet.

Gegenstand	Gewicht in kg	Hebelarm in m	kg x m = Kraft- oder Drehmoment
Steuerruder	15	0,10	1,50
Tank halb voll	50	0,40	20,00
Wellenanlage komplett	30	0,90	27,00
Akku	40	1,30	52,00
Motor	300	1,85	555,00
Bootskörper mit Schotte und Deck	430	2,90	1247,00
4 Sitze	60	3,15	189,00
Personengewicht i M.	220	3,30	726,00
Fußboden	70	3,60	252,00
Armaturen und Steuerrad	13	4,30	55,90
Summe	1228	ξ	3125,40

Das hätten wir nun für unser jetziges Beispiel-Boot getan, worauf wir die Werte in einer Tabelle zusammenfassen müssen. Wir benötigen um die Längslage des Gesamtschwerpunktes oder auch Systemschwerpunktes zu finden einen Drehpunkt oder eine Drehachse, wie aus Kap. 5 hervorgeht. Diesen könnten wir — in der Längsebene bleibend — beliebig hinsetzen, doch das Praktischste ist, ihn auf Achterkante Boot anzunehmen.

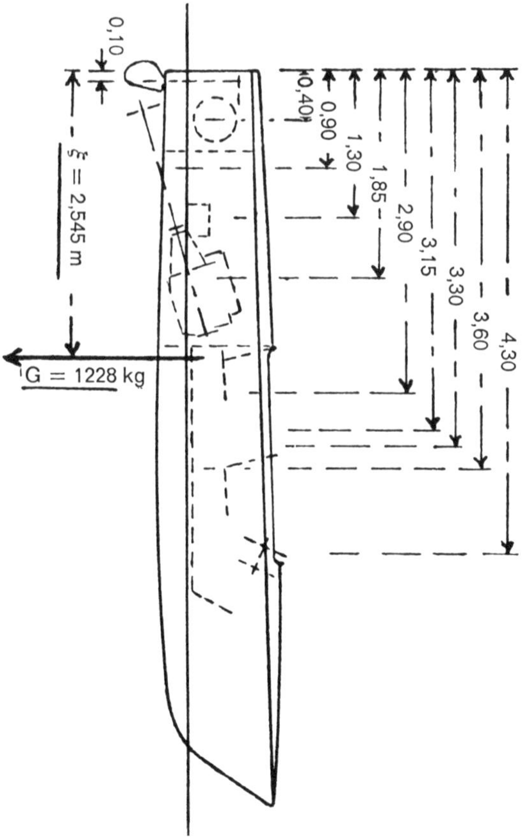

Zeichnung 9

Für jede Position (siehe Zeichn. 9) ist das Kraft- oder Drehmoment = Gewicht × Hebelarm von der Drehachse gemessen, zu bilden. Hier tue ich das von achtern nach vorne.

Das Gesamtgewicht (oder die Gesamtkraft) beträgt also bis hierher 1228 kg und ihr Gesamtmoment 3125,40 mkg. Naturgemäß muß ihr Hebelarm gleich der Teilung von

$$\frac{\text{Summe der Kraftmomente}}{\text{Summe der Gewichte}}$$ sein, welchen Wert man ξ (sprich xi) nennt.

$$\frac{3125{,}4}{1228} = \xi = 2{,}545 \text{ m.}$$ Dort liegt der Systemschwerpunkt und dort kann man sich das Gesamtgewicht angreifend vorstellen.

Um irrtümliche Ableitungen zu vermeiden: es handelt sich hier, wie aus den Hebelarmlängen hervorgehen würde, um ein 6,50 m-Boot. Abgesehen davon daß man nicht — wie hier — einfach Rumpf, Schotte und Deck's ohne Einzelberechnungen zusammenwerfen kann, fehlen noch ungefähr 15 Kleinpositionen wie zum Beispiel Farbe, Beschläge, Wegerungen, Klappverdeck, Inventar, Ausrüstung, Feuerlöscher usw. usw., womit das Boot auf ungefähr 1450—1500 kg käme und sich auch der Schwerpunkt um etwas verschieben würde. Ferner geht man in der Praxis nicht so ganz von achtern nach vorne vor, sondern Gruppenweise, wie: Bootskörper, Ausbau, Takelage, Maschinenanlage usw. An anderer Stelle ist eine genaue Gewichtsberechnung vorgeführt.

2. Beispiel, Flächenzusammensetzung. Der Vorgang ist derselbe wie für die Gewichte. Man hätte entsprechend den Dreiecksangaben aus Tabelle 1 die Flächen und Schwerpunkte zweier Dreiecke, beziehungsweise zweier Segelflächen konstruiert und errechnet. Wir suchen die Gesamtfläche (= Summe) und den Gesamtschwerpunkt.

Derselbe muß auf der Verbindungslinie der beiden Einzelschwerpunkte liegen. Denkt man sich nun die Flächen als senkrecht zur erwähnten Verbindungslinie wirkende Kräfte (Zeichnung 10) und wählt man den Schwerpunkt S_1 als Drehpunkt, so ergibt sich folgende Rechnung:

(Abstand vom Drehpunkt von $S_1 \times F_1$) +
(Abstand vom Drehpunkt von $S_2 \times F_2$) =
[gesuchter Abstand $\varkappa \times (F_1 + F_2)$]

$$(0 \times 21) + (3 \times 6) = \chi \times 27$$

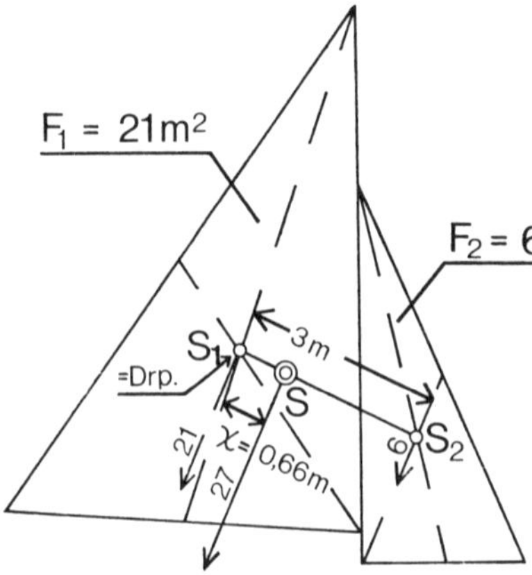

Zeichnung 10

In Worten: Summe der Flächenmomente = gesuchter Abstand × Gesamtfläche.

$$0 + 18 = \chi \times 27$$

$$\chi = \frac{18}{27} = 0{,}66\ m.$$

Da in diesem Falle die beiden Dreiecksflächen zusammenhängen, hätte sich der Schwerpunkt auch nach Zeichnung 5 finden lassen.

B e i s p i e l e :

1. Aus dem Motorboot nach Zeichnung 9 nehmen wir eine Person = 70 kg mit dem Hebelarm 3,90 heraus. Es vermindert sich das Gewicht auf 1158 und das Produkt um 70 × 3,90 = 273 und wird 2852,4. Nun liegt der Schwerpunkt auf 2852,4 : 1158 ≌ 2,47 statt 2,545 m. Jetzt setzen wir die Person auf die Achterbank mit dem Hebelsarm 2,85. Das Gewicht wird wieder 1228, das Produkt 2852,4 + 70 × 2,85 = 3052. Daher liegt nun der Systemschwerpunkt auf 3052 : 1228 ≌ 2,49 m. (≌ bedeutet „rund".)

2. Wenn man die beiden Dreiecke der Zeichnung 10 so weit auseinanderschiebt, daß der Abstand der beiden Schwerpunkte 5 m beträgt, wie groß wird nun $S_1 S = X$? $6 \times 5 = 27\ X$; $X = 30 : 27 \cong 1{,}11$ m.

7. Schiffdimensionen und Völligkeitskoeffizienten

Hierzu die Zeichnungen 11, 12 und 13.

Einfach geradlinige Maße sind die Längen, die Breiten, die Höhen und Tiefen, während die Koeffizienten Verhältniswerte darstellen, welche besagen, wieviel Fläche oder Inhalt umschriebener Rechtecke oder Prismen von den Unterwasser-Schiffsformen ausgefüllt werden.

Sie bieten eine Hilfe zur Festlegung der angebrachten Formgebungen, auch damit bereits der erste Versuchslinienriß wenigstens annähernd stimmt. Ferner dienen sie zum Vergleich verschiedener Schiffe oder Boote untereinander.

1. Die größte Länge, auch Länge über Alles genannt, ist das Maß von Achterkante Spiegel oder Achtersteven bis Vorderkante Vorsteven. Man schreibt sie L gr. oder L.ü.A. Sie wird oft irrtümlich auch:

2. Länge zwischen den Loten genannt. Dieses, aus dem Großschiffbau stammende Maß entspricht dagegen eher der Konstruktions-Wasserlinienlänge und geht von Achterkante Rudersteven, oder in Ermangelung eines solchen vom Ruderschaft, bis Vorderkante Vorsteven und zwar in der Wasserlinie gemessen. Diese Länge benötigen wir im Yachtbau nicht, weshalb sie auch in den Zeichnungen 11 und 12 fehlt.

3. Die Länge in der „C.W.L.“-Konstruktions-Wasserlinie, welche das Längenmaß jener Schwimmebene angibt, auf welcher das Boot in Ruhe bei normaler oder vorschriftsmäßiger Belastung schwimmen soll. Bezeichnung L_{CWL}.

4. Die größte Breite. Dieses wird bei Holz- und Plastikbooten an der breitesten Stelle des Rumpfes auf Außenkante Beplankung gemessen. Bei Stahl- oder Metallbooten vernachlässigt man die Beplattungsstärke. Bezeichnung $B_{a.Pl.}$ oder $B_{gr.}$

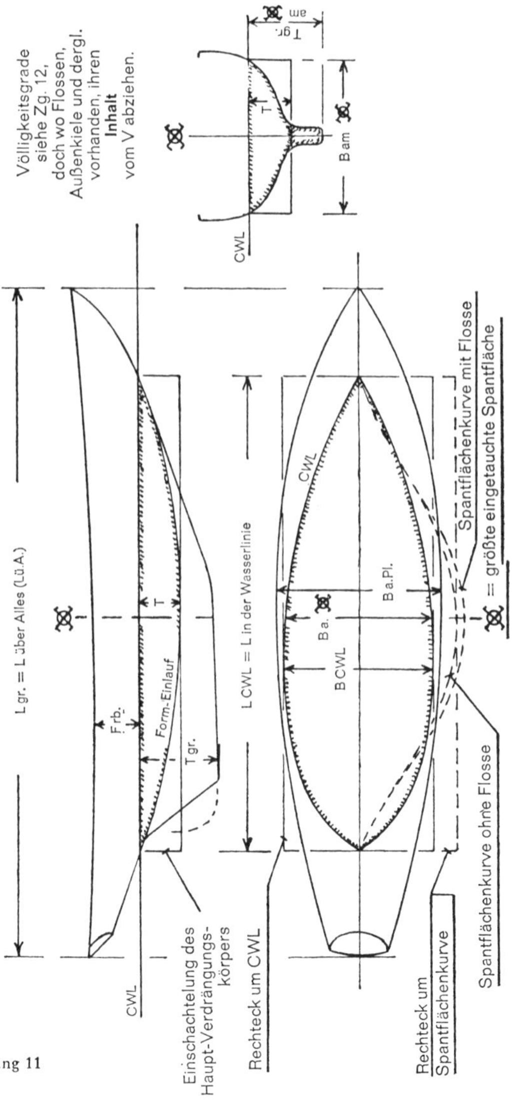

Zeichnung 11

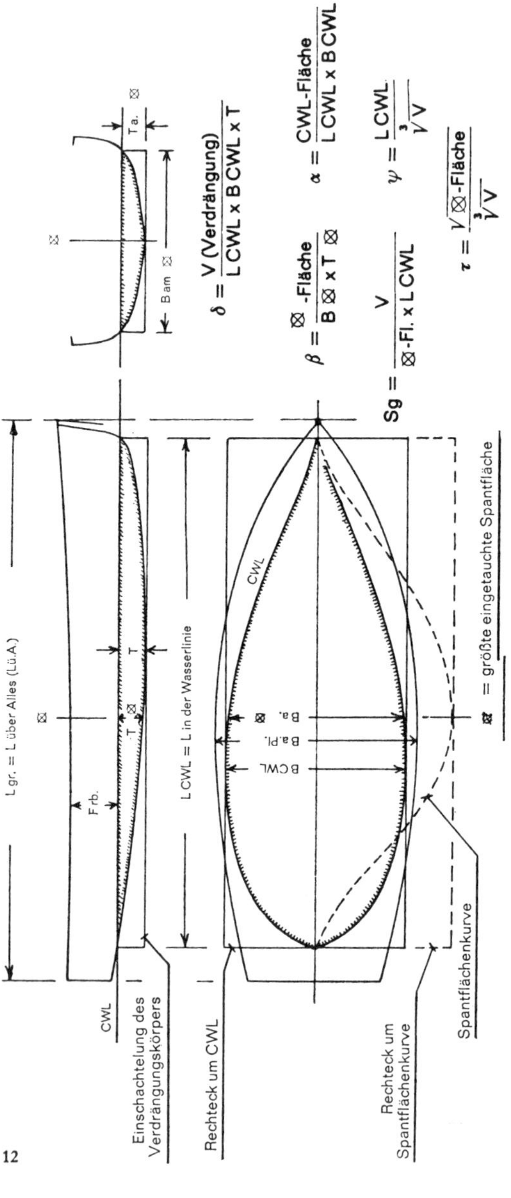

Zeichnung 12

Die Breite über Alles wäre jene über Scheuerleisten, ein rein praktisches Maß für Verladungen und Schleusen. Auf den Zeichnungen nicht eingetragen.

5. Die größte Breite in der Konstruktionswasserlinie, Bezeichnung B CWL. Bei Holz- und Plastikbooten auf Außenkante Beplankung, bei Metallbooten auf Außenkante Spantrahmen gemessen.

6. Die Wasserlinienbreite am Hauptspant. Hauptspant ist jener, welcher die größte eingetauchte Spantfläche hat. Bezeichnung dieser Breite B ⊗. Manchmal ist sie der Wasserlinienbreite gleich oder fast gleich, manchmal aber kleiner.

7. Der Rumpftiefgang des Bootskörpers ist — laut Schiffbau-Lehrsatz, an der tiefsten Stelle von der C.W.L., bei Holzbooten bis Außenkante Kielsponung, bei Stahl- oder Metallbauten bis — falls vorhanden — Oberkante des Balkenkiels zu messen. Das würde bei Plastikbauten bis zum Ansatz äußerer Kielkonstruktionen entsprechen. Bezeichnung T.

Aber bereits der Großschiffbau macht bei Schiffen, wo der Kiel achtern am tiefsten liegt, um als Gerade nach vorne anzusteigen, die Korrektur: ihn dann auf halber Schiffslänge zu messen. Da dieses Maß für verschiedene Verhältniswerte der eigentlichen Tragkörper oder Verdrängungskörper sehr ausschlaggebend ist, müssen wir im Yachtbau die Rumpftiefgangs-Kurve so ziehen, daß sie der eigentlichen Form entspricht, S-Schläge und was sonst noch dran hängt, ausschaltend. Das ist gar nicht so schwer und unsicher, wie manche sagen, man braucht nur auf dem Versuchsspantriß die noch ganz oder fast geraden Teile der Bodenspanten bis zur Bootsmitte zu verlängern und welche Punkte dann dem gesuchten Formtiefgangs-Strak entsprechen oder vom letzteren ausgehend, umgekehrt. Zum Beispiel wie in Zeichnung 13 die Form bis Tiefgang „1".

Ich mache, falls andere Literatur herangezogen wird, darauf aufmerksam, daß Obiges zwar nicht nur meine eigene Auffassung und Erklärung ist, aber andere Konstrukteure nehmen S-Schläge und dergleichen mit dazu, was jedoch ab Punkt 12 in erster Linie viel weiter auseinander liegende Koeffizienten ergibt. Ein großes von ... bis ... erhöht die Unsicherheiten, insbesondere dann, wenn man gar nicht weiß, worauf die Grenzwerte beruhen. Ich habe versucht, die Werte der Tabelle 3 – abgesehen vom unberührt bleibenden $\frac{L}{B}$ — meiner Grundform-T-Auffassung anzupassen.

Liegen die Fälle so wie sie Zeichnung 12 zeigt, ist ein Irrtum nicht möglich. Das von mir erklärte paßt zur Zeichnung 11 und zu den Ausführungen zur Zeichnung 13. Auf den Zeichnungen 11 und 12 habe ich die Umrandungen der eigentlichen und zu erfassenden Verdrängungskörper anschraffiert.

8. Der Rumpftiefgang am ⊠ -Hauptspant hat manchmal dieselbe Größe wie T (Zeichnung 11) manchmal aber absolut nicht (Zeichnung 12). Man denke hierbei auch an jene Gleitboote, welche — bereits in der Ruhelage — den größten Tiefgang am Spiegel haben, obwohl das Hauptspant manchmal etwas weiter vorne liegt.

9. Der größte Tiefgang, T gr, womit hier nicht der eines Steuerruders oder des Propellers gemeint ist, ist Tiefgang mit Totholz oder Flosse. Dieser, als auch jene mit Ruder, Propeller, Schwert usw. sind für die Segel- und Fahreigenschaften und betreffs der Gewässertiefen wichtig.

10. Der Freibord, Fb oder Frb, ist die lotrechte Entfernung des tiefsten Punktes an der Seite des untersten, durchlaufenden Decks bis zur C.W.L. Im Yachtbau hat man meistens nur ein Deck. Für das Verhalten im Seegang sind auch die Freiborde am Vorsteven und am Heck von Interesse.

11. Die Seitenhöhe H (nicht eingezeichnet) ist auf halber Schiffslänge zu messen. Wieder von Seite Deck ausgehend — bei Holzbauten bis Außenkante Sponung, bei Plastik-, Stahl- oder Metallbauten bis zum Kielansatz. Diesmal bis zum tatsächlichen Kiel herunter, denn dieses H ist für die Längsfestigkeit des als Träger gedachten Bootskörpers wichtig.

Nun zu den Verhältniswerten, *den Völligkeitskoeffizienten.*

12. Die Verdrängung V ist der in Raumeinheiten ausgedrückte Inhalt der vom ganzen Unterwasserboot verdrängten Wassermasse. Angenommen Süßwasser mit dem spez. Gewicht γ (gamma) = 1, wird V = D, dem Deplacement, welches nach dem erläuterten Archimedischen Prinzip dem Gewicht des Bootes entspricht. $D = \gamma \times V$. Der Unterwasserinhalt eines Salz-

wasser-Bootes kann also um 1 bis 4 % kleiner sein als jener eines gleich schweren Süßwasser-Bootes. Im Yachtbau wird dieser geringe Unterschied bei kleinen Booten meistens vernachlässigt, bei größeren nicht.
Vernachlässigen kann man auch die Verdrängung der Wellenanlagen, der Propeller, normaler Steuerruder-Blätter und jene der Schwerter.

Nicht vernachlässigen kann man dagegen die Verdrängung einer Flosse (Zeichnung 11) oder solche eines Kielschwertkreuzers, eines Bootes mit nennenswerten Tothölzern oder Kielkästen-Unterbauten wie auf manchen großen Plastikbauten zu sehen. Für die Form-Koeffizienten-Werte des Rumpfes lasse ich jedoch diese Verdrängungen (nicht ihre Gewichte!) erst weg und addiere ihre Inhalte nachträglich für die eigentliche Verdrängungs-Bestimmung wieder dazu.

13. Der wichtigste Völligkeitsgrad ist jener der Rumpf-Verdrängung und wird ϑ (theta) genannt. Er besagt, welchen Anteil des Rauminhaltes einer dem Unterwasserschiff umschrieben gedachten Schachtel von der Rumpfform ausgefüllt wird. Siehe Zeichnungen 11 und 12.

Nach Zeichnung 12 wäre $\vartheta = \dfrac{\text{Verdrängung}}{L_{CWL} \times B_{CWL} \times T}$

oder auch $L_{CWL} \times B_{CWL} \times T \times \vartheta = V$ (Verdrängung)

Nach Zeichnung 11 dagegen: $\vartheta = \dfrac{V \text{ minus Flosseninhalt}}{L_{CWL} \times B_{CWL} \times T}$

Der Flosseninhalt ist, begonnen mit dem S-Schlag, leicht zu überschlagen, und auf einige Liter kommt es dabei nicht an. Aber *nicht* etwa das Flossen*gewicht* abziehen!

Ein jeweils passendes ϑ geht aus der Tabelle 3 hervor, und so kann man mit Hilfe der ϑ-Gleichung Gewicht und Unterwasser-Hauptabmessungen in Einklang bringen.

Beispiele: Ein zu entwerfendes S-Schlag-loses Süßwasserboot ($\gamma = 1$) wird ungefähr 4 to wiegen und 8 m Wasserlinien-Länge haben. Für ϑ wäre ein guter Mittelwert 0,40. Für den Zweck dieses Bootes möchte ich gerne ein $\dfrac{L_{CWL}}{B_{CWL}} = 3$ haben. Daher

$B_{CWL} = 8 : 3 = 2{,}67$ m. Frage: mit welchem Rumpftiefgang werde ich den Versuchslinienriß beginnen?

$8{,}00 \times 2{,}67 \times T \times 0{,}40 = 4\ m^3$.

Daraus wird $T = 0{,}468 =$ rund 0,47 m.

Dasselbe Boot mit den Wasserlinienmaßen $8 \times 2{,}67$ und $\vartheta = 0{,}40$ soll mit S-Schlag und größerem Totholz gebaut werden, Gewicht unverändert 4,0 to. Ich überschlage die S- und Totholzverdrängung mit 200 Ltr. = 0,2 to.

$8 \times 2{,}67 \times T \times 0{,}40 = 4{,}0 - 0{,}2 = 3{,}8\ m^3$.

Daraus das T der Grundform = 0,445 m,
an welche dann S-Schlag + Totholz angesetzt werden.

Vielfach rechnet man im Yachtbau statt mit Tonnen in kg bzw. in Liter. Dann muß man die Abmessungen in dm einsetzen.

14. β (beta), der Völligkeitskoeffizient des Hauptspantes, ist das Verhältnis zwischen seiner eingetauchten Fläche (der $\otimes$ ist ja der mit der größten) zum Flächeninhalt des ihr umschriebenen Rechteckes, so wie es die Zeichnungen 11 und 12 rechts zeigen. Ich beachte hierbei nur die Spant-Grundform, ohne S-Schläge und dergleichen.

$$\beta = \frac{\text{Eingetauchte Hauptspantfläche}}{B \otimes \times T \otimes}$$

Man irre sich nicht mit den anderen B und T.

Mittels der Zeichnung 13 will ich die Einflüsse vorführen, welche das Einsetzen von Tiefgängen mit S-Schlägen auf die Koeffizienten ϑ und β ausüben. (Analog dann auch auf andere.) Einfachheitshalber nehme ich für dieses Beispiel an, daß die größte Wasserlinienbreite und der größte Formtiefgang auf das Hauptspant fallen.

Es sei: $L_{CWL} = 7$ m, $B \otimes = 2$ m,
$V = 3\ m^3$ (falls Süßwasser = 3 to schwer),
die Grundform habe den Tiefgang „1" = 0,50 m
und die Fläche = $0{,}73\ m^2$.

Hierzu wird dann $\vartheta = \dfrac{3}{7 \times 2 \times 0{,}5} = 0{,}43$

und $\beta = \dfrac{0{,}73}{2 \times 0{,}5} = 0{,}73$

(Daß sich *β* und $\otimes$ mit 0,73 ergeben haben, ist Zufall.)

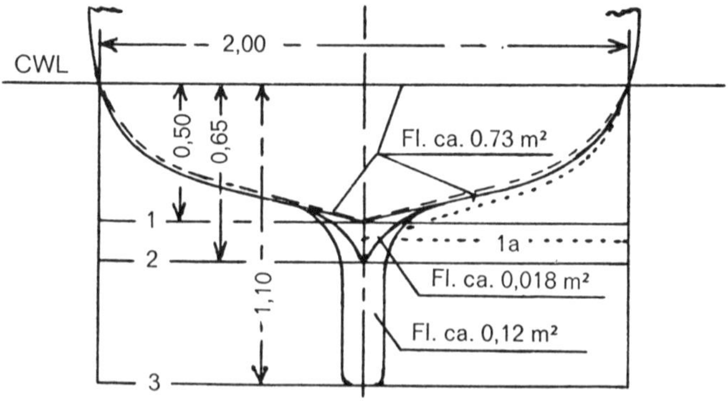

Zeichnung 13

Angenommen, ich setze nun aus Gründen wie Verbesserung der Kursbeständigkeit, Verhalten im Seegang und dergl. einen kleinen S-Schlag an, welcher ja vorne und hinten verläuft, und komme mit diesem auf den Tiefgang „2" = 0,65 m. V bliebe 3 m³. Die ⊠-Fläche ist nun 0,73 + 0,018 = 0,748 m². Dann würden werden:

$$\vartheta = \frac{3}{7 \times 2 \times 0{,}65} = 0{,}33 \text{ und } \beta = \frac{0{,}748}{2 \times 0{,}65} = 0{,}575$$

Beide also *wesentlich* kleiner, obwohl es sich doch effektiv um fast genau dasselbe Boot handelt. Am Rumpf wären dann die 100 Liter wegzunehmen, was aber bei einem 3-to-Boot einen kaum sichtbaren Unterschied ergäbe. Der praktisch — richtige — Vergleichswert ist dahin.

Wer Spaß daran hat, rechne sich das ϑ und β mit Flosse und Flossentiefgang, doch als Witz, denn das tut sowieso kein Konstrukteur. Aber auch vernünftig rechnend, hat die, nun an die Grundform angesetzte Flosse, natürlich einen Einfluß. Nehme ich an, daß V wieder 3 m³ bleibt und daß die Flosse 300 Liter Inhalt hat, dann müßte der Rumpf um diese 300 Liter weniger verdrängen. Das wird nun sichtbar und entspricht ca. der nach innen zu gestrichelt gezeichneten Spantform.

$$\vartheta \text{ wäre} = \frac{3 - 0{,}3 = 2{,}7}{7 \times 2 \times 0{,}5\ (!!)} = 0{,}386 \text{ (statt } 0{,}43).$$

Die Grundform ⊗ -Fläche sei jetzt 0,69 (statt 0,73), und es wird $\beta = \frac{0{,}69}{2 \times 0{,}5} = 0{,}69$ (statt 0,73). Es ergeben sich Verringerungen, welche dem tatsächlichen Schlankerwerden entsprechen. In der Praxis kommt jedoch hinzu, daß ja die Flosse nicht nur den Zweck der Lateralplan-Vergrößerung hat, sondern auch den, unten einen Ballast zu tragen. Das heißt, daß dann dieses Boot schwerer werden und mehr Verdrängung erfordern wird. Damit kämen wir ungefähr auf eine Spantform, wie sie rechts einpunktiert ist, mit dem Formtiefgang auf „1a", und die neuen Koeffizienten wären brauchbarste und richtigste Vergleichsmaße.

Aber Achtung! Wenn man an Hand anderer Literatur zur Berechnung des Bootswiderstandes bzw. der Geschwindigkeit Formeln benutzt, welche die Hauptspantfläche enthalten, so muß man dann für diesen Zweck natürlich die gesamte Fläche mit S-Schlag und Flosse usw. einsetzen.

Bedient man sich zeichnerisch nur einer Bootshälfte, vergesse man dort, wo notwendig, nie darauf, daß sich das ganze Boot aus zwei Hälften zusammensetzt. (Es soll vorkommen . . .)

15. α (alfa) ist der Völligkeitskoeffizient der Konstruktionswasserlinie.

$$\alpha = \frac{\text{Wasserlinienfläche}}{L_{CWL} \times B_{CWL}}$$

Für die weiteren zur Verwendung kommenden Vergleichswerte ist nun die Erklärung der *Spantflächenkurve* notwendig, obwohl sie eigentlich in die Kapitel der zeichnerischen Darstellung des Schiffskörpers und seiner Berechnung gehört.

Angenommen, man hätte den Spantenriß bereits, wenigstens versuchsweise, entworfen. Nun mißt man sich aus diesem die einzelnen eingetauchten Spantflächen heraus. (Wie, s. Kap. 17.) Über einer Geraden, welche genauso lang ist wie die Konstruktionswasserlinie, trägt man an den zur zeichnerischen Darstellung entsprechenden Spanten-Stellen die herausgemessenen Spantflächen auf. In irgendeinem passenden Maßstab (Kap. 17). Die Verbindung dieser Punkte ergibt die Spantflächenkurve, welche somit ein getreues Bild der Völligkeitsverteilung der Unterwasserform zeigt. Aus zeichnerisch-praktischen Gründen wählt man als Grundgerade entweder die Wasserlinie in der Seitenansicht oder — wie auf den Zeichnungen 11 und 12 zu sehen — die Mittellinie im Grundriß, auch Draufsicht genannt. Ihre Fläche entspricht — mittels Rechnung — der Verdrängung des Rumpfes, weil sie die Summe unendlich dünner aneinandergesetzter Spantflächen darstellt.

Bei reinen und langsamen Verdrängern ist es günstig, wenn die Spantflächenkurve gleich oder ähnlich einer Sinuslinie ist, weil das Wasser solcher Formgebung auch im Anschnitt und im Ablauf gerne folgt (s. Zeichn. 41). Bei den schnelleren Motorbooten, Gleitjollen, Gleitbooten, ähnlich oder wie einer abgehackten Sinuslinie, „den Vorderteil derselben". Auch für die Vollgleiter stellt sie nicht nur ein Mittel zur Berechnung der Ruhe-, Schwimm- und Trimmlage, sondern ebenfalls eine Konstruktionscharakteristik dar.

16. Der Schärfegrad. Ich taufe ihn eigenmächtig Sg, weil er in der Literatur manchmal so wie 17. mit ψ (psy) bezeichnet wird, doch von beiden kann es jeweils nur ein Zeichen geben.

Man denke sich eine Wanne, so lang wie die CWL und mit dem unverändert durchlaufenden Querschnitt des Unterwasser-Hauptspantes. Sg besagt, wieviel der Schiffsrumpf von dieser Wanne ausfüllt. Im Yachtbau fallen aber oft nicht alle größten Breiten und Tiefen auf das Hauptspant, womit sich die Vorstellung dieser Wannenform erschwert. Doch richtig wird dieses Verhältnis von der in einem Rechteck eingefaßten Spantflächenkurve der Grundform gezeigt, siehe Zeichnungen 11 und 12. Es wird:

$$\text{Sg} = \frac{\text{Flächeninhalt der Grundform — Spantflächenkurve}}{\text{Flächeninhalt des ihr umschriebenen Rechteckes}} = \frac{\text{V ohne Anhängeinhalt}}{\otimes\text{-Fl.} \times L_{\text{CWL}}}$$

Je kleiner sich Sg ergibt, um so mehr sind, im Vergleich zur Bootsmitte, die Enden zugeschärft. Man kann auch schreiben:

$V = \otimes\text{-Fl.} \times L_{\text{CWL}} \times \text{Sg}$ (V und $\otimes$-Fl. der Grundform).

Daß als rechnerische Folge $\text{Sg} = \frac{\vartheta}{\beta}$ sein müßte, stimmt nur dann, wenn die größte Wasserlinienbreite und der größte Rumpftiefgang auf das Hauptspant fallen.

17. Im Kielyachtbau wird auch ψ (psi) $= \frac{L_{CWL}}{\sqrt[3]{D}}$ herangezogen.

Doch beachten: das ψ wird, entgegen den bisherigen Völligkeits-koeffizienten, beim völligerem Boot kleiner statt größer.

18. τ (tau) $= \frac{\sqrt{⊠\text{-Fläche}}}{\sqrt[3]{V}}$ (beide stets nur die Grundform betreffend), ein Verhältnis, das meistens als Anhaltspunkt dient, zu einem bestimmten V mit einem dazu passenden Hauptspant zu beginnen.

Die Wurzelzeichen bei 17. und 18. haben den Zweck, die Nenner und Zähler dieser Brüche auf dieselbe Linear-Dimension zu bringen, wodurch das Verhältnis dimensionslos wird.

An Hand der Tabelle 3 ersieht man, in welcher Richtung sich die Werte je nach Bootsart und Gewässer bewegen. ϑ und β hängen sehr vom Tiefgang (der Grundform!) ab. ψ und $\frac{L}{B}$ sind beim schnittigen Boot größer und beim völligen kleiner, weshalb ich diese Werte abfallend eingetragen habe. Mit $\frac{B}{T}$ ist das kleinere, also mit großem Tiefgang das schnittigere. Man beachte, daß die Binnen-Boote, eben weil sie geringere T haben, völligere Werte als die seefähigen zeigen! (ψ wird nun endlich oft invertiert angegeben, manchmal auch das $\frac{B}{L}$ statt $\frac{L}{B}$).

Die Werte der *Motorsegler* liegen zwischen jenen der Kielyachten für See und der Seemotorkreuzer.

Gleitboote haben völlige Ruhelage-Werte, weil ihre Spantformen, besonders achtern, das B $\times$ T-Rechteck fast ausfüllen. Denkt man jedoch an *Boote mit V-Boden,* so werden sich die Werte nach jenen der Verdränger hin bewegen.

Für die Renngleiter ist es schwer, Anhaltspunkte zu geben, weil ihre Bauweisen heutzutage zu verschieden sind: mit Kufen und ohne, mit und ohne Längsstufen oder Querstufe, mit und ohne V-Boden, Dreipunktboote usw.

Sämtliche Von-bis-Spannen der Koeffizienten habe ich, da sie Richtlinien sind, kleinstmöglich gehalten, sagen wir „üblich".

Damit ist es also nicht gesagt, daß ein Boot mit noch kleineren oder größeren Werten falsch sein muß. Das bedingen manchmal die Zwecke.
An dieser Stelle sei auch auf den technischen Begriff *„ähnlicher Schiffe"* hingewiesen, welcher bei der später folgenden Geschwindigkeitsberechnung von Motorbooten von Wichtigkeit ist. (Das kleinere Boot ist gewissermaßen ein Modell des größeren.)

Ähnlichkeitsbedingung:

$$\frac{\sqrt[3]{V_1}}{\sqrt[3]{V_2}} = \frac{L_1}{L_2} = \frac{B_1}{B_2} = \frac{T_1}{T_2} = a \text{ (konstante Zahl).}$$

Solche Schiffe werden auch dieselben Koeffizienten ϑ, β und α haben.

Beispiele:

1. Ein Boot hat in bzw. von der CWL gemessen eine $L = 5,8$ m, eine $B = 1,4$ m und einen $T = 0,35$ m, $\vartheta = 0,32$, $\alpha = 0,70$.

a) Wie groß ist die Verdrängung?

Die Verdrängung ist gleich dem Rauminhalt des umschriebenen Vierkants $\times\ \vartheta$.

$$L \times B \times T \times \vartheta = V$$
$$5,8 \times 1,4 \times 0,35 \times 0,32 = 0,909 \text{ m}^3.$$

Da das Boot in der den angegebenen Maßen entsprechenden Lage schwimmt und einerseits der Auftrieb gleich dem Gewicht der verdrängten Wassermenge ist, andererseits das Bootsgewicht gleich dem Auftrieb sein muß (Gleichgewicht), wird das Bootsgewicht $\underbrace{0,909}_{D.} \times \underbrace{1}_{\text{spez. Gew. d. Wassers}} = 0,909$ to sein. Würde das Boot in der angegebenen Lage in Seewasser schwimmen, so wäre sein Gewicht $0,909 \times 1,025 \times 0,931$ to.

b) Wie groß ist die Mehrtauchung bei der Zuladung von 0,150 to? (Von einer evtl. Vertrimmung wird hier abgesehen.)

Tabelle 3

Völligkeitskoeffizienten und Verhältniszahlen der Rumpf-Grundformen

Bootsgruppe	ϑ	β	α	Sg	ψ	τ	$\frac{L_{CWL}}{B_{CWL}}$	$\frac{B_{CWL}}{T_{Rumpf}}$
Jollen und Jollenkreuzer	0,31-0,41	0,63-0,75	0,66-0,72	0,52-0,65	7,2-5,5	0,51-0,58	4,0-2,5	6,0-9,0
Kielyachten für Binnen	0,31-0,36	0,59-0,64	0,72-0,78	0,52-0,56	6,5-4,0	0,61-0,66	4,0-2,2	4,0-5,0
Kielyachten für See	0,30-0,34	0,52-0,57	0,62-0,70	0,55-0,61	5,0-4,0	0,59-0,64	3,6-2,2	2,5-3,0
Offene Motorboote Verdränger-Binnen	0,40-0,45	0,68-0,75	0,61-0,76	0,66-0,70	7,0-5,5	0,46-0,50	5,1-3,6	5,0-5,8
Motorkreuzer Verdränger-Binnen	0,40-0,48	0,68-0,76	0,74-0,79	0,60-0,69	6,0-5,3	0,50-0,56	4,3-3,3	4,2-6,7
Motorkreuzer Verdränger-See	0,35-0,46	0,63-0,74	0,73-0,78	0,56-0,68	6,0-4,7	0,51-0,60	4,4-3,3	3,2-6,0
Offene Gleitmotorboote-Binnen	0,49-0,53	0,70-0,78	0,73-0,79	0,63-0,73	5,8-5,0	0,47-0,55	3,5-2,8	7,2-8,5
Gleit-Motorkreuzer Binnen	0,49-0,53	0,72-0,85	0,75-0,80	0,70-0,75	5,8-5,5	0,47-0,52	3,5-3,0	6,5-8,5
Gleit-Motorkreuzer See	0,38-0,48	0,60-0,71	0,74-0,79	0,68-0,72	5,6-4,6	0,50-0,56	3,2-2,7	5,8-6,8
Renngleiter Beispiele für stufenlose, achtern kein tiefes V	0,52 0,53	0,82 0,94	0,77 0,76	0,64 0,63	5,3 5,4	0,54 0,54	3,2 3,2	7,2 8,5

Eine Mehrtauchung muß eine ebenso schwere „Wassermehrverdrängung“ zur Folge haben. Bezeichnet man die Mehrtauchung mit t, so wird: Wasserlinienfläche × t × 1 annähernd dem Gewicht der Mehrverdrängung entsprechen (Süßwasser) bzw. dem Gewicht der Zuladung.

$$\underbrace{L \times B \times \alpha}_{\text{Wasserlinienfl.}} \times t \times 1 = 0{,}150.$$

$$\underbrace{5{,}684}_{m^2} \times t = 0{,}150.$$

$$t = \frac{0{,}150}{5{,}684} = 0{,}026 \text{ m.}$$

(Wichtig für schwerere nachträgliche Einbauten.)

2. Ein Werftbesitzer hat einen Slip, welcher höchstens 10 to zu tragen vermag. Ein Bootsbesitzer möchte seine Seekreuzeryacht daselbst gerne aufgeholt haben, kann aber über das Gewicht seines Bootes keine genaue Angabe machen. Wie ist das Gewicht annähernd zu bestimmen?

Am schwimmenden Fahrzeug kann man abgerundet die Länge in der CWL (!) von außen, die Breite und den Tiefgang (ohne Flosse!) von innen feststellen. Man habe gefunden:

L = 10 m, B = 3,3 m, T = 0,9 m.

Außerdem macht das Boot einen sehr völligen Eindruck.

Die Verdrängung wird daher (siehe Tabelle 3) ungefähr

$$10 \times 3{,}3 \times 0{,}9 \times \underbrace{0{,}35}_{\vartheta} = 10{,}39 \text{ m}^3$$

bzw. bei Süßwasser 10,39 to sein. Bedenkt man noch, daß die Verdrängung der Flosse vernachlässigt wurde, so ergibt sich ein Gewicht von rund 10,5 to, und der Werftbesitzer wird das Aufholen des Bootes lieber einem anderen überlassen.

3. Ein Boot mit den Wasserlinienmaßen von 6 × 2 m und — nach Tabelle 3 — ein voraussichtliches α = 0,7, schwimmt, obwohl wie vorgeschrieben gebaut, 3 cm zu tief. Um wieviel ist die Verdrängung zu klein gezeichnet bzw. das Gewicht zu gering berechnet worden? Um 6 × 2 × 0,7 × 0,3 = 0,25 to = 250 Liter bzw. kg.

8. Schwerpunktslagen und Gewichte unausgebauter Bootsrümpfe

I. Teil, Schwerpunktslagen

Jede Bootskonstruktion beginnt mit einer versuchsweisen maßstäblichen Skizze, in der Seitenansicht, in der Draufsicht und, wo angebracht, auch mit Querschnittsversuchen. An Hand dieser Skizze ist es nicht schwer, die Längslagen aller Einzelgewichte zu finden, aber es ist sehr schwierig, die Schwerpunktslage — und nachher das Gewicht — des Bootsrumpfes festzustellen, welche Werte auf das Gesamtergebnis einen sehr großen Einfluß ausüben.

Segelbootsrümpfe

Die Bauweisen und die Formen der Seegelboote sind, was ihre Schwerpunktslage betrifft, nicht einander so ähnlich wie jene der Motorboote. Deshalb ist es schwierig, für diese ebenso sichere Unterlagen zu schaffen, wie sie anschließend für die motorisierten zu finden sind. Die Jollenklassen sind sehr zahlreich, und bei den Kielyachten differieren die Verhältnisse der vorderen und achteren Überhänge erheblich. So habe ich mich, siehe Zeichnung Nr. 14, auf eine Jollen-Durchschnittsform und einen Kielyacht-Typ beschränkt, um wenigstens je einen brauchbaren Hinweis zu bringen. Für den Kielyacht-Rumpfschwerpunkt zählt der gestrichelt gezeichnete Teil vorderhand nicht mit. Von der Schaffung einer mittleren Länge wie nachher bei den Motorbooten mußte ich hier ebenfalls absehen und die Verhältnisse auf L gr. beziehen. Mit den Maßen über alles (L : B = 2,8 für die Jolle und 4,3 für die Kielyacht) waren meine genauen rechnerischen Ergebnisse der Schwerpunktslage 0,48 und 0,49 von L gr.

Es fällt auf, daß die Schwerpunkte ziemlich weit vorne liegen, knapp hinter der Mitte. Das kommt daher, weil in der Mastgegend das Spantensystem verstärkt ist und die Kiele ihre breitesten Stellen ziemlich weit vorne haben. Bei den Jollen sind die Schwertkästen, bei den Kielyachten die daruntersitzende Tropfenform zu berücksichtigen. Der Rumpfschwerpunkt der Jollen liegt etwas weiter achtern als bei den Kielyachten, weil sie breitere Achterschiffe und Spiegel haben. Die Gewichte hängen natürlich sehr vom Baustoff ab, die Schwerpunktslagen dagegen nicht.

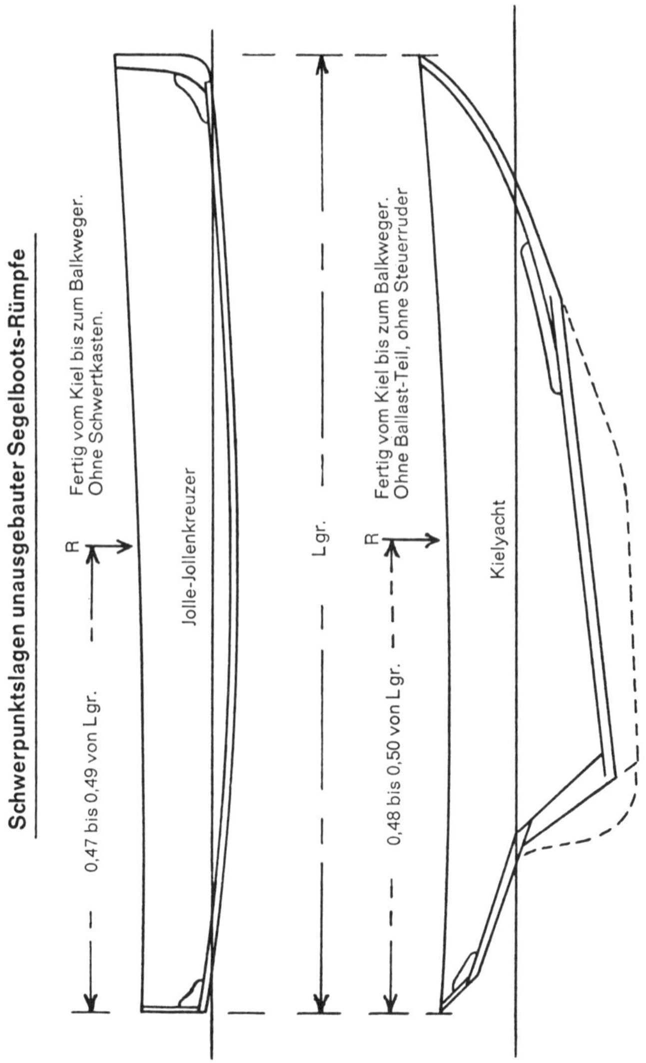

Zeichnung 14

Für die nachher folgenden Rumpfgewichtsberechnungen kann die Tabelle 4 Anhaltspunkte geben.

Bei der Kielyacht ist der größte Umfang, der Zeichnung entsprechend, ohne Ballastkiel zu messen. Der Außenhaut-Hilfsfaktor ist klein (0,71), weil der Umfang mit S-Schlag bis zum Mittelkiel im Verhältnis zu den Umfängen davor und dahinter sehr groß ist.

Den konstruktiv interessierten Seglern lege ich es sehr nahe, sich ebenso intensiv mit dem, was nun für die Motorboote folgt, zu beschäftigen. Und zwar aus dem einfachen Grunde, weil vieles, sinngemäß angewendet, dieselben Unterschiede bewirkt. Ein Boot bleibt schließlich ein Boot.

Motorbootsrümpfe

Auch der Beginn einer Motorbootskonstruktion geht so vor sich, daß man auf Grund einer Maßskizze mit Motorenanlage, Wellenflucht, Haupteinteilung usw. den ersten Gewichts- und Schwerpunktslagenüberschlag durchführt. Sodann folgt, zwecks Beurteilung der sich damit ergebenden Fahrteigenschaften, der Raumbreiten, Fußbodenbreiten und Festlegung eines bereits annähernd richtigen Kielverlaufes, ein Versuchslinienriß. Oft ist man wegen der Entdeckungen gezwungen, den ganzen Vorgang zu wiederholen.

Betreffs Trimm interessieren nur die Längslagen und nicht die Höhenlagen der Gewichtsschwerpunkte. Gewicht und Schwerpunktslage des fahrfertigen Bootes ergeben sich (siehe Kapitel 6 und hier, II. Teil) aus der Zusammensetzung aller Einzelgewichte und von welchen der Rumpf, die Schale, eine in sich abgeschlossene Teilgruppe bildet. Sie ist deshalb die einflußreichste, weil doch das Schalengewicht bei Holzbauten rund $^1/_3$ und, falls das Boot kleiner als 16—18 m, bei Stahlkörpern bis rund $^1/_2$ des Fertig-Fahrtgewichtes ausmacht! Darum muß sie mit Gewicht und Schwerpunkt so genau erfaßt werden.

In den Darstellungen (Zeichnungen 15 bis 20) sind die Rumpfschwerpunkts-Längslagen mit „R“ gekennzeichnet.

Dieser Gruppen-Einzelschwerpunkt will aus allen seinen vielen Teilen und unter Berücksichtigung der Krümmungen herausgerechnet werden, was eine unvermeidbare, umständliche Arbeit ist. Besonders schwierig ist das für den ersten Überschlag, solange

Tabelle 4

Rumpfgewichts-Anteile in Prozenten für Segelboote nach Zeichnung 14 · Hilfsfaktoren

Betrifft	Außenhaut	Spiegel + Knie	Kiel Knie Vorsteven	Achterkiel Rudersteven Mittelkiel Knie Vorsteven	Spanten	Bodenwrangen	Balkweger	Vernietung Verbolzung Kleinteile	Hilfsfaktoren	
									Plankengewicht × Faktor = Rumpfgewicht	Umfang × ganze Länge × Faktor = Außenhautfläche
Jolle	48,4	3,5	14,9	—	15,7	8,2	6,0	3,3	2,05	0,81
Kielyacht	49,2	0,5	—	16,0	16,2	8,0	6,6	3,5	2,05	0,71

Schwerpunktslagen unausgebauter Bootsrümpfe.

I. Verdrängungsboote, weiche Rundspantformen, L : B ≊ 3,4.
Geeignet für mittlere Geschwindigkeiten bis km = 7 x √ Wasserlinienlänge in Meter

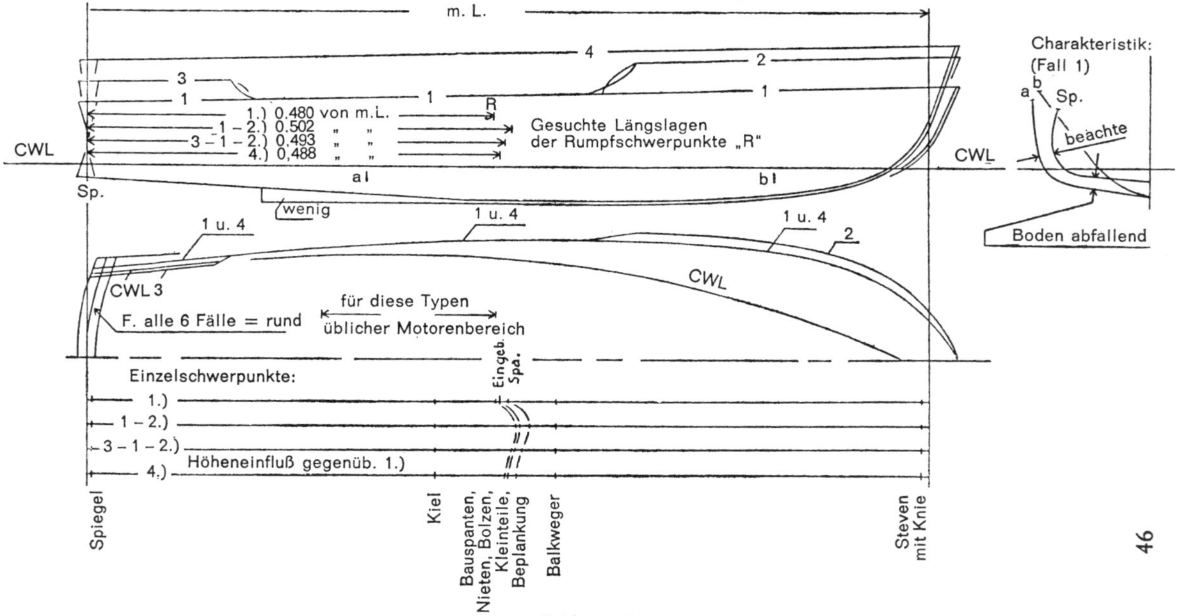

Zeichnung 15

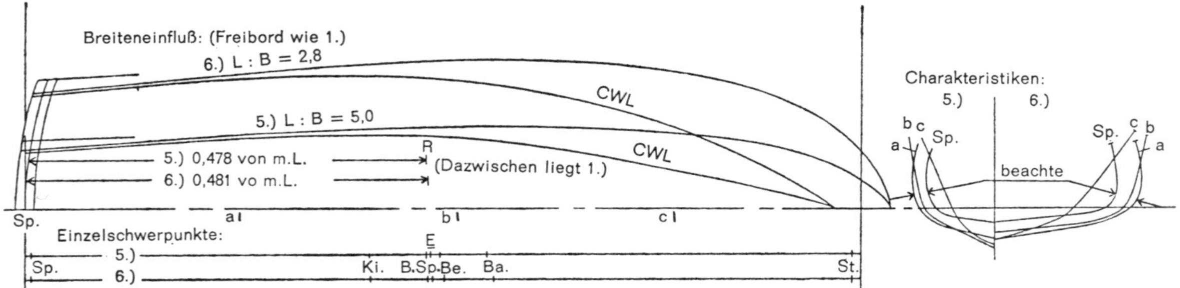

II. Verdrängungsboote, schärfere Rundspantboote, L : B $\cong$ 3 bis 3,2.

Charakteristik zwischen I und III (siehe die „beachte). Geeignet für Geschwindigkeiten von – bis km = 7 bis 11 x $\sqrt{\text{Wasserlinienlänge in Meter}}$

Belastungslage zwischen I und III.

7) Die Verhältniszahlen für „R" von m L. nach I. verringern sich um ungef. 0,015.

Achtung! Querschnitte und Kiellinien stimmen für einen bestimmten Fall und nicht etwa für alle Boote der Gruppe!

Zeichnung 16

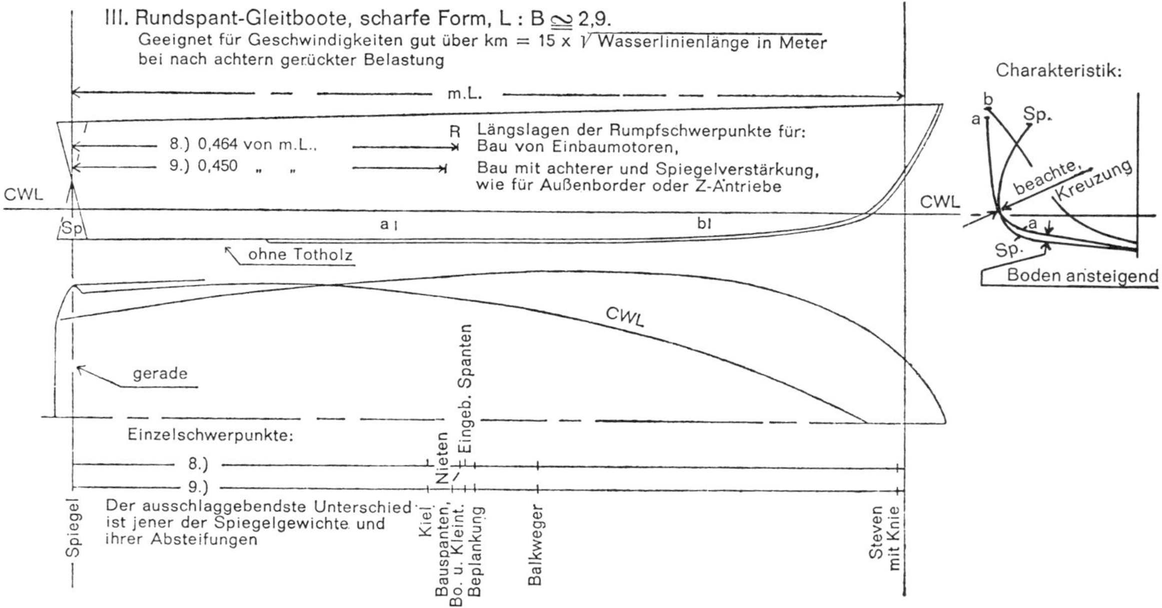

Zeichnung 17

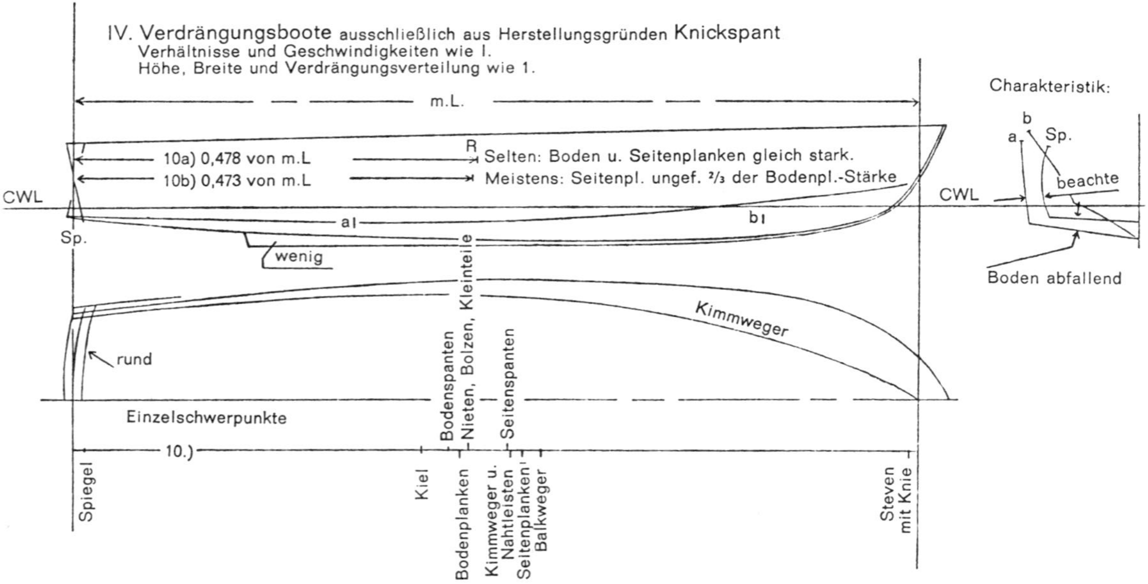

Zeichnung 18

V. Gleitboote Knickspant, schwere Tourenboote = „Runabouts". L : B ≅ 3,0.
für starke Einbaumotoren, Belastungslage achtern ~ Mitte
Geeignet für Geschwindigkeiten von-bis km = 20 bis 30 x $\sqrt{\text{Wasserlinienlänge in Meter}}$

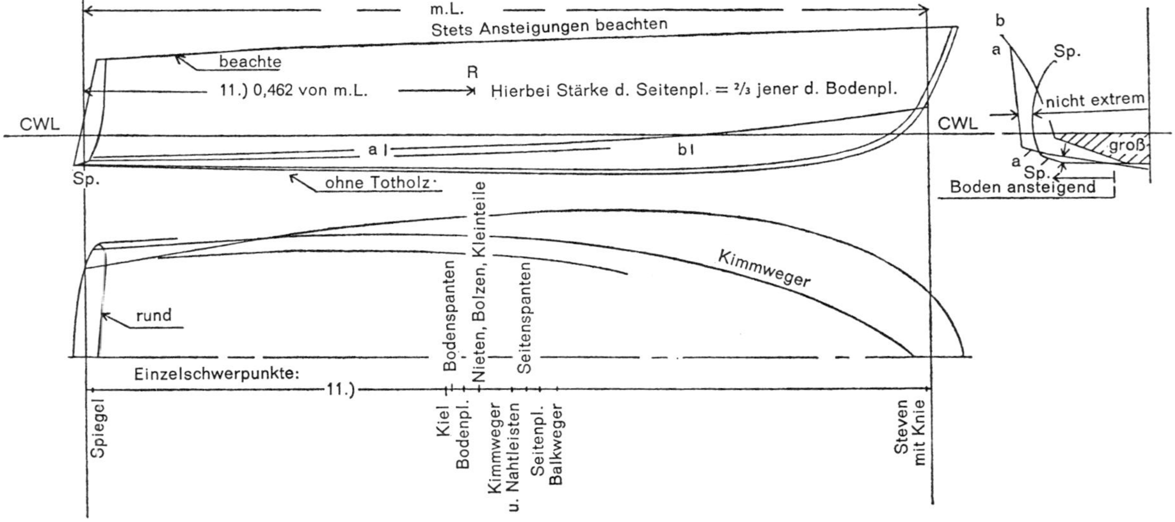

Zeichnung 19

VI. Gleitboote, Knickspant, Typ „Sport". L : B ≅ 2,8.

Für starke und stärkste Motoren. Belastungslage ungef. im Achterschiff

Geeignet für Geschwindigkeiten von km = 30 x $\sqrt{\text{Wasserlinienlänge in Meter}}$ aufwärts

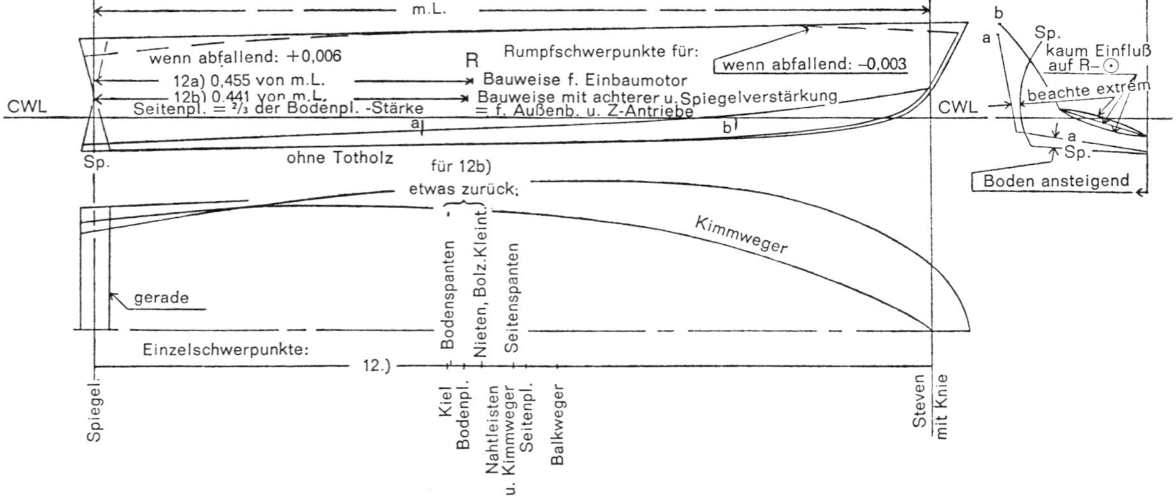

Zeichnung 20

also die Form noch nicht festliegt. Man ist dabei auf eine Schätzung angewiesen. Stellt sich diese nachher als falsch heraus, so war der ganze Beginn falsch, inklusive Versuchslinienriß, und man kann von vorne anfangen.

Um dies zu vermeiden, habe ich aus einer Großzahl Rumpfberechnungen bildlich-praktisch zusammengestellte Anhaltspunkte geschaffen, welche, wenn man alle Hinweise beachtet, auch für das Boots-Endergebnis genügend genau sind.

Für diese Arbeit mußte ich natürlich die Einzelgewichte der einzelnen Rumpfteile berechnen, wobei ich Normalbauten mit ungefähr gleichen Spantabständen, für Rundspantboote gleichmäßig starke Beplankung oder Beplattung, für Knickspantboote die Seiten $^2/_3$ so stark wie den Boden angenommen habe. Diese Rumpfdarstellungen haben keinen Maßstab, sie haben nur Verhältniswerte. Wird statt in Holz in Metall oder Stahl gebaut, so ändert das an diesen Ergebnissen deswegen nichts, weil erfahrungsgemäß die Teilgewichtsverhältnisse, wie z. B. Spantgewicht : Außenhautgewicht usw., ungefähr dieselben sind.

Ein Längsspantenbau (Plastik), verschiebt den Rumpfschwerpunkt leicht nach vorne. So ein Rumpf kann also ebenso 5 m wie auch 15 m lang sein, nur der Typ, die Maßverhältnisse müssen dem Boot ähneln, welches wir zeichnen wollen, oder man muß interpolieren oder umrechnen. *Die heute üblichen oben breiten Spiegel werden alle R um 0,002 verringern.*

Stehen beim Projekt die Spanten vorne oder achtern aus irgendeinem Grunde enger, so wird das den Rumpfschwerpunkt etwas nach vorne oder achtern ziehen. Abweichungen in den Totholzabmessungen sind zu beachten. Beim Metallrumpf sind die achteren Bodenplatten meistens stärker. Das wird den Schwerpunkt etwas nach hinten ziehen. Die Tatsache, daß bei manchen Typen achtere, breite Bodenspanten und Wrangen höher und stärker sind, ebenso jene im vorgesehenen Motorenbereich, ist dagegen bereits berücksichtigt. Es handelt sich aber um leere Rümpfe, also noch ohne Motorenfundamente, Schotte, Decks usw. Die kommen dann später.

Im wesentlichsten hängt die Lage des gesuchten Rumpfschwerpunktes ab von vor- oder zurückfallenden, geraden oder runden,

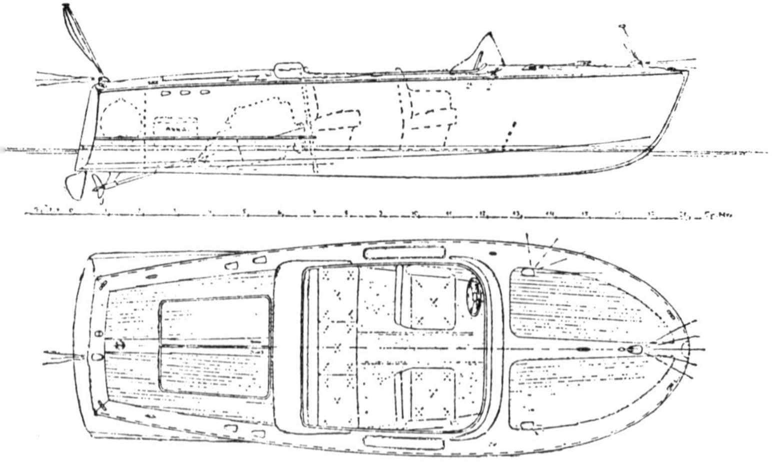

Zeichnung 21

schmalen oder breiten Spiegeln, sehr oder wenig ausfallenden Vorsteven, von der Seitenansicht, d. h. ob das Boot stark oder wenig ansteigt, vorne oder achtern niedrig oder hoch ist und von völligeren, runden oder schärferen oder eckigen Spantformen. Auch vordere Glocken spielen eine Rolle, weil sich durch ihren Ausfallbogen dort die Plankenflächen und Spantlängen noch mehr vergrößern. Um dies zu ersehen und mit dem Projekt zu vergleichen, dienen die rechts gezeichneten „Charakteristiken".

Den Einfluß der Spiegelschräge und des Stevenausfalles habe ich scheinbar — rechnerisch dadurch ausgeschaltet, daß ich (nur hierfür) das Maß „m. L." = mittlere Länge als Grundlage geschaffen habe, von welcher die Lote die Ausfälle jeweils halbieren.

Die Angabe der Belastungslagen ist ausschließlich ein Typenhinweis, ebenso jene der Geschwindigkeitsbereiche, weil beide Form und Bauweise und damit auch den Rumpfgewichtsschwerpunkt beeinflussen.

Die Einzelschwerpunkte sind angegeben, um eventuelle Variantenrechnungen schneller und richtiger durchzuführen.

Nun Einzelhinweise für die Typen I bis VI:

Auf die Beschriftungen „beachte" ist Wert zu legen, weil die Spantcharakteristiken die Schwerpunktslage beeinflussen.

Zu I: Verdrängungsrundspantboote für niedrige und mittlere Geschwindigkeiten.

Fall 1. Wäre es z. B. ein 10-m-Boot mit einem m. L. = 9,50, so würde der Rumpfschwerpunkt 0,480 × 9,50 = 4,56 m vor der Spiegelmitte liegen. Die Fälle 1—2 und 3—1—2 zeigen, um wieviel normallange vordere und — oder rückwärtige Rumpferhöhungen den Schalenschwerpunkt verschieben.

Fall 4 ist betr. Rumpfhöheneinfluß mit 1 zu vergleichen und so betreffs Breiteneinfluß die Fälle 5 und 6. Groß sind diese Einflüsse nicht, aber sie sind vorhanden, hauptsächlich weil die Vorschiffe durch Ausfälle und Glocken größere Unterschiede aufweisen als die Achterschiffe.

Liegt ein projektiertes Boot maßstäblich zwischen den dargestellten, so muß interpoliert werden. Die gezeigten m.-L.-Faktorenunterschiede lassen sich auf alle anderen Fälle übertragen. Beispiel: Die Back bringt den Faktor von 0,480 auf 0,502, Unterschied = 0,022. Wird diese Back auf irgendeinen der anderen Typen aufgebaut, wird sie stets denselben praktisch-genauen Unterschied zur Folge haben.

Ganz richtig ist es natürlich nicht, daß die verschiedenen Boote, insbesondere jene der Typengruppe I, Fälle 1 bis 4 auf denselben Unterwasserformen aufgebaut sind, denn die Gewichte und Schwerpunktslagen der nachher ganz fertig gebauten Boote werden verschieden sein. Aber die damit verbundenen Formänderungen haben auf das, was wir jetzt suchen, also auf die Längslagen der Rumpfschwerpunkte, einen vernachlässigbar geringen Einfluß.

Zu II. und Fall 7: Schnelle Verdrängungs-Rundspantboote. Hierzu genügen die dahingehenden Vermerke, daß diese Gruppe zwischen I und III liegt. Achterboden meistens noch nicht ansteigend.

Zu III: Rundspanten-Gleitboote.

Sie fahren sich für Privatzwecke und bei stärkerem Wellengang angenehmer und sicherer als die Knickspantgleiter und weniger furchend, wenn sie mal nicht voll aufgefahren werden. Da der Gleitboden schmaler ist, dürfen sie nicht schwer sein. Man findet sie sogar als Sport-Außenborder, also als solche, die in der „Noch-Tourenklasse“ an Rennen teilnehmen, wahrscheinlich weil dabei das Wasser stets sehr aufgewühlt ist. Fall 8 und Fall 9 sind deshalb verschieden, weil Außenborder oder Z-Anlagen stärker gebaute Spiegel und verstärkte achtere Spantsysteme erfordern. Die Charakteristiken der Gleitboote zeigen „Boden ansteigend".

Zu IV: Verdrängungs-Knickspantboote.

Verdrängungsboote werden selten so gebaut, meistens nur um die Arbeit, evtl. des Selbstbaues, zu vereinfachen, denn im Verdrängungszustand ist die Rundspantform überlegen. Fall 10 a, mit Fall 1 verglichen, zeigt, daß Knickspant den Schwerpunkt ein klein wenig zurückholt, aber wie 10 b zeigt, in der Praxis mehr, weil man bei Knickspant meistens nicht gleichmäßig beplankt, sondern die Seiten schwächer hält und der Bodenschwerpunkt weiter hinten liegt.

Zu V: Gleitboote — „Runabouts". Knickspant.

Gleitboote ja, aber noch keine Rennboote. Ich nenne sie Schnellboote. Sie entsprechen den heute gebräuchlichsten Einbautypen, alle Personen vorne. Schiffbaulich nicht das Günstigste, aber gesellschaftlich. Der Fall 11 entspricht dem mittels der Projektzeichnung dargestellten 6,55 × 2,20-m-225-PS-Gray-68-km-Boot, welches auch schon einige Male gebaut wurde. Diese Typen kommen erst in höheren Geschwindigkeitsbereichen zur Geltung. Das Gleiten verlangt einen wenigstens zum Großteil ansteigenden Achterboden und das große vordere Personengewicht völlige vordere Unterwasserformen. Bei Vergleichen beachte man auch das einflußreiche geringere oder größere Ansteigen der Deckslinie und die Spiegelflächen.

Die — hier nicht gezeichneten — *Formen mit tiefem V-Boden*, wobei aber bei Vollgleitern die Längsschnitte auch nach vorne ansteigen, ziehen die Rumpfschwerpunkte etwas nach achtern, weil sich dort der Bootsumfang mehr vergrößert.

Zu VI: Gleit-Sportboote, Knickspant.

Es sind jene „Auch-Tourenboote", welche aber zu Rennzwekken dienen. Motoren im Bootsverhältnis stark, Geschwindigkeiten sehr hoch, die Belastungen gehen nach hinten, damit ein gut ansteigender Gleitboden entstehen kann, tauchen in Ruhe achtern tief und rutschen in Gleitfahrt nur auf dem rückwärtigen Bodenteil. Auf die Lage des Schalenschwerpunktes übt nur die achter-

Tabelle 5

Rumpfgewichts-Anteile in Prozenten für Motorboote nach den Zeichnungen 15 bis 20 · Hilfsfaktoren

Betrifft Fall	Gewichts-⁰/₀-Anteile: Außenhaut	Für Knickspant: Bodenplanken	Für Knickspant: Seitenplanken, falls Stärke ²/₃ des Bodens	Spiegel mit Knie und Leisten	Kiel mit etwas Totholz	Kiel ohne Totholz	Vorsteven mit Knie	Feste Spanten u. Bodenwrangen	Für Knickspant: Feste Bodenspanten und Bodenwrangen	Für Knickspant: Feste Seitenspanten	Eingebogene Spanten	Für Knickspant: Nahtleisten	Für Knickspant: Kimmweger	Balkweger	Kleinteile	Hilfsfaktoren: Plankengewicht × Faktor = Rumpfgewicht	Hilfsfaktoren: Umfang × ganze Länge × Faktor = Außenhautfläche
1	52,0			3,1	8,0		1,8	15,0			14,0			3,1	3,0	1,925	0,855
1-2	52,2			3,2	7,5		2,0	15,4			14,0			2,9	2,8	1,915	s. Text
3-1-2	52,0			4,0	7,1		2,0	15,1			13,8			3,0	3,0	1,925	s. Text
4	53,1			3,9	6,4		2,2	14,8			14,0			2,8	2,8	1,885	0,897
5	52,0			3,0	8,6		1,9	15,1			13,5			3,0	2,9	1,925	0,865
6	54,0			3,4	6,7		1,5	15,0			13,7			2,9	2,8	1,855	0,877
7	Mittelfall zwischen 1 und 8																
8	53,0			4,4		5,6	1,9	15,2			13,9			3,0	3,0	1,885	0,866
9	51,8			6,4		5,5	1,8	14,9			13,6			3,0	3,0	1,931	0,866
10a	56,3			3,1	7,1		1,6		11,8	4,8		7,2	2,7	2,7	2,7	1,776	0,900
									16,6								
10b		31,7	20,5	3,4	7,9		1,9		12,9	5,2		7,8	2,9	2,9	2,9	1,915	0,900
		52,2							18,1								
11		31,3	21,8	4,8		5,7	1,7		13,2	6,4		7,0	2,7	2,7	2,7	1,885	0,897
		53,1							19,6								
12a		31,3	21,4	5,4		5,8	1,6		13,0	6,1		7,2	2,7	2,7	2,7	1,895	0,888
		52,8							19,1								
12b		30,5	20,9	7,8		5,7	1,6		12,7	6,0		7,0	2,6	2,6	2,6	1,945	0,888
		51,4							18,7								

liche Tieftauchung einen Einfluß aus, weil diese die Spiegelmaße und die achterlichen Umfänge vergrößert. Der Fall 12 a bezieht sich auf Bootsrümpfe für Einbaumotoren und 12 b für solche mit Außenbordern oder Z-Anlagen, also mit verstärkten Spiegeln und Achterspanten, genau wie unter III, Fälle 8 und 9.

Zusätzlich habe ich hier auch die Einflüsse von vorne oder achtern abfallender Deckslinien angegeben und darauf hingewiesen, daß die geringen Flächenunterschiede gerader oder gekrümmter vorderer Bodenspanten keinen erfaßbaren Einfluß ausüben.

Alle von I bis VI dargestellten Auswirkungen sind auf jeden anderen Grundtyp übertragbar. Ziehe ich z. B. bei III das Achterdeck ungefähr ebenso tief herab, wie bei VI gestrichelt gezeigt, so wird auch bei III der Rumpfschwerpunkt um 0,006 von m. L. nach vorne wandern usw.

II. Teil, das Gewicht der Bootsrümpfe

Auch diese Ausführungen gelten mit einigem Einfühlungsvermögen sowohl für Holz- als auch für Stahl- oder Plastik- oder Metallrümpfe. Nebeneinflüsse habe ich dadurch praktisch ausgeschaltet, daß ich für alle eine ziemlich gleichmäßige Bauweise angenommen habe, etwa so, als ob sie alle ein und dieselbe Werft hergestellt hätte, jedoch unter der Berücksichtigung, wie es die gedachte Werft auch gemacht hätte, der für den betreffenden Fall stärker oder schwächer beanspruchten und danach bemaßten Teile.

Nun zu den Tabelen 4 und 5, welche die von mir zugrunde gelegten Einzelgewichte in Prozenten des gesamten Rumpfgewichtes angeben. Dazu die Hilfsfaktoren zur Berechnung der Außenhautflächen und der Rumpfgewichte. Voraussetzung: Normalbauten. Jede Prozentzahl-Zeile ergibt addiert 100.

Beispiel: größter Umfang einer Jolle sei 2,0 m. L gr. = 4,0 m. Plankenstärke 10 mm Mahagoni (= 0,60). Betrifft Zeichnung 14 und Tabelle 4.

Außenhautfläche = 2,0 × 4,0 × Faktor 0,81 = 8 × 0,81 = 6,48 m² bzw. 648 dm².

648 × Stärke 0,10 dm × 0,6 = 38,88 = rund 39 kg Außenhautgewicht.

Rumpfgewicht = 39 × Faktor 2,05 = rund 80 kg.

Motorbootsbeispiel, Zeichnung 15, Fall 4, siehe Tabelle 5. Das Rumpfgewicht ist stets 100 %. Dann würden 53,1 Gewichtsteile auf die Außenhaut, 3,9 auf den Spiegel, 6,4 auf den Kiel mit etwas Totholz usw. bis zu den Kleinteilen entfallen.

Wir sehen, daß der Prozentsatz des größten Einzelgewichtes, der Außenhaut, nicht sehr differiert. Sehr große Höhe oder Breite (Fälle 4 und 6) ziehen ihn etwas an, ebenso wenn ein Außenhautteil stärker gebaut wird als notwendig, wie im Fall 10 a, wo die Knickspantseitenplanken ebenso stark sind wie der Boden.

In der vorletzten Kolonne der Tabelle steht der jeweilige

$$\text{Faktor} \quad \frac{100}{\text{Außenhautprozentanteil}}$$

. Hat man — was nun folgt — zuerst das Außenhautgewicht berechnet und multipliziert es mit diesem Faktor, so muß sich das gesamte gesuchte Rumpfgewicht ergeben.

Rumpfgewicht = Außenhautgewicht × Faktor der vorletzten Kolonne.

Um das Außengewicht zu berechnen, müssen wir die Fläche haben bzw., falls Knickspant in unterschiedlichen Stärken, die Flächen. Auch um diese Rechnung, welche, wenn man alle Krümmungen berücksichtigt, nicht einfach ist, schnell und sicher durchführen zu können, habe ich wieder für alle dargestellten Typenfälle jene Faktoren berechnet, die in der letzten Kolonne angegeben sind. Diese beziehen sich auf das Produkt größter Mittelumfang × Länge über alles. (Auch L gr. genannt. Nicht mit m. L. verwechseln.)

Größter Mittelumfang × gesamte Rumpflänge × Faktor der letzten Kolonne = Außenhautfläche.

Haben wir es mit Rümpfen mit Back-Hütte usw. zu tun, also wie 1 — 2 und 3 — 1 — 2, muß man die Rechnung mit dem Faktor der letzten Spalte zuerst so durchführen, als ob das Boot in der unteren Höhe 1 durchliefe und dann gesondert die Erhöhungsstreifen nach Länge in der Rundung (Grundriß) × Höhe längs Spantkurve, für beide Bootsseiten × 2, dazurechnen. Der Gewichtsfaktor der vorletzten Spalte bezieht sich aber wieder auf das totale Außenhautgewicht, d. h. mit Back usw.

Beispiele: Ein Außenbordboot, welches man zu zeichnen beginnt, sei im Rumpf ähnlich Fall 9. Man zeichnet sich den voraussichtlichen Mittelschnitt an der dicksten Stelle, etwa bei a, und mißt seinen Umfang. Er sei z. B. 2,90 und die Länge über alles (nicht m. L.) 5,20 m. Die Außenhautfläche ist nun aus Umfang × Rumpflänge × Faktor der letzten Tabellenkolonne zu errechnen: 2,90 × 5,20 × 0,866 = rund 13,06 m² = 1306 dm² (dm um dann das Resultat in kg zu haben). Die Beplankung sei 11 mm Mahagoni = 0,11 dm. Spez. Gew. 0,60. Außenhautgewicht = Fläche × Stärke × spez. Gew. = 1306 × 0,11 × 0,60 = rund 86 kg. Das wäre das Außenhautgewicht, welches nach der zweiten Tabellenkolonne 51,8 % des Schalengewichtes ausmacht und aus welchem Verhältnis der Faktor der vorletzten Kolonne berechnet ist. Multipliziert man nun das Außenhautgewicht mit diesem Faktor, ergibt sich das Gewicht des Rumpfes: 86 × 1,931 = rund 166 kg.

Nun seinen Schwerpunkt: Die mittlere Länge „m. L." dieses Neuentwurfes sei 4,88 m. Der entsprechende Fall 9 gibt 0,450 als Abstand an (siehe Zeichnung). 0,450 × 4,88 = 2,196 m, jedoch vor dem Beginn der mittleren Länge. Der Spiegelüberstand über m. L. sei 0,08 m, also befindet sich der Rumpfschwerpunkt auf 2,276 m vor dem achtersten Punkt, welcher die sicherste und einfachste Ausgangsstelle für alle weiteren Gesamtgewichtsberechnungen darstellt.

Nochmals allgemeine Hinweise: Sonderbauweisen müssen an Hand aller angegebenen Grundlagen umgerechnet werden. So z. B. wenn ein Boot ein normalschweres Kiel- und Spantengerippe, aber nur eine ganz dünne Sperrholzaußenhaut hätte.

Wie gezeigt, ist das Rumpfgewicht nicht nur von der Länge, sondern auch vom Umfang abhängig, das heißt, also auch von der Breite und Höhe. Das wird oft vergessen, obwohl es außerdem einen Preis-Kalkulationsfaktor darstellt. Es kommt dazu, daß mit der Breite und Höhe auch die Einrichtungs-Flächen und -Gewichte zunehmen, was nun aus dem folgenden Kapitel zwar indirekt, aber klar hervorgeht. Allgemein darf nicht vergessen werden, daß sich die in der Tabelle für 10 b bis 12 b in den Kolonnen 3 und 4 angegebenen und geteilten Prozentsätze bereits auf die Gewichte der Boden- und der ca. nur $^2/_3$ so starken Seitenbeplankung beziehen und nicht etwa auf ihre Flächen.

Bei — in Breite und Höhe — normal bemaßten Knickspantbooten ist die Summe der Seitenflächen ungefähr ebenso groß wie die Bodenfläche. Ist das Boot sehr breit, so wächst im Verhältnis die Bodenfläche, ist es dagegen sehr hoch, so wachsen im Verhältnis die Seiten.

Wäre ein wie üblich beplanktes Knickspantboot wie 10 b und folgende zu berechnen, so ist der Vorgang genau der gleiche wie beim Fall 9, nur daß man zur Außenhautgewichtsberechnung eine mittlere Plankenstärke einsetzen muß. Angenommen z. B., der Boden wäre insgesamt 18 mm und die Seiten wären 12 mm stark, so rechnet man die gesamte Außenhautfläche mit 15 mm. Wäre jedoch das projektierte Boot im Verhältnis sehr breit, so wird die mittlere Stärke eher 16 mm — und ist das Boot besonders hoch —, so wird die mittlere Stärke eher nur 14 mm betragen.

9. Das Fertig-Fahrtgewicht und die Gesamtschwerpunktslage

1. Das Gewicht der Boote

Dasselbe teilt sich in das Gewicht des Bootsrumpfes, des Decks, der Einrichtung, der Motoranlage oder der Takelage, der festen und beweglichen Ausrüstung, Frischwasser- oder Brennstofftanks, Ballast, Anstrich, Beschläge und, wenn nicht durch Klassenvorschriften an ein bestimmtes Gewicht bei einer bestimmten Breite in der CWL gebunden, der halben Personenzahl, welche das Boot zu fassen vermag, da sich diese Belastung der Wirklichkeit am besten nähert. Die erste Bedingung, um ein gutes Resultat zu erreichen, ist, daß nichts vergessen wird. Eine kleine Über- oder Unterschätzung eines Teils gleicht sich meistens mit einem anderen Teil aus.

Der erfahrene Konstrukteur greift die Gewichte stets eher hoch, und deshalb wird der Unerfahrene gut tun, sie besonders hoch zu schätzen, denn so leicht, wie er glaubt, wird ein Boot nie.

a) *Das Gewicht des Bootsrumpfes* wurde bereits ausführlich behandelt. Doch jetzt kommt, soweit vorhanden, das Gewicht der Flosse und des Ballastes dazu, welche Gewichte durch annähernde Bestimmung der Rauminhalte × der betreffenden spezifischen Gewichte zu finden sind. Falls Innenballast vorgesehen, diesen nicht vergessen. Gewicht der Verbolzungen, Zusatzweger, Schotte, Motorenfundamente usw. alles einzeln errechnen und übersichtlich notieren.

Die Methode ist immer dieselbe: Aus der vorläufigen Zeichnung, so gut es geht, die Flächen herausmessen, × Stärke × spez. Gewicht und dazu nicht zu geringe Zuschläge für die Befestigungsleisten oder Winkel, Versteifungen usw.

b) *Das Deckgewicht* wird gefunden, indem man die m^2 Decksoberfläche mit der Decksstärke und dem spez. Gewicht multipliziert und zu diesem Gewicht für die Decksbalken noch ein Drittel dazugibt.

Ferner Diagonalschienen, Lukensülls und dergleichen nicht vergessen. Man rechnet die Decksteile einzeln, zum Beispiel: Achterdeck, Schandecks, Vorschiffsdeck.

c) *Aufbauten.* Flächen der Quer- und der Längswände herausmessen (zweite Bootshälfte nicht vergessen) × Stärke × spez. Gewicht = ... kg. 25 % Zuschlag für Leisten und Weger. Glas wiegt ca. soviel wie eine dort fehlende Vollmahagoniwand, doch Metallfensterrahmen wiegen mehr. Ebenso Bullaugen (doch diese = Beschläge). Aufbaudächer stets dieselbe Weise, plus $^1/_3$ für Dachbalken und Belag. Für Seiten und Dach Innenverkleidung errechnen — falls vorhanden.

d) *Einrichtung.* Wieder aus der Zeichnung alle Flächen herausmessen usw. Jedes Bootsabteil für sich. Die Fußböden spielen eine große Rolle. Für die Balken $^1/_3$ des Flächengewichtes dazugeben. Belag, Wegerungen. Extra-Gewichte wie Eisschrank, Sofakissen, Kücheninventar, WC und Waschbecken usw. müssen, falls ihre Gewichte nicht bekannt, nicht zu gering geschätzt werden. Befestigungsmaterial nie vergessen. Schrankinhalte. Schaumstofffüllungen zwecks Unsinkbarkeit.

e) *Das Gewicht der Motorenanlage. Ruderanlage.* Die Grundgewichte gehen aus den Prospekten hervor, meistens auch jene der Anbau-Zubehörteile. Wasser und Öl dazuzählen. Wellenanlage mit Lager, Stopfbuchse, Stevenrohr, Sternbuchse, Wellenbock (alles falls vorhanden) Propeller, Batterie. *Montagezubehör.* Tanks halbvoll rechnen. Auspuffleitung, Schalldämpfer, Rohrleitungen, Bedienungsleitungen. Werkzeug, Ersatzteile.

Steuerruder mit Koker und Stopfbuchse, Halterungen, Pinne oder Segment, Bedienungsleitungen, Steuerrad.

f) *Die Takelage.* Mastspur. Masten- und Spierenquerschnitte festlegen × Länge × spez. Gewicht. Reichlicher Zuschlag für alle ihre Beschläge. Stehendes und laufendes Gut. Besegelung, Zusatz- und Reservesegel, Tauwerk usw. Plane.

g) *Die Ausrüstung* muß Stück für Stück zusammengestellt und die Gegenstände müssen einzeln geschätzt werden. Hat man dies für einige Boote gemacht, wird das Gewicht derselben auch insgesamt leicht abzuschätzen sein. Anker, Ketten, Trossen.

h) *Für Brennstoff- und Frischwassertanks* nimmt man das Gewicht des Behälters + dem Gewicht der entsprechenden halben Wassermenge. *Fester Ballast* ist (wenn es die Bauvorschrift nicht anders bestimmt) voll zu rechnen.

i) *Für die Farbe* nehme man überschlägig für das ganze innere und äußere Boot 1 kg pro m² der unter a) errechneten Außenhautfläche an.

k) Die Gewichte der *Beschläge* sind einzeln abzuschätzen.

l) *Pro Person* wird ein Gewicht von 70 kg angenommen, bei Fahrgastschiffen 75 kg. Je nach Länge der Tour, des Bootszweckes, Gewichte für Gepäck, Bekleidung, Bettzeug usw. und Proviant.

m) *Das gesamte Bootsinventar.* Feuerlöscher, Schwimmwesten, Beiboot, Plane, Laternen usw.

2. Fahrtgewicht und Gesamtschwerpunkt

Beispiel einer totalen Gewichtsberechnung)*

Ich habe dazu, lediglich um mehr Positionen nennen zu können, denn das System bleibt das gleiche, kein kleines, offenes Boot, sondern den in einer Zweckdarstellung gezeigten 10,50 × 2,90-m-Motorkreuzer gewählt. (Zeichnung 22)

Die Herren Segler mögen mir bitte verzeihen, daß ich ein Motorboot gewählt habe. Aber die Methode ist stets dieselbe (wie Kapitel 6, Zeichnung 9). Was für das Segelboot wegfällt, ist klar; was dazukommt, findet sich unter a) bis m) mit umrissen. Für Segelboote mit Hilfsmotoren entfallen natürlich die Geschwindigkeitsbetrachtungen des folgenden Absatzes, denn ihre Form ist ausschließlich zum Segeln bestimmt. Schon etwas anders wird es, wenn es sich um Motorsegler handelt. Direkt proportional mit der Maschinenkraft nähern sich dann auch die Kompromisse in Richtung Motorboot.

Die mittlere Länge „m. L." beginnt 0,06 m vor dem achtersten Rumpfende und ist sodann 10,07 m lang. Die nicht bemaßte Wasserlinienlänge ist 9,75 m. Der Motor leistet 188 PS mit Untersetzung, und der Geschwindigkeitsüberschlag hat ergeben, daß man auf 44 km kommen kann.

Das Verhältnis

$$\frac{\text{V in km}}{\sqrt{\text{Wasserlinienlänge in m}}} = \frac{44}{\sqrt{9{,}75}} = \frac{44}{3{,}12} = 14{,}1$$

zeigt an, daß wir uns bereits im Gleitgebiet befinden (siehe Zeichnung 54).

Mit dem Rumpf liegen wir geschwindigkeitsmäßig etwa zwischen den Typen II und III, es wird sich daher eine ähnliche Charakteristik ergeben, doch achtern ist dieses Boot mit einem entsprechend langen Stück Kimmweger, Knickspant, gebaut,

*) Das hier behandelte Boot wurde 1960 als reines Binnenboot konstruiert, möglichst leicht, einfach und mit einem Benzin-Motor. Heutzutage wird von einem 10—11-m-Boot auch eine gewisse Küstenfähigkeit verlangt, gediegenerer und vielseitigerer Ausbau, mehr Inventar, Elektronik und größerer Aktionsradius. Das erhöht das Gesamtgewicht, wenn ebenfalls mit Otto-Motor, um 10—20% und wenn mit Diesel bis um 30—35 %.

welcher Teil allerdings sehr bald in die Rundspantform übergeht. (Ich wollte damit eine bessere Gleitauflage unter Beibehaltung der im Wellengang [Rhein] angenehmeren Rundspantform erreichen.) Gewichtsverteilung, soweit möglich, Mitte — hinten.

Als erste Position rechnet man den Bootsrumpf-Schwerpunkt. Seitenansicht und Draufsicht ähneln dem Typ I, Fall 1. Dazugehöriger Schwerpunktabstand 0,480 von m. L. Wegen der

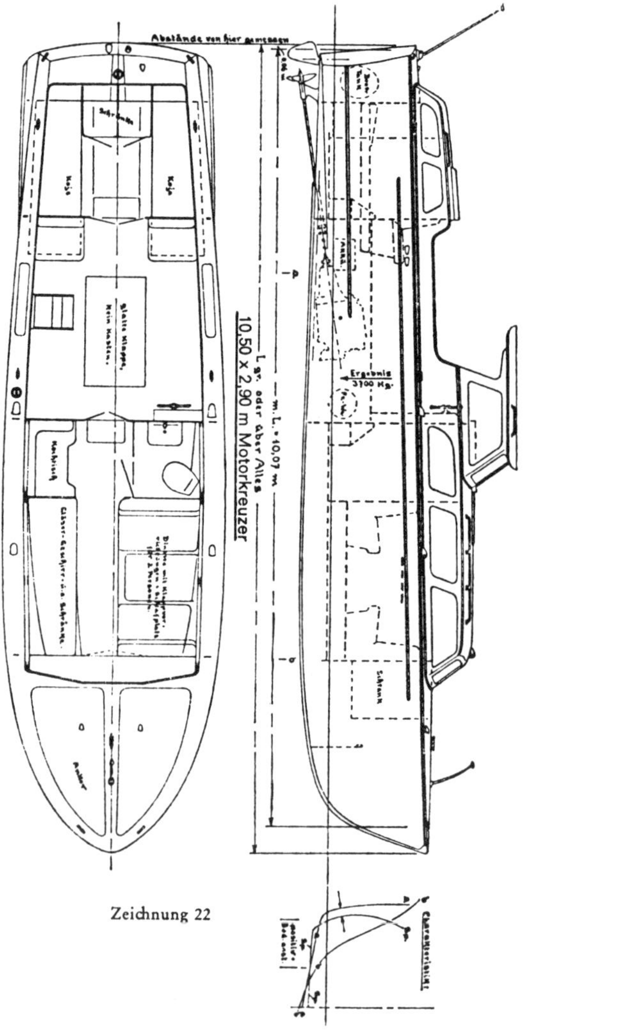

Zeichnung 22

Achterschiffsform, mehr wie III und V, auch wegen der Kimmwegerstücke wäre der Abstand jedoch nur 0,465. Ein Mittelwert, etwa 0,473, wird richtig sein. Daher

$$\begin{aligned} \text{Schwerpunktabstand} &= 0{,}473 \times \text{m. L.} + \text{Spiegelüberstand} \\ &= 0{,}473 \times 10{,}07 + 0{,}06 = 4{,}76 + 0{,}06 \\ &= 4{,}82 \text{ m.} \end{aligned}$$

Nun das Rumpfgewicht. Der dickste Umfang, etwas vor Schnitt a, ist mit 4,85 m herausgemessen. Die Flächenfaktoren (letzte Kolonne der Tabelle) der ähnlichen Fälle 1, 8 und 11 sind 0,855 — 0,866 und 0,897. Man wird daher mit 0,875 kaum fehlgehen.

Die Außenhautfläche ist: Umfang × Rumpflänge × Faktor $= 4{,}85 \times 10{,}50 \times 0{,}875 = 50{,}92 \text{ m}^2 = 5092 \text{ dm}^2$.

Da zwischen den Bodenschichten Leim liegt, erhöhe ich etwas das spez. Mahagonigewicht auf 0,63. Die Beplankung ist im Boden stärker und nimmt nach oben zu etwas ab. Im Mittel ist sie 17 mm = 0,17 dm.

Außenhautgewicht = 5092 × 0,17 × 0,63 = 545 kg.

In der vorletzten Kolonne stehen zu den Fällen 1 — 8 — und 11 die Faktoren 1,925 — 1,885 und 1,885. Daher wird 1,900 wohl richtig sein.

Rumpfgewicht = 545 × 1,900 = 1035 kg.

Nun schreitet man zur Berechnung des Gesamtgewichtes des ganzen fahrfertigen Bootes und des dazugehörigen Schwerpunktes, welche beiden Zahlen dann die Grundlagen für den Linienriß darstellen.

Ich habe die einzelnen Positionen der Berechnung numeriert, um dann dazu Erklärungen geben zu können. Vieles ist Schätzung und Erfahrung oder basiert auch auf Wiegungen. Wichtig ist, daß nichts vergessen und daß nicht laufend unterschätzt wird („damit das Boot dann wenig wiegt"). Tut man beides nicht, dann gleichen sich kleine Gewichtsfehler untereinander aus.

Gesamtgewichts- und Schwerpunktrechnung:

Pos.	Gegenstand	kg	Abstand in m	kg × Abst.
1	Bootsrumpf oder Schale	1035	4,82	4988,70
2	Motorenfundamente	55	3,10	170,50
3	Schotte. Erstes	24	0,75	18,00
	Zweites	50	2,25	112,50
	Drittes	58	4,90	284,20
	Viertes	22	8,00	176,00
4	Achterdeck	20	0,40	8,00
	Schandecks zwischen Vor- u. Achterdeck	100	4,65	465,00
	Vordeck	63	9,00	567,00
5	Obere Scheuerleiste, kompl. Schätzung	25	5,00	125,00
	Untere Scheuerleiste, kompl. Schätzung	11	1,75	19,25
6	Aufbauwände. Querabschl. ganz achtern	12	0,65	7,80
	Querabschl. ganz vorne	25	8,10	202,50
	Längswände Achterkajüte	32	1,55	49,60
	Längswände längs Kockpit	14	3,75	52,50
	Längswände Vorderkajüte	60	6,50	390,00
7	Achterkajütsdach mit Luk	30	1,65	49,50
	Gesamter Steuerstandsaufbau	80	4,90	392,00
	Vorderkajütsdach mit Luk	68	6,25	425,00
8	Fußböden: Achterkajüte	40	1,55	62,00
	Kockpit, mit Klappe zum Motor	90	3,65	328,50
	Vorderkajüte mit Dinettestufe	83	6,35	527,05
9	Wegerungen: Achterkajüte	10	1,76	17,60
	4 mm Sperrholz Kockpit	10	3,50	35,00
	Vorderkajüte	20	6,00	120,00
10	Niedergang achtern	10	2,10	21,00
	Niedergang vorne	10	5,00	50,00
	Achterschrank	25	0,90	22,50
	Achterkojen, komplett	65	1,72	111,80
	Kockpit, Kastenbänke über Kojenenden	25	2,50	62,50
	Tische, Stühle, Einstieg	40	3,50	140,00
	Armaturen und Steuerradanlage	20	4,70	94,00
	Zuschlag für verstaute Plane oder Sonnensegel	30	3,50	105,00
	Kochtisch mit Anlage	30	5,35	160,50
	WC-Raum mit Wand, Becken und Waschbecken	60	5,35	321,00
	Dinette, Polstersitze und Tisch	80	6,85	548,00
	Teller-, Gläser- u. a. -Schränke, St. B.	45	6,65	299,25
	Schrank vor Schott	10	8,30	83,00
	Zuschlag für Farben und Kleinigkeiten	25	5,30	132,50
11	Beschläge	60	5,50	330,00
	Beleuchtungsanlage	15	5,40	81,00
	Brennstofftank, leer, mit Wiege	25	0,46	11,50

Pos.	Gegenstand	kg	Abstand in m	kg × Abst.
	Frischwassertank, leer, mit Wiege	10	4,60	46,00
	Bootsausrüstung und Inventar, Feuerlöscher	50	4,40	220,00
	Anker und Tau	30	9,50	285,00
	Steuerruder mit Segment	16	0,20	3,20
	Bedienungszuleitungen	4	3,00	12,00
	Propeller (rund gerechnet)	5	0,45	2,25
	Wellenbock, etwa	8	0,60	4,80
	Wellenleitung mit Stopfbuchse	15	1,75	26,25
12	Motor. Gray V 8 — 188 PS, untersetzt	470	3,50	1645,00
	Akku	50	2,70	135,00
	Bedienungszuleitungen	15	4,00	60,00
	Wasser und Öl im Motor	12	3,50	42,00
	Auspuffleitung und Topf	35	1,60	56,00
13	Boot, leer, Verladegewicht	3332	4,413	14704,25
14	Halber Brennstoff, ca. 100 l	75	0,46	34,50
	Halbes Frischwasser	20	4,60	92,00
	Summe der mittleren Schrankinhalte	35	5,70	199,50
	Im Mittel drei Personen mit Proviant usw.	240	4,20	1008,00
15	Fahrtgewicht und seine Schwerpunktslage, maßgebend für die Linienrißkonstruktion	3702	4,332	16038,25

Zu den Positionen:

1. Wie vorhin berechnet.
2. Die Fundamente sind je 6,30 m lang, im Mittel 0,18 m hoch und bestehen aus je zwei zusammengeleimten 12-mm-Sperrholzplatten = 24 mm. Für Sperrholz nehme ich das spez. Gewicht von 0,70 an. Alles in dm erhält man:

$2 \times 63 \times 1{,}8 \times 0{,}24 \times 0{,}7$	= rund	38 kg
Befestigungsleisten	= rund	5 kg
Motorenbereich Eichenträger, berechnet mit		12 kg
Die Schwerpunktlage wird geschätzt.		55 kg

3. Schotte. Sie bestehen, von hinten nach vorne aufgezählt, aus 8-, 12-, 12- und 10-mm-Sperrholz. Die Flächen werden, abgerundet, aus den Querschnitten herausgemessen und dann Zuschläge für die Versteifungsleisten, Verbindungsleisten, Türrahmen usw. gemacht. Türflächen sind in den Schottflächen mit drin.

4. Decks. Fischung und Schandeck 20 mm Mahagoni (× 0,60). Füllungen 10 mm Sperrholz (× 0,70), Flächen abgerundet herausgemessen. Achterdeck und Vordeck mit einer mittleren Dicke von 15,5 mm gerechnet (× 0,65). Zu jedem Flächengewicht 1/3 für Decksbalken und Schlingen dazuschlagen.
5. Nichts zu sagen.
6. Aufbauwände sind 20 mm Mahagoni. Immer wieder Flächen herausmessen × Stärke × spez. Gewicht 0,60 und + Zuschläge für Leisten, Streben, obere Weger usw. Glas wiegt meistens rund ebensoviel wie vollwandige Wandstärke. Man rechne einfach, ohne die Scheibenausschnitte zu beachten, und das Glas ist dann schon mit enthalten. Schwere Rahmen, Herablaßapparate und dgl. müssen, falls vorhanden, extra gerechnet und eingesetzt werden.
7. Dächer so wie jede andere Fläche rechnen, ihre Holzart und Stärke beachtend, evtl. + Leinwandbezug und 1/3 als Zuschlag für das Balkengewicht. Kleine Zuschläge für Lukensülls. Das eingesetzte Steuerstandsaufbaugewicht entspricht der Summe seiner Teile.
8. und 9. Die Methode ist immer dieselbe. Zuschläge für Leisten nie vergessen. Kockpitfußboden habe ich mit 20, die anderen Fußböden mit 18 mm Kiefer (× 0,45) eingesetzt. An den Schiffsenden, besonders vorne, laufen die Fußböden zusammen, ihr Schwerpunkt liegt daher mehr nach der Bootsmitte zu. Wieder 1/3 des Gewichtes für die Balken dazugeben, ferner einen Zuschlag für die Motorenklappenrahmen und für den jeweiligen Belag.
10. und 11. Einrichtung, Beschläge, Vorrichtungen. Meistens Erfahrungsschätzungen und auf Grund gelegentlicher Verwiegungen. Die Welle selbst ist leicht zu rechnen.
12. Im Prospekt ist der Motor mit 454 kg angegeben, aber mit Einbauzubehör rechne ich 470 kg. Alles andere in demselben Sinne wie Positionen 10. und 11.
13. Der Verladegewichtsschwerpunkt wird gefunden, indem man die Summe der kg × Abstände durch die Summe der kg dividiert. Er ist oft für Wiegen-, Anhänger- und Taljenanordnung wichtig, ebenso das dazugehörige Gewicht.

14. Je kleiner und leichter das Boot, um so wichtiger ist das mittlere Personengewicht und das der sonstigen Zuladungen. Man beachte, daß es sogar bei diesem größeren Fahrzeug den Schwerpunkt um ganze 9 cm verschiebt. Personen lassen sich ja nicht festnageln, aber man kann so ungefähr schätzen, wo sie sich meistens aufhalten werden.
15. Der Gesamtschwerpunktabstand wird erhalten, indem man die Summe der kg × Abstände durch die Summe der kg dividiert. Auf dem Ergebnis dieser Position ist der Linienriß aufzubauen.

Über die mittleren Fahrtgewichte unserer üblichsten Sport-, Segel- und Motorboote geben die Zeichnungen 55 a und b im 16. Kapitel gute Anhaltspunkte.

10. Zeichnen und Zeichenmaterial

Man benötigt:

1. Ein Reißbrett. Nicht zu klein.

2. Entweder zwei Böcke für das Reißbrett oder einen Zeichentisch. Hauptbedingungen hierbei sind, daß das Reißbrett horizontal zu liegen kommt und daß man um dasselbe herumgehen kann.

3. Das Reißbrett erhält als bleibende Unterlage glattes, starkes Zeichenpapier. Damit es gut spannt, Reißnägel bereitlegen, das Papier auf der Unterseite leicht und gleichmäßig anfeuchten, Bogen umdrehen und schnell ringsherum feststiften. Hierbei mit gegenüberliegenden Mitten und nicht mit den Ecken beginnen. Trocknen lassen. Arbeitet man dann auf (trocken gelassenem) Pauspapier und soll diese Zeichnung zuletzt in Tusche ausgezogen werden, so empfiehlt es sich, noch vor dem Beginn mit dem Bleistift die zu benutzende Seite mit einem breiten, weichen Gummi überall leicht und gleichmäßig überzuradieren. Dann faßt die Tusche nachher gut.

4. Bleistifte benötigt man in zwei verschiedenen Härten. Einen weichen (Nr. 2 bis 3) zum Skizzieren und Entwürfe machen und einen harten (Nr. 5) zum Linienrißzeichnen. Ersteren spitzt man wie gewöhnlich, letzteren meißelförmig mit abgestumpften Kanten. Zum Ausziehen in Tusche verwendet man die übliche Reißfeder, Zirkel usw., noch besser die neuesten Ausziehfedern.

5. Maßstäbe. Vorzuziehen sind solche, wo die Skala am Papier aufzuliegen kommt, da sonst ein genaues Messen nicht möglich ist.

6. Ein kleines gleichschenkeliges und ein großes ungleichschenkeliges Dreieck.

Die besonderen, für den Schiffbau geeigneten Zeichenutensilien sind:

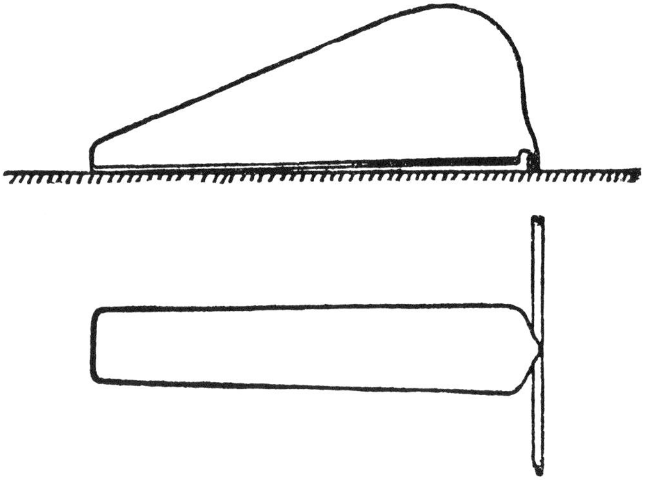

Zeichnung 23

1. Straklatten: Dies sind dünne, biegsame, rechtwinkelige Latten zum Ziehen von Kurven. Man achte auf gleichmäßige Holzfaserung. An den Enden verjüngte Latten heißen „Wasserlinienlatten", weil sie sich besonders zum Zeichnen von Wasserlinien eignen.

2. Strakgewichte. Diese dienen zum Festhalten der Straklatten (Zeichnung 23).

Diese Gewichte sind aus Blei oder Eisen, wiegen 2 bis 3 kg und müssen unten entweder ein Stück Stoff oder ein dünnes Brettchen angeleimt erhalten.

3. Schiffbau-Kurvenlineale. Es gibt ganze Sätze (Hamburger und Kopenhagener Satz) hiervon, doch genügen für nicht allzu-

hohe Ansprüche schon mehrere, verschiedenartig ausgesuchte Einzelstücke. Diese Lineale sind unentbehrlich, besonders dort, wo die Straklatte wegen allzu starker Krümmung versagt. Beim Anlegen eines Kurvenlineals an die zu verbindenden Punkte einer Kurve achte man stets besonders auf sanften Zu- und Ablauf des Lineals, da sonst beim Anschließen des neuen Kurvenstückes leicht Buckeln entstehen.

4. Ein langes Lineal. Dasselbe dient hauptsächlich zum Zeichnen des Netzes für den Linienriß. Für bescheidene Zwecke genügt eine vollkommen gerade Holzschiene, keine Reißschiene, weil das Parallelverschieben mit derselben nicht genau genug ist. Es müssen hierzu Abstände immer an beiden Schiffsenden aufgetragen und diese Punkte dann verbunden werden. Für höhere Ansprüche muß ein eisernes Lineal vorgesehen werden, welches sich naturgemäß nicht verzieht. An dieser Stelle sei gesagt, daß ein genaues Netz Grundbedingung für einen genauen Linienriß ist.

5. Das Planimeter, auf deutsch Flächenmesser. Dieses Instrument ist zweiteilig, ähnlich wie ein Zirkel. Es wird flach auf die Zeichnung gelegt, das eine beschwerte Ende wird fest ins Papier eingestochen, mit dem anderen Ende umfährt man die zu messende Fläche. Ein Rollensystem mit Maßstab zeigt sodann die Größe derselben an. Dieses Instrument ist sehr teuer, man kann sich aber auch mit Unterschieben von Millimeterpapier und Abzählen der Felder behelfen. Das Zeichenpapier muß für diesen Fall jedoch durchsichtig sein. (Pauspapier.)

Zeichnerische Besonderheiten im Schiffbau haben ihre Ursache in der notwendigen, außergewöhnlichen Genauigkeit. Der für das Linienrißnetz gebrauchte rechte Winkel zwischen Wasserlinienrichtung und Spantrichtung (Aufriß und Grundriß) wird nicht mit dem Dreieck, sondern mit dem Zirkel konstruiert, wie es Zeichnung 24 zeigt. Die Kreismittelpunkte werden beliebig gewählt. Ein Übertragen von Abständen (z. B. die Spantpunkte und Wasserlinien, wie es Zeichnung 65 zeigt) wird niemals mit dem Maßstab oder dem Stechzirkel, sondern stets mit Hilfe eines dünnen, geraden Papierstreifens und eines keilförmig gespitzten, harten Bleistiftes ausgeführt.

Mißt man im zuerst versuchsweise gezeichneten Rechteck: Wasserlinie — Bootsenden — Grundriß = Mittellinie, die beiden Diagonalen (Papierstreifen), so müssen sie genau gleich lang sein.

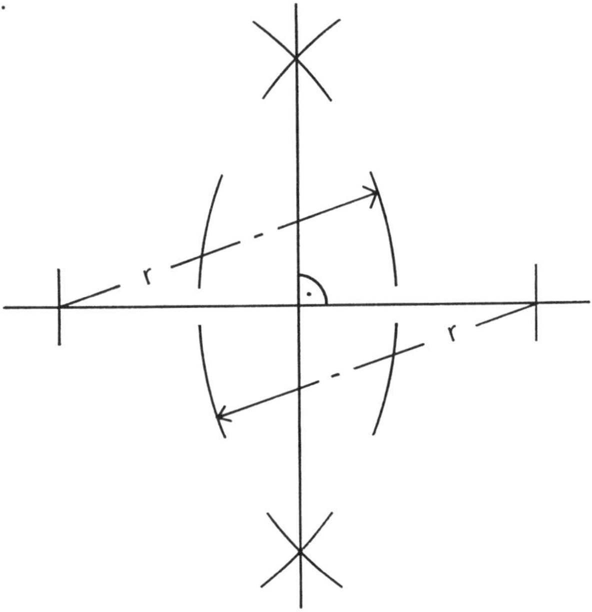

Zeichnung 24

11. Segelfläche, Lateralfläche, ihre Schwer- und Druckmittel-Punkte

Der Segelriß ist für die Fahrt- und Stabilitätseigenschaften von großer Bedeutung. Wieviel Segel die einzelnen Boote tragen könnten, siehe Kap. 15, zweiter Abschnitt. Ich erkläre nun, wie man die Flächen und ihre Schwerpunkte findet. Leider sind letztere beim Segeln nicht in jeder Stellung, Richtung und Geschwindigkeit auch gleichzeitig die Druckmittelpunkte.

Weil das bereits den ersten Segelriß-Versuch beeinflussen könnte, nehme ich einen Hinweis vorweg: Ein Hochtakelungs-

Rigg, welches gestattet, einen Achterstag zu führen, hat mastentlastende Vorteile.

Die Vermessungsvorschriften lasse ich außer acht, es gibt deren verschiedene, und zeitweise ändern sie sich. Wir betrachten hier jene technische Segelfläche, welche man „am Wind" nennt, in ihrer Seitenansicht, ohne Bei- und Zusatzsegel, so wie sie die Zeichnung 25 e in der Punkt-Reihenfolge 1, 2, 9, 10, 8, 12, 3, 4 und wieder nach 1 zeigt. Das eigentliche Vorsegel wäre 8, 10, 11, 8, doch der abgedeckte Teil zählt „am Wind" nicht mit. (Nebenbei: die derzeitigen Vermessungsvorschriften setzen eine theoretische Vorsegelfläche ein, welche in einem bestimmten Verhältnis zum Dreieck 5, 6, 7, 5 steht. Ferner werden bei der Klassenvermessung die Achterlieks-Rundungsflächen nicht mitgezählt.)

Genaues über den Bau von Segelbooten und über die theoretisch-praktischen Wirkungen der Winddrücke auf die Takelage ist in den umfassenden Werken der Herren Eichler und Baader, Verlag Klasing, zu finden.

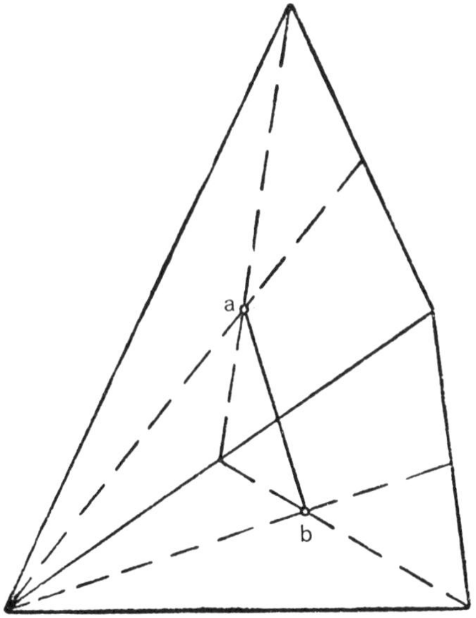

Zeichnung 25 a

Um die Großsegelfläche zu bestimmen, muß man bei Gaffeltakelung dasselbe in zwei Dreiecke und eine Rundungsfläche teilen, wie es Zeichnung 25 c zeigt. Die Rundungsfläche wird annähernd durch die Formel $\frac{2}{3} A \times P$ bestimmt, so daß sich unter Anwendung der üblichen Dreiecksberechnung für das Großsegel die Fläche:

$$\frac{A \times B}{2} + \frac{C \times D}{2} + \frac{2}{3} A \times P$$

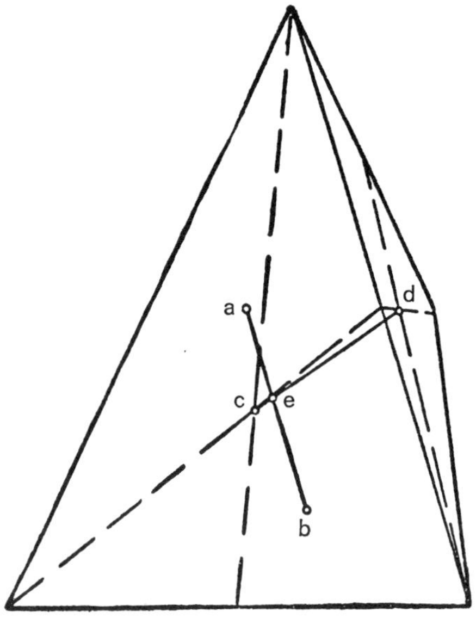

Zeichnung 25 b

beziehungsweise bei Hochtakelung (Zeichnung 25 d) die Fläche:

$$\frac{A \times B_1}{2} + \frac{2}{3} A \times P_1 + \frac{2}{3} E \times P_2$$

ergibt.

Die Vorsegelfläche ergibt sich aus $\frac{N \times M_1}{2}$ (Zeichnung 25 e). Die „Am Wind"-Segelfläche ist sodann die Summe.

2. Der Segelschwerpunkt

Ist der Segelriß so weit gediehen, daß man an die Aufsuchung des Segelschwerpunktes schreiten kann, so bieten sich hierzu zwei Wege. Der einfachere und trotzdem sehr genaue Weg besteht darin, daß man sich (vorausgesetzt, daß Großsegel und Vorsegel

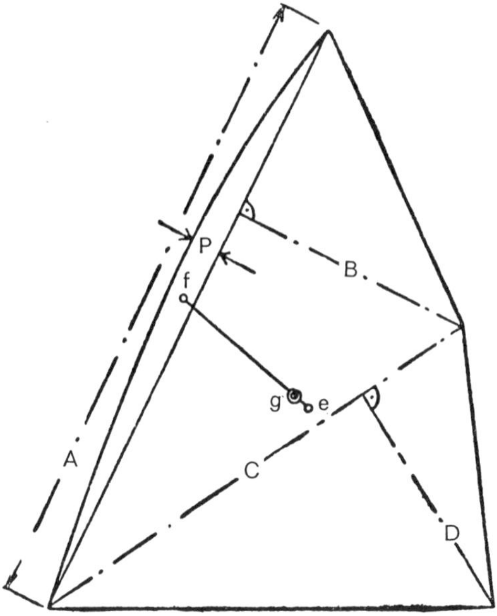

Zeichnung 25 c

so wie hier in Zeichnung 25 e bildlich zusammenhängen) aus steifem Papier die Fläche 1, 2, 9, 10, 8, 12, 3, 4 über Bogen zu 1 ausschneidet und laut Zeichnung 5 in Kapitel 4 an verschiedenen Punkten aufhängt. Diese Methode scheitert aber, sobald es sich um getrennte Segelflächen handelt. Da außerdem beim Segelrißzeichnen, gerade auch oft wegen der Schwerpunktslage, verschiedene Versuche notwendig sind, ist der zweite, geometrisch-rechnerische Weg oft der bessere. Wie der Segelschwerpunkt auf diese Weise zu finden ist, soll Zeichnung 25 a bis e zeigen.

Erst müssen die Einzelschwerpunkte, d. h. der Schwerpunkt des Großsegels und jener der *vor* dem Mast befindlichen Vorsegelfläche (denn nur diese kommt hier in Betracht) gefunden werden. Um den Schwerpunkt des Großsegels zu finden, betrachtet man zuerst nur das in Zeichnung 25 a gezeigte Trapez und teilt dieses in zwei Dreiecke. Hierauf sucht man durch Halbieren je zweier Dreiecksseiten und Verbinden dieser Punkte mit den gegenüberliegenden Eckpunkten die Einzelschwerpunkte

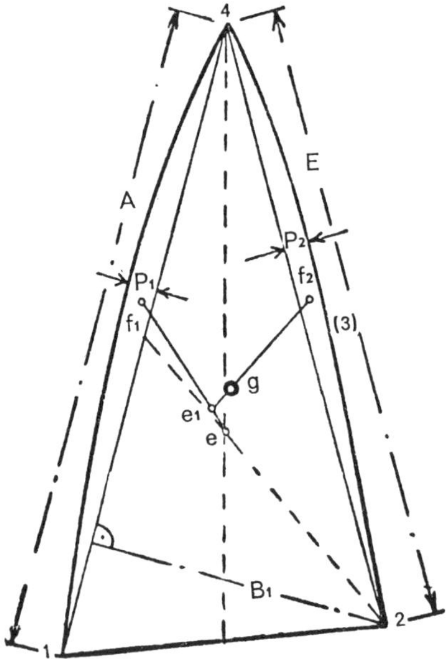

Zeichnung 25 d

a und b dieser Dreiecke. Der gemeinsame, also der Trapezschwerpunkt muß naturgemäß auf der Verbindungslinie a, b liegen. Bis auf diese Verbindungslinie denkt man sich nun alle Hilfslinien fort und teilt das Trapez in zwei andere Dreiecke, wie es Zeichnung 25 b zeigt, sucht wiederum die Einzelschwerpunkte c und d der beiden Dreiecke und verbindet dieselben. Der Schnittpunkt mit a, b stellt nun den Trapezschwerpunkt e dar. Nun denkt man sich an dieses Trapez die Rundungsfläche angesetzt (Zeichnung 25 c) und schätzt deren Schwerpunktslage f.

Nach jener, bereits auf Seite 27 laut Zeichnung 10 erläuterten Methode zur Zusammensetzung von Flächen ergibt sich für den Abstand

$$\overline{e\ g} = \frac{\text{Abstand e, f} \times \text{Rundungsfläche}}{\text{Großsegelfläche}}$$

Handelt es sich um die Auffindung desselben beim Großsegel

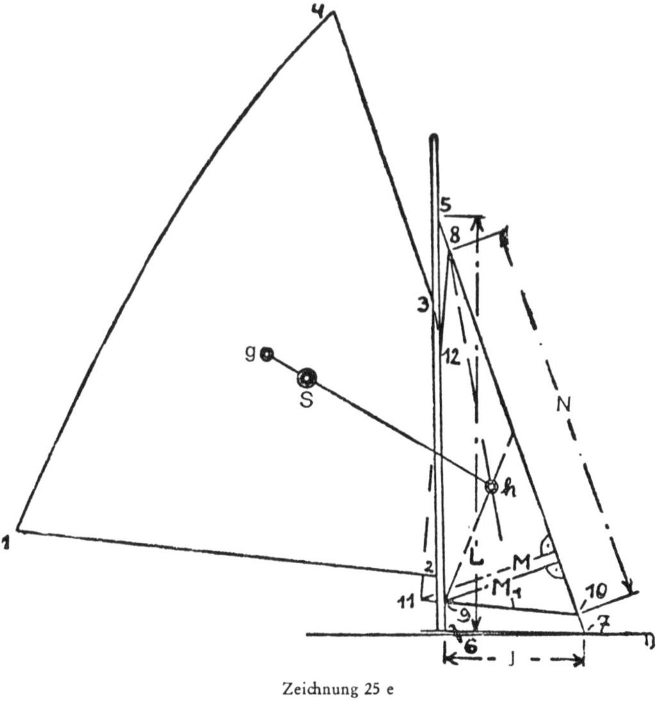

Zeichnung 25 e

einer Hochtakelung, so ist an Hand von Zeichnung 25 d zu ersehen, daß man es hier nur mit einem Dreieck, jedoch mit zwei Rundungsflächen zu tun hat, Der Abstand e, e_1 wird gleich:

$$\frac{\text{e, } f_1 \times \text{Rundungsfläche links}}{\text{Dreiecks-} + \text{Rundungsfläche links}}$$

und sodann der Abstand e_1, g gleich:

$$\frac{\overline{e_1, f_2} \times \text{Rundungsfläche rechts}}{\text{Großsegelfläche}}$$

werden. Ist der Mast gerade, entfällt natürlich die vordere Rundungsfläche.

Nun sucht man den Schwerpunkt h der vor dem Mast liegenden Segelfläche (Zeichnung 25 e), verbindet ihn mit g und erhält dann durch eine, den früheren analoge Gleichung den Abstand

$$\overline{g, S} = \frac{\text{Abstand } g, h \times \frac{N \times M_1}{2}}{\text{Großsegelfl.} + \frac{N \times M_1}{2}}$$

womit der Gesamtschwerpunkt S gefunden ist.

Hat die Yacht zwei Masten, so rechnet man in der beschriebenen Art für jeden Mast seine Am-Wind-Besegelung für sich und setzt diese Ergebnisse nach dem schon erklärten Hebelgesetz-Verfahren flächen- und schwerpunktmäßig zusammen.

3. Segelschwerpunkt und Stabilität

Im vorigen Absatz wurde gezeigt, wie die Lage des Segelschwerpunktes zu finden ist. Die Anforderungen, welche an ein Segelboot gestellt werden, sind, abgesehen von schneller Fahrt durch gute Linienführung, Stabilität, gute Trimmlage des Segels und geringe Abtrift des Bootes. Die Stabilität ist einerseits bedingt durch die Schiffsform in Verbindung mit dem Bootsgewicht (wobei aber darauf hingewiesen sei, daß die labile Rumpfform oft weniger Fahrtwiderstand bietet), ferner durch die Größe und Lage des Ballastes (Flosse) und durch die Höhenlage des Segelschwerpunktes. Hier seien bloß die letzten beiden Punkte behandelt, und betreffs der absoluten Stabilität siehe das diesbezügliche Kapitel.

Der Winddruck, als Einzelkraft im Segelschwerpunkt angreifend gedacht, wird das Boot zu krängen versuchen. Es wird also eine Drehwirkung, ein Kraftmoment auf das Boot ausgeübt. Wie jedoch bereits bekannt, ist die Drehwirkung auch vom Hebelarm abhängig, welcher in diesem Falle um so länger wird, je höher der Segelschwerpunkt zu liegen kommt.

Je nach Verwendungszweck und Stabilität des Bootes ist daher entweder die Gaffeltakelung oder die Hochtakelung von größerem Vorteil. Die Windstärke ist nämlich in etwas größerer Höhe stärker, so daß mit der Hochtakelung bessere Fahrtergebnisse zu erzielen sind, jedoch nur bis zu derjenigen Windstärke, welche das Boot verträgt. Darüber sind oft diejenigen Boote, welche dank ihres tieferliegenden Segelschwerpunktes noch nicht zu reffen brauchen, im Vorteil.

Bei Jollenkreuzern ist die Stehhöhe in der Kajüte meistens im engsten Zusammenhang mit der Höhe des Segelschwerpunktes. Je höher die Kajüte ist, um so höher muß das Segel kommen. Es sei daher gewarnt, durch zu große Stehhöhe die Bequemlichkeit zu erhöhen, weil dadurch die Stabilität kleiner Boote außerordentlich leidet. Es kommen noch der größere Windfang und das größere Übergewicht der Kajüte hinzu.

Soll ein mit einer Gaffeltakelung versehenes Boot eine Hochtakelung erhalten, muß sich der Eigner im klaren sein, ob sein Fahrzeug hierzu genügend stabil ist. Liegt ein Flossenkieler vor, hat man die Möglichkeit, durch Vergrößerung des Flossengewichtes die ursprüngliche Stabilität zu erhalten. Das hierzu notwendige Mehrgewicht läßt sich nach Zeichnung 26 leicht annähernd bestimmen:

Als Drehpunkt muß ein etwas unter der CWL liegender Punkt gewählt werden (D) (das Boot „stolpert" sozusagen bei plötzlichem Seitenwind über seinen Unterwasserteil, daher auch das leichte Kentern bei rascher Wendung nach flotter Fahrt mit Achterwind), und sonach kann man durch die Gleichung

$$\underbrace{(P \times a_2) - (P \times a_1)}_{\substack{\text{Vergrößerung des} \\ \text{Kraftmomentes durch} \\ \text{die Hochtakelung}}} = \underbrace{K \times b}_{\substack{\text{Vergrößerung des} \\ \text{Kraftmomentes} \\ \text{durch Zusatzgewicht}}}$$

das notwendige Zusatzgewicht $K = \frac{(P \times a_2) - (P \times a_1)}{b}$ finden.

Für P ist der für die betreffende Segelfläche entsprechende Winddruck einzusetzen, wobei die Annahme gemacht wird, daß im Mittel 5 kg pro m^2 wirken.

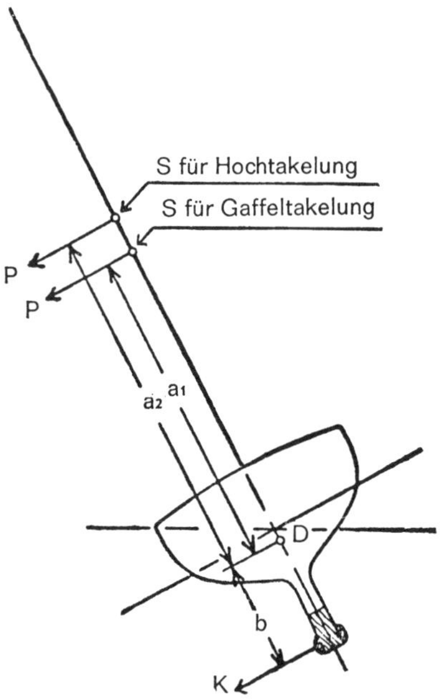

Zeichnung 26

Die hier beschriebene Rechnungsweise ist technisch-mathematisch nicht einwandfrei, liefert aber brauchbare Annäherungswerte.

Das Zusatzgewicht K wird natürlich auch eine Mehrtauchung des Bootes zur Folge haben, welche laut dem Beispiel 1 in Kapitel 7 und invertiert auch Beispiel 3 zu errechnen ist. Ist auch dies geschehen, läßt sich erst entscheiden, ob die Anbringung des Zusatzgewichtes angängig ist. Auch ist eine eventuelle Vertrimmung zu beachten.

Daß bei jeder Veränderung der Segel, auch wenn es sich nicht gerade um einen Umbau im vorhergenannten Sinne handelt, der Vorgang derselbe ist, wird verständlich sein. Desgleichen, daß der neue Segelschwerpunkt der Länge nach an derselben Stelle bleiben muß, vorausgesetzt, daß die Segeleigenschaften des Bootes mit der alten Takelage gut waren.

Hieraus ergibt sich die neue Maststellung, was nachstehend begründet wird.

4. Segelschwerpunkt und Lateralschwerpunkt

Die Ausdrücke „Luv- und Leegierigkeit“ bedeuten, ob ein Boot die Neigung hat, seinen Vorsteven in den Wind hineinzudrehen (luvgierig) oder denselben herauszudrehen (leegierig). Diese Eigenschaften zeigen sich besonders deutlich bei Dwarswind (Seitenwind). Ein richtig konstruiertes Boot sollte bei Dwarswind ohne wesentliche Zuhilfenahme des Ruders Kurs halten, d. h. weder luv- noch leegierig sein. Auf keinen Fall darf es leegierig sein, während etwas Neigung zur Luvgierigkeit sowohl beim Wenden als auch bei böigem Winde von Vorteil ist. Das luvgierige Boot dreht bei der Bö seinen Steven in, sein Großsegel aus dem Wind und kann sich dann wieder aufrichten, das leegierige Boot macht es umgekehrt (fällt ab), und die Folge kann ein Kentern sein. Ist ein Fahrzeug jedoch derart luvgierig, daß das Steuer andauernd in Lee gehalten werden muß, so verliert es wesentlich an Fahrt, da eine Seitenstellung des Steuerblattes nicht nur eine Drehwirkung, sondern auch eine Bremswirkung zur Folge hat. Es handelt sich sowohl bei der Konstruktion als auch beim Eintrimmen eines Segelbootes nun darum, dem im Segelschwerpunkt als Einzelkraft gedachten Winddruck die Möglichkeit zu nehmen, das Boot (in seiner Fahrtrichtung) zu verdrehen. Da es sich hierbei jedoch bloß um eine horizontale Drehwirkung handelt, welche gleich 0 werden soll, würde es genügen, wenn die Windkraft lotrecht *über* der (zu suchenden) seitlichen Widerstandskraft zu wirken käme.

Damit ein Boot, drastisch gesprochen, mehr nach vorne als zur Seite fahren soll (abtreiben), muß der sich der seitlichen Bewegung entgegensetzende Widerstand möglichst groß werden. Dies wird durch eine künstliche Vergrößerung des sogenannten Lateralplanes, das ist die Unterwasserfläche in der Seitenansicht,

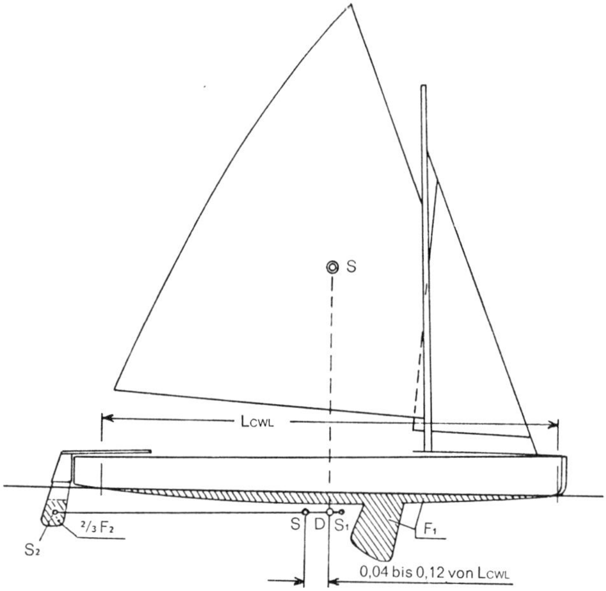

Zeichnung 27

erreicht. Dazu dienen entweder Schwert und Steuer oder Flosse und Steuer, beziehungsweise Tothölzer. Dort wo diese Unterwasserfläche ihren Druckmittelpunkt hat, müßte man sich die der seitlichen Bewegung entgegensetzende Widerstandskraft, als Einzelkraft angreifend, denken können. Bis jetzt war der Schwerpunkt einer Fläche auch immer der Druckmittelpunkt derselben, doch versagt hier die Theorie sowohl oben wie unten, denn die Druckmittelpunkte wandern in der Längsrichtung. Es wandert jener der Besegelung und ebenso jener des Lateralplanes. Letzterer hat den Vorteil, ab Schwerpunkt stets nach vorne zu wandern, weil das Wasser im Anschnittsgebiet härter wirkt. Je völliger das Boot und je höher die Geschwindigkeit, um so mehr. Die Bugwelle hilft auch in diesem Sinne mit. Der Segeldruckmittelpunkt wandert dagegen je nach Segelstellung, Fahrt- und Windrichtung auch manchmal nach achtern, und zwar stets in Richtung nach jener Stelle zu, wo der Wind in Luv am stärksten drückt und in Lee am stärksten saugt.

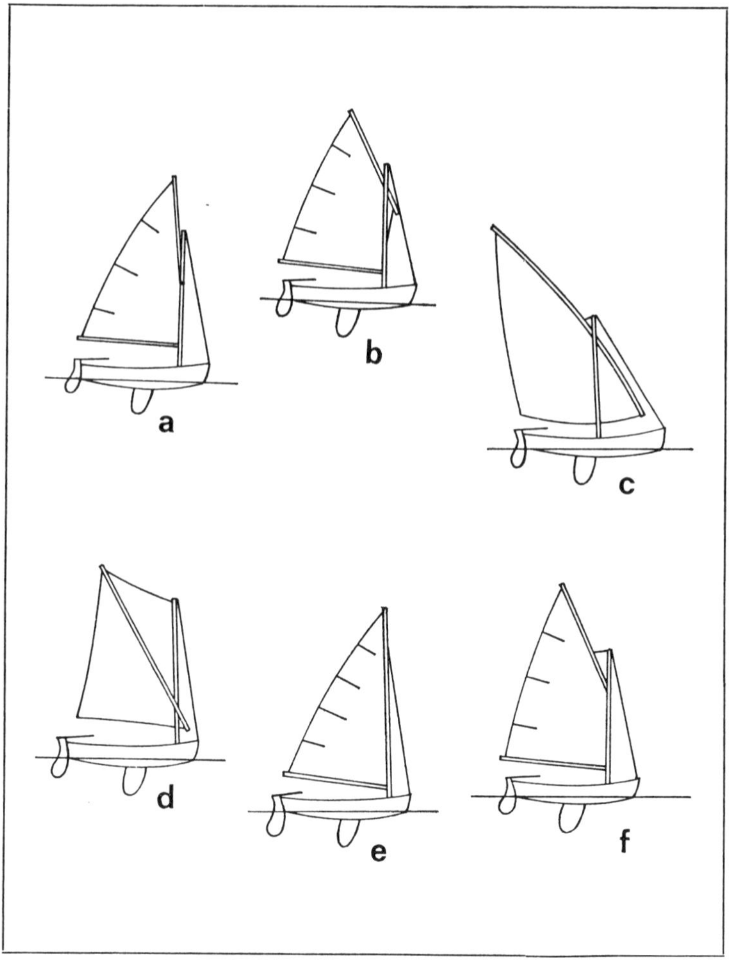

Zeichnung 28 a Verschiedene Arten von Segeln: a) Steilgaffel- oder Huarisegel; b) Luggersegel; c) Lateinersegel; d) Sprietsegel; e) Hoch- oder Bermudasegel; f) Gaffelsegel

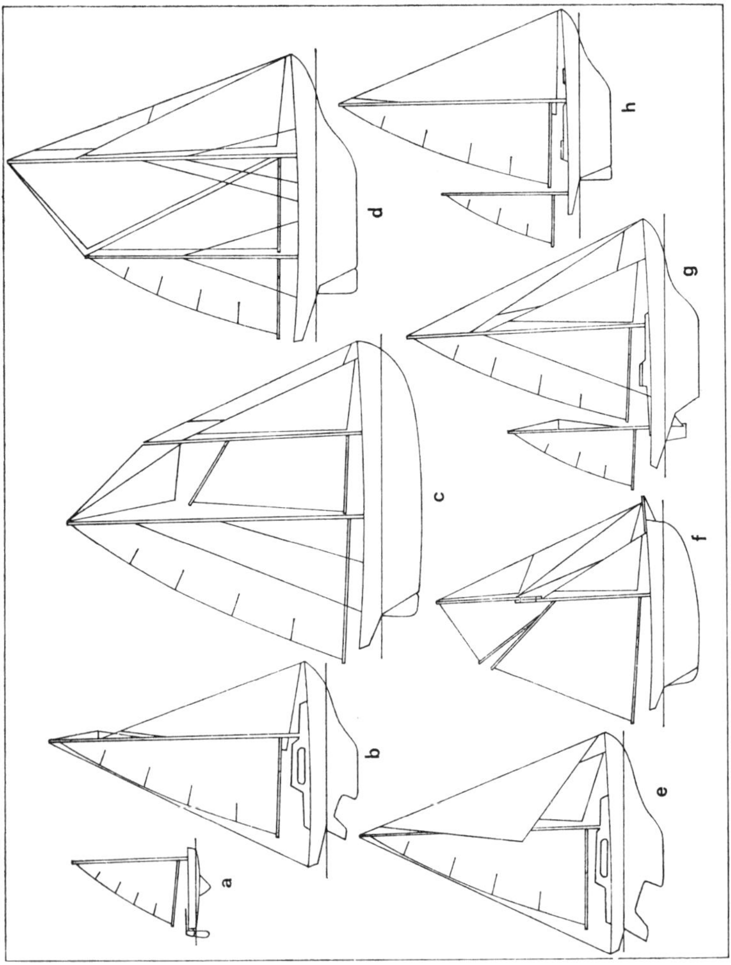

Zeichnung 28 b Yachttypen: a) Kat (nur ein Großsegel — Hoch- oder Gaffelsegel — und keine Vorsegel); b) Slup (Großsegel — Hoch- oder Gaffelsegel — und ein Vorsegel); c) Hochsegelschoner (kurzer Vormast und längerer Großmast, die Bezeichnung ob Gaffel- oder Hochsegelschoner richtet sich nach der Takelung des Großmastes); d) Stagsegelketsch (der kürzere Besanmast steht innerhalb der Konstruktionswasserlinie); e) Moderner Kutter (Großsegel und zwei Vorsegel); f) Klassischer Kutter (Großsegel, Toppsegel und drei Vorsegel); g) Hochsegelketsch; h) Yawl (der kurze Besanmast steht außerhalb der Konstruktionswasserlinie)

Fest steht: konstruktiv muß der Segelschwerpunkt vor dem Lateralschwerpunkt liegen, und zwar um Erfahrungsmaße, welche auf die Wasserlinienlänge bezogen werden. Diese betragen:

0,04 L_{CWL} bei scharfen und bescheiden besegelten Booten bis

0,12 L_{CWL} bei völligen und reichlich besegelten Booten.

(Es gibt Kiel-Boote mit genügendem Lateralplan, welche, nur um den Lateraldruckmittelpunkt je nach Bedarf verlagern zu können, zusätzlich ein hochziehbares Hilfsschwert fahren.)

Aus Kapitel 17, „Geneigte Wasserlinie", geht hervor, daß ein gekrängtes Boot nach der austauchenden Seite, hier = Luv, steuert. Diese vom Neigungswinkel abhängende Erscheinung addiert sich daher mit jener der Vorwärtswanderung des Lateral-Druckmittelpunktes. Das Verhältnis der beiden sich ändernden Wirkungen liegt nicht fest, woraus sich wohl die große Spanne von 0,04 bis 0,12 L_{CWL} erklärt. Manche gehen sogar bis 0,19.

Umstritten ist die Frage, inwieweit das Steuerruder, weil es ja nicht immer mittschiffs steht, als Lateralfläche mitzählt. Ich selber denke, daß es ganz mitzählt, doch will ich mich belehren lassen und sage: zu $^2/_3$.

Auch die Frage, ob bei flachgehenden Jollen die Lateralfläche des Rumpfes gegen die Abdrift mitzählt oder nicht oder nur das Schwert, ist aufgeworfen worden. Meine Ansicht: sie zählt mit — und in diesem Sinne nun daher mein Text. Schließlich, wenn auch in Richtung Vorwärtsfahrt, wird die Hauptspantfläche ebenfalls sanft angeschnitten, und niemand zweifelt daran, daß sie ein nennenswerter Widerstandsfaktor ist. Ferner gibt es die Reibung, welche auch in der Abdriftsrichtung — und vielleicht besonders wegen der langsamen Bewegung — ihre Wirkung ausübt.

Wir suchen uns, siehe Zeichnung 27, mittels Millimeterpapier oder durch Aufteilung in Rechtecke und Dreiecke oder nach Kapitel 17 die Längsschnittfläche des eingetauchten Bootskörpers mit oder ohne Schwert und nenen sie F_1. (Natürliche Größe wäre Fläche auf der Zeichnung $\times$ Maßstab^2.) Am besten in m^2 ausdrücken. Diesen ganzen Teil F_1 schneiden wir aus Pappe aus und suchen, wie es Zeichnung 5 zeigt, den Schwerpunkt s_1. Er fällt in das Leere, wir können auf der Pappe nur die Richtungen festlegen, um dann, auf die Zeichnung aufgelegt, diese zum Schnitt zu bringen. Von der Ruderfläche nehmen wir $^2/_3 = F_2$, messen sie und schätzen den Schwerpunkt s_2. Verbinden s_1 mit s_2 und finden mittels einer Rechnung wie nach Zeichnung 10 und Beispiel 2 den gemeinsamen Schwerpunkt s. Das ist der Lateralschwerpunkt. Von diesem tragen wir je nach Boot 0,04 bis 0,12 von L_{CWL} nach vorne auf und kommen dadurch auf den theoretischen Druckmittelpunkt D. Der Segelriß muß nun so verschoben oder umgezeichnet werden, daß S über D kommt. Falls mit Kajüte, achtgeben, daß sich die Maststellung mit der Einrichtung verträgt und sowieso auch mit dem Schwertkasten, es sei denn, man setzt an diesem bis über das Deck reichende Mastbacken wie oder für einen Klappmast. Schwertfall und Schwertarm fieren dann zwischen hindurch.

Bei Booten mit nur einer Lateralfläche (Flossenkieler) ist die D-Auffindung einfacher. Man denkt — oder schneidet — nur das obere Drittel Ruder weg und findet — mit Pappe — gleich den Punkt S*).

12. Die Motorenanlage, Steuerruder, Anhänge

1. Die Aufstellung

Die klassische Aufstellung ist jene, wie sie die Zeichnung 21 und 22 zeigen. Wellenleitungs- und Propellerwirkungsgradmäßig gehören auch solche Anlagen dazu, bei welchen der Motor umgedreht achtern steht, mit der ersten (Doppelkardan-)Welle nach vorne zu einem Umkehrgetriebe (V-Drive) und von dort dann, wie sonst auch, zurück zum Wellenbock und zum Propeller. Siehe Zeichnung 29 oben. Diese Einbauweise verlagert den Gesamtschwerpunkt nach achtern, fast wie eine Z-Anlage, was beim Gleiter günstig, aber bei langsamen Verdrängern nicht günstig ist, besonders wenn die Maschine im Verhältnis zum Bootsgewicht viel wiegt. Diese Einbauweise bietet jedoch die Möglichkeit, Motor und Umkehrgetriebe etwas weiter vor zu setzen, was wegen der Raumfrage leider meistens nicht gewollt wird.

*) Falls, wie heute, Zweiteilungen vorliegen, rechnerisch zusammensetzen. Vom Ruder $^2/_3$ seiner Fläche einsetzen.

Je flacher die Wellenleitung zum Propeller verläuft, um so günstiger ist das. Es spielen hierbei, bei Einbauweisen nach den Zeichnungen 21 und 22, der Umriß der Motorenwanne, die Stelle des Schwungrades und der Umriß des Getriebes, besonders des Untersetzungsgetriebes, eine merkliche Rolle. Bootsbaumäßig günstig sind also jene Motoren, wo der tiefste Punkt auf Vorderkante Motor liegt, um von dort schrägschnittartig zum Flansch anzusteigen. Diese Maschinen vertragen auch die Schrägstellungen besser, weil das Wannenöl bis vorne reicht.

Am rückwärtigen Ende wird der Verlauf der Wellenflucht vom Propellerdurchmesser bestimmt. Wer ein Motorboot mit Einbauanlage konstruieren will, muß also auch mit der Überschlagung des Propeller-Durchmessers beginnen, um das ganze Aggregat in seinen Vorentwurf hineinpassen zu können. (Maßstäblich auf Pauspapier zeichnen und dann darunter oder darüber legen.) Bei Zweischraubern muß man den Boden-Längsschnitt unter der einen Welle erst annehmen und später genau zeichnen. Zum überschlagenen Propeller-Durchmesser reservehalber etwas dazu geben und die folgenden Richtlinien in Durchmesser-Prozenten beachten:

Abstand Propeller-Bootsboden bei Verdrängern mindestens 10, besser 15 %. Bei Gleitern allerdings mindestens 7, besser 10 bis 12 %. (Großer Abstand vergrößert leider die Wellenschräge.) Abstand des oberen Flügels zum Ruderblatt bei langsamen Verdrängern 35 %, bei Gleitern, mit zunehmender Geschwindigkeit abnehmend, bis auf 20 %. Propeller und Ruder möglichst spiegelnahe.

Besonders bei Zweischraubern muß man auch die Lage der achteren Motorenpratzen beachten, dort einen Querschnitt skizzieren und aufpassen, daß sich die jeweils äußere Pratze noch im Boot befinde und daß darunter genügende Höhe für die eventuelle Schwingmasse und für das durchlaufende Fundament bleibt. (Das dort niedrige Fundament muß verstärkt werden).

Weiter wird von der Mitte des inneren Wellendurchbruches (Einschrauber Innenkante Kiel, Zweischrauber Innenkante der vorzusehenden Durchbruchskiele) bis zum Motorenflansch eine nicht unerhebliche Länge benötigt, welche manchmal zwingt, den Motor höher zu setzen — und ihm dadurch auch mehr Schräg-

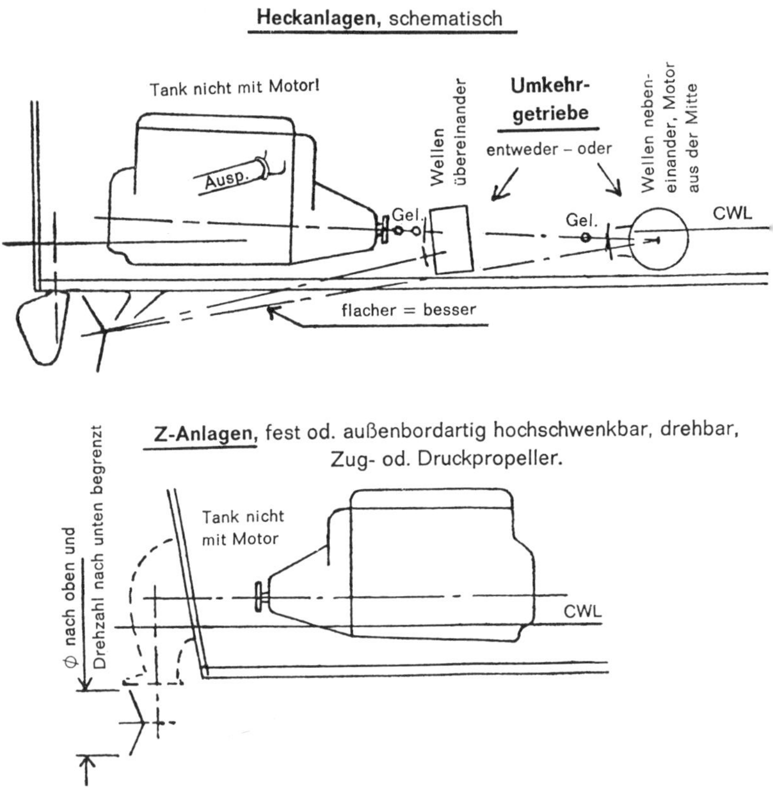

Zeichnung 29

stellung zu geben als man möchte. Dies für den Platzbedarf der Stopfbuchse und, weil es sich seitdem die Motoren auf Schwingpratzen ruhen empfiehlt, vor die Stopfbuchse ein Drucklager zu setzen und von dort zum Motor eine kurze Schwingwelle, allermindestens eine Schwingscheibe. Der Wellenschub darf nicht an diese, etwa bis an das Getriebedrucklager, heranreichen. Die

Schwingpratzen sind gegen Längsschub nicht ganz unempfindlich, und steht der Motor unter Druck, so kann es ohne vorheriges Drucklager vorkommen, daß die Propellernabe am Wellenbock schleift.

Die höchstzulässige Schrägstellung der Motoren, welche sich je nach ihrer Bauart zwischen 12 und 18° bewegt, geben die Herstellerfirmen an. Doch ist es, auch weil die Fahrt-Vertrimmung dazu kommt, ratsam, um möglichst 2° darunter zu bleiben.

Durchlaufende starre und lange Fundamente sind sehr wichtig, teils für den ruhigen Lauf und teils damit sich vom Wellenbock bis zum Motor nichts verziehen kann. Diese Fundamente sind gut mit dem Spiegel zu verbinden und müssen ein gutes Stück vor den Motor reichen. Bei Zweischraubern sind die beiden zur Mitte zu, vorne die längeren. Ich persönlich pflege, wenn in Holz, außerdem den Kiel — oder bei zwei Maschinen die Durchbruchskiele — achtern so breit zu zeichnen, daß sich seitliche Verstärkungen für den Ruderdurchbruch, für einarmige Wellenböcke und für die Stopfbuchsenmontage erübrigen.

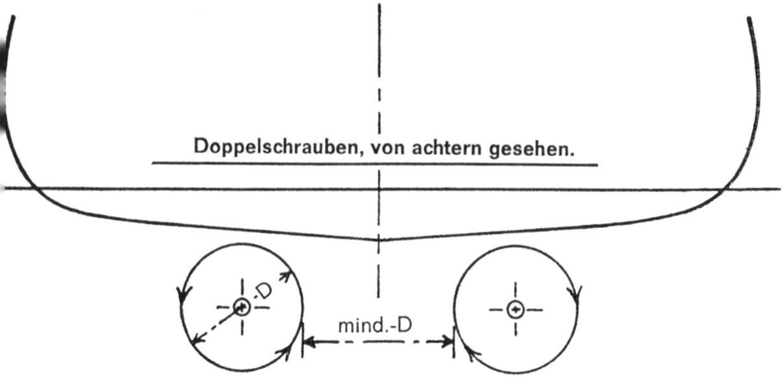

Zeichnung 30

Doppelschraubanlagen sind so vorzusehen, daß die beiden Propeller innen nach oben und außen nach unten drehen, weil sie damit weniger Wasser direkt von unten der Bodenmitte wegholen. Siehe vorhergehende Skizze, von achtern gesehen. Der Innenabstand sei, falls kein (bremsendes) Totholz oder tiefgehender Rumpf dazwischen, nicht unter einem Propellerdurchmesser, damit sich die beiden Schrauben nicht oder nur kaum stören. Bei der Abstandsbestimmung ist auch zu berücksichtigen, daß vorne, zwischen den Motoren genügend Platz zum hantieren und durchsteigen bleibt. V-Maschinen haben, auch wenn eine rechts- und eine linksdrehend, ebenfalls nach der Mitte zu Auspuffanschlüsse. Man lasse die Wellen möglichst parallel verlaufen, keinesfalls achtern zusammenlaufend.

Zweischrauber mit Z- oder Außenbordanlagen haben den Nachteil, daß beide Propeller in derselben Richtung drehen und damit den Kurs nach der Drehrichtung hin beeinflussen. Man kann sich damit helfen, daß man die Motorenanlagen um eine Idee nach der Drehrichtungsseite hin versetzt, also nicht ganz symmetrisch einbaut. Nun gibt es bereits gegenläufige Anlagen dieser Art.

Tunnelanlagen, auch nur angedeutet, um die Schraube etwas höher zu setzen, empfehlen sich für Sportboote nur dort, wo es geringe Wassertiefen absolut erfordern. Sie verlangsamen die Fahrt. Nur bei Schleppschiffen sind richtige Tunnels für die Zugkraft bei geringer Geschwindigkeit infolge ihrer Düsenwirkung günstig.

Bei sämtlichen Einbauweisen ist die *Lüftung* des Motorenraumes wichtig. Belüftung so, daß kein Spritzwasser auf den Motor gelangen kann. Etwas unter Vergaserhöhe enden lassen. Entlüftungsrohre dagegen bis in Bilgenähe führen.

Alle *Sicherheitsvorschriften* streng beachten! Sich diese zu beschaffen ist nicht schwer, hier im Buch hat nicht alles Platz. Für See doppelte Vorsicht, am besten nach dem Germanischen Lloyd.

Zur Gruppe der mit Direktantrieb eingebauten Maschinen gehören auch die *Hilfsmotoren für Segelyachten.* Mit ihren wenigen PS sind ihre Gewichte im Verhältnis zum Bootsgewicht sehr gering, wodurch sich das vorher gesagte in einigen verständlichen Hinsichten reduziert. Über den PS-Bedarf bringe ich im Kapitel 16 Anhaltspunkte. Wer mit dem Hilfsmotor auch wirklich fahren will, auch wenn's böse kommt, der geize, des Segelns wegen, mit dem Platz für den Propellerdurchmesser nicht zu sehr. 5 cm mehr machen schon sehr viel aus, er kann damit langsamer drehen und quirlt nicht so. Sonst nützt auch die meistens vorhandene PS-Reserve gar nichts.

Größte Beachtung der Sicherheit, auch bei Diesel. Diesel ist nur weniger gefährlich, aber nicht ganz ungefährlich, wie manche glauben.

Die Aufstellung der Segelyacht-Hilfsmotoren ergibt sich zwangsweise von alleine: vor dem Rudersteven. Dort ist der Platz sehr eng, darum klebe man den Motor nicht an den Austritt, man opfere zu Gunsten der Wartung einige dm Abstand. Schotte ihn gut ab, aber zugänglich. Luft braucht er auch, Seewasserspritzer nicht! Er ist nicht nur ein Hilfsmotor, er ist auch ein SOS-Motor. Manche setzen ihn auf Deck mit Übertragung nach unten.

Die Z- oder Heckanlagen, siehe Zeichnung 29 unten, sind heute (1967) bekanntlich sehr populär geworden, weil man damit die Maschinen mit kurzem Längenbedarf hinten weg und davor freien Bootsraum hat. Sie finden, weil dort technisch richtiger, vor allen Dingen für kleinere bis mittlere Gleitboote Verwendung. Die Einbauanleitungen geben die Lieferfirmen. Motore nicht zu sehr beengen. Spiegel mit hohen, breiten Knien versehen, an welchen unten Längsträger über die Spanten laufen. Dies auch dann, wenn der Motor sein eigenes Fundament hat. Oft wäre es trimmäßig günstiger, wenn man diese Z-Anlagen mit einer längeren Zwischenkonstruktion erhalten könnte, so daß sich der Abstand Spiegel — Motor etwas vergrößert. Ich denke dabei an 20 bis 40 cm.

Für die *Außenbordmotoren* geben ebenfalls die Lieferfirmen die nötigen Hinweise. Auch hier Spiegel und Boot achtern gut versteifen, um die Beanspruchungen aufzufangen und zu verteilen. Möglichkeit vorsehen, den Motor höher oder tiefer und in der Stellung etwas nach vorne oder nach achtern zu trimmen. Wanne davor, in welche der Motorenoberteil hineinkippen kann, ist günstig, auch ersetzt diese den geringen Freibord des Spiegelausschnittes. Sie muß ein Ablaufrohr erhalten. Bei Zweimotorenanlagen den Abstand keinesfalls geringer halten als ihn die Anweisung angibt.

Die Yet-Anlagen sind jene, welche das Boot damit antreiben, daß sie durch den Bootsboden Wasser ansaugen und dieses achtern durch den unteren Spiegelteil ausstoßen. Steuerung und auch Rückwärtsfahrt erfolgt durch Umlenkung des ausstoßenden Wasserstrahles. Verwendung finden sie hauptsächlich in *kleinen* Gleitbooten. Ihr Wirkungsgrad ist dem sonstigen Propellerantrieb unterlegen, denn der Propeller ist ja da, wenn auch im Rohr, zu einem Turbinenrad umgeformt. Die Zusatzverluste sind eine Folge davon, daß das Wasser im Rohr Reibung erleidet und dort in der Richtung umgelenkt werden muß. Nicht zu leugnende Vorteile sind: geringer Tiefgang, denn es ragt ja nichts heraus, keine Angst vor Propellerverletzungen, gegen Schlamm und dergleichen unempfindlich.

Brennstofftanks trenne man grundsätzlich vom Motoren- und Batterie-Raum, und zwar gasdicht, so auch die Schottdurchführungen. Bei Verdrängern legt man die Tanks, welche ja mal voll und mal leer sind, soweit es die Einteilung erlaubt, möglichst so, daß sie den Trimm nur wenig, oder falls voll, günstig beeinflussen. Für die Schwerpunktrechnung pflege ich das Gewicht der halbvollen Behälter einzusetzen. Gleitboote vertragen achterliche Belastung besser, falls damit nicht übertrieben wird und falls es sich nicht um einen Halbgleiter handelt, welcher auch als Verdränger guten Wasserablauf haben soll. Daher empfiehlt es sich oft bei Heckanlagen, die Tanks, vom Motorraum getrennt, weiter vorzuverlegen. Im Kapitel 15, die Bootsformen, habe ich Hinweise für die günstigen Gesamtschwerpunktlagen gegeben.

Ich wiederhole: ja die Sicherheitsmaßnahmen beachten!

2. Die Wellenleitungen der Einbauanlagen und das Drehmoment

Ich gebe nur wesentliche Hinweise. Man vermeide absichtliche Kardan-Knicke. Das ergibt stets Verluste und Bruchgefahren. Bei gerader, aber sehr langer Wellenleitung, ist der Einbau elastischer Gelenke dagegen von Vorteil, weil diese kleine, ungewollte Fehler, entstehend auch manchmal durch geringe Bootsverziehungen, ausgleichen. Längsdrücke müssen aber vorher abgefangen werden. Für normal lange oder sogar kurze Wellenleitungen siehe, was ich unter Punkt 1 über das Stück von der Stopfbuchse bis zum Motorenflansch geschrieben habe. Auch für Ski-Schleppboote ist das Extra-Drucklager zu empfehlen.

Alle Wellenanlagen unterliegen dem *Drehmoment*. Es ist ein statischer Begriff und bedeutet allein für sich nur: Kraft an einer Kurbel x ihrem Hebelarm, so wie in Zeichnung 7 dargestellt. Es entspricht der ausgeübten Torsionswirkung. Um daraus die Leistung zu berechnen, muß man es mit dem Weg der Kraft/sec multiplizieren. Das hier der Weg kreisförmig ist, hat nichts zu sagen. Es ergibt sich die Gleichung (wobei sich der Radius aufhebt):

$$\text{Drehmoment in mkg} \times \frac{\text{Drehzahl/min}}{60 \text{ (damit pro sec)}} \times 2\pi = \text{PS} \times 75$$

2π ist bekanntlich 6,28. Die 75 ganz rechts dient dazu, die PS in kgm zu verwandeln. Fixzahlen zusammengerechnet ergibt sich:

$$\text{Drehmoment in mkg} = \frac{716 \times \text{PS}}{\text{Drehzahl/min}}$$

Bei einundderselben Leistung ist daher das Drehmoment umgekehrt proportional zur Drehzahl. Untersetze ich zum Beispiel 2 : 1 (so auch durch Kegelräder im Z-Verlauf), so unterliegt die halb so schnell drehende Welle der doppelten Torsionswirkung als die vorhergehende. Diese ist die wichtigste Grundlage der Wellenberechnung. Auch die Propellerdurchmesser stehen in einem direkten Verhältnis zum Drehmoment.

Kehre ich die Gleichung um und schreibe:

$$\text{PS} = \frac{\text{Drehmoment in mkg} \times \text{Drehzahl/min}}{716}$$

so ist das die Grundlage der PS-Messung auf der Bremse. Die Bremsbacken mit ihrem belasteten Hebel zeigen das Drehmoment an.

Ferner ist bei Verwendung derselben Maschinenanlage für ein leichtanzutreibendes oder für ein schweranzutreibendes Fahrzeug der schiebende Druck auch ein verschiedener. Er wird beim schweren Boot oder beim Schleppen ein größerer sein. Um eine Richtlinie zu geben, ist hier in Zeichnung 31 eine Kurve dargestellt, welche zeigt, um welches Maß herum die üblichen Wellendurchmesser liegen.

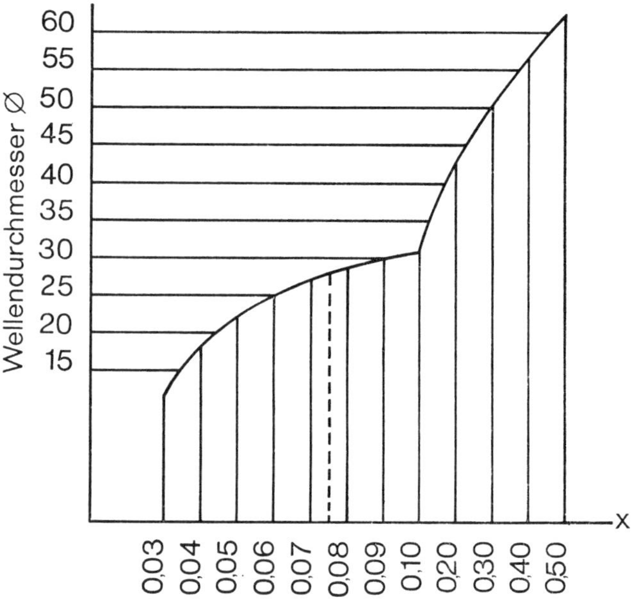

Zeichnung 31

$$X = \frac{100 \times PS}{\text{max. Geschw. in km/st} \times \text{Wellentouren/min}}$$

Beispiel: Boot fährt mit 30 km/std mit 40 PS, bei 1800 U/min.

$$X = \frac{100 \times 40}{30 \times 1800} = 0{,}074;\ \phi = 28\ \text{mm}$$

Umdrehungszahl stets der Propellerwelle, nicht des Motors!

Man muß sich zuerst die Grundzahl x ausrechnen und findet dann über dieser den Wellendurchmesser. Hierbei sind normale Lagerentfernungen vorausgesetzt. Der Knick in der Kurve ist hier nur dadurch entstanden, daß von x = 0,10 nach rechts ein anderer x-Maßstab gewählt wurde.

Bei Schleppern ist die Schleppgeschwindigkeit einzusetzen.

Bei Verwendung neuester, hochwertiger Stähle kann man bis 10 % darunter bleiben.

Ergeben sich infolge hoher Drehzahlen längere Wellen verhältnismäßig dünn, so empfiehlt es sich, diese zwecks Vermeidung von zerreißwirkenden Schwingungen etwas stärker zu halten.

Bei allen schnellen Booten fehlt heute der Außenkeil mit Sternbuchse.

Für hohe Geschwindigkeiten und solange es die Anlage verträgt, ist widerstandsmäßig ein einarmiger *Wellenbock* günstiger. Bei schweren Verdrängungen, größeren Dieselmotoren und für See, sind jedoch zweiarmige Wellenböcke ratsam. Bei ehrgeizigen Sport- und Rennbooten wird — womöglich — der Wellenbockfuß eingelassen. Der Arm ist tropfenförmig, doch halte man sich vor Augen: je höher die Geschwindigkeit, um so dünner müssen die Arme werden. Bei 100 km und darüber sehen sie fast nur noch wie Platten aus. (gilt sinngemäß für die Steuerruder-Blätter.) Die Festigkeit der Arme wird durch größere Länge in der Fahrtrichtung erreicht. Lager und Lagerträger möglichst lang und, falls außen, nur so dick wie die Propellernabe, so ergibt das einen guten Wasserdurchlauf. Zwischen Wellenbock und Propellernabe etwas Luft lassen (ca. 12—15 % des Wellendurchmessers). Die Hacke am Bock ist endlich unmodern geworden, weil sie bei Grundberührung nur dazu diente, den Bock abzureißen und die Welle zu verbiegen. Mit „nur" beschädigtem Propeller kann man sich dagegen meistens noch in Sicherheit bringen. Um den Propeller richtig zu schützen, muß man aus dem Wellenbock einen Schraubensteven machen und diesen unten, zum Kiel oder Totholz, nach vorne abschienen. Aber Schnellboote vertragen sowas nicht!

Die *Steuerruderfläche* hängt vom Lateralplan, von der Geschwindigkeit und vom Bootstyp ab. Bei den flotten Motorbooten, geschweige denn bei den Gleitern, muß mit zunehmender Geschwindigkeit die Ruderfläche abnehmen, weil sie sonst gefährlich stark wirken könnte. (Bei Zweischraubern mit zwei Rudern noch etwas kleiner.) Ruder müssen im Propellerstrom liegen, wenn sie gut wirken sollen. Außerdem dienen sie dazu, den Propeller-Ablauf zu glätten. Doch man setzt sie vorteilhaft etwas seitlich, in der Propeller-Drehrichtung, bei den langsamen Booten soviel, daß sich die Welle ohne Ruder-Abmontage ausbauen läßt, bei den Schnellbooten noch um etwas mehr. Ruder so tief bauen, daß sie auch unten Propellerstrom erhalten. (Schaft siehe Kap. 13, 1, Torsion und Biegung.)

Für jegliche Befestigung gilt: keine Bolzen, Muttern, Schraubenköpfe und dergleichen dürfen mit dem Wasser reiben! Nach außen zu muß alles glatt und versenkt sein. Ausstemmungen ausfüllen. Das macht, besonders bei höheren Geschwindigkeiten, sehr viel aus.

3. Die Wahl der Motoren

Boot und Motor müssen aufeinander abgestimmt sein, um eine gute Einheit zu ergeben. Welches Boot einem vorschwebt weiß man, doch um die passende Antriebsanlage zu wählen, muß man auch wissen, wie schnell man sein will und kann und welcher Propeller-Drehzahlbereich zu guten Ergebnissen führt. Das geht aus den später folgenden Kapiteln hervor, weshalb ich rate, sich vor dem Entschluß auch mit diesen zu befassen. Meine nun folgenden Ausführungen teile ich ein in: Verdränger allgemein, langsame Verdränger, flotte Verdränger (Halbgleiter) und Gleitboote. Zwischendurch allgemeine Motorenbetrachtungen.

Verdränger können langsame und schnelle sein, welche Begriffe bei ihnen im Verhältnis zur Quadratwurzel ihrer Wasserlinienlänge zu bewerten sind, so wie es die in Geschwindigkeitsbereiche aufteilte Tabelle auf der Zeichnung 54 zeigt. Auf dieser sieht man auch, wo der Widerstand „vorzeitig" steil anwächst, um dann wieder ein Stück lang normal zuzunehmen. Dieses Buckelgebiet ist daher als Endleistung zu vermeiden. Man wähle entweder langsam = links vom Buckel, oder schnell = rechts, in Richtung Gleitgebiet, vermeide also die Abt. 3.

Zu den *langsamen Verdrängern* gehören praktisch alle Schiffe der Berufsschiffahrt, weil sie sonst nicht rentabel wären. (Ausgenommen Luftkissen- und Tragflächenboote). Langsame sind ferner die Segelyachten unter Hilfsmotor, die Motorsegler, auch wenn schon etwas schneller und so manches gemütliche Angler- oder Familienboot.

Bei Einbauanlagen, Benzin oder Diesel? Für offene, kleine Boote Benzin, weil diese Motoren kleiner und leichter sind. Diesel hat die Vorteile der geringeren Gefahr und des billigeren Brennstoffes, aber diese Maschinen wiegen (noch) für kleine Boote zu viel und erfordern einen größeren Platzbedarf. An Diesel kann man daher denken bei den schwereren Segelyachten als Hilfsmotor (weil wenige kg Motor auf kg Boot) und entschieden für See. Motorboote und Yachten müssen schon größere Boote sein, um Schweröl-Anlagen aufnehmen zu können. Vor 20 Jahren sagte man mindestens 16 m, dann 12—14, heute kann man bis 10 m sagen, da die Motorenindustrie leichtere, kleinere und höher drehende Diesel entwickelt hat. Man muß auch unterscheiden, ob es sich um ein leichteres Binnenboot oder um ein schwereres Fahrzeug für Küste und See handelt. Letztere werden bereits mit geringeren Abmessungen einen nicht zu grossen Diesel vertragen.

Welche Anlagen-Art? Die Hilfsmotoren der Segelyachten klarerweise achtern, als Einbaumotoren, eventuell höher gesetzt mit Übertragung (wovon ich nicht begeistert wäre). Da langsame Verdränger einen harmonischen Wasserablauf benötigen (wie die Segelboote), empfiehlt es sich nicht, die zum Motorbootantrieb schon größeren Einheiten hinten einzubauen, weil die Boote damit hinten dick und tiefer tauchend sein müssen. Verhältnismäßig leichte Außenborder (Bootsgewicht) würden in dieser Hinsicht wenig schaden, doch diese Sportmaschinen sind alle einer flotten Fahrt angepaßt und haben daher für langsame Verdränger zu hohe, jeweils nicht änderbare Propellerdrehzahlen mit zu kleinen, von der Bauweise begrenzten Propellern. Sie arbeiten sich an einem für sie zu schweren und zu langsamen Boot tot, schieben schlecht und schlagen Schaum. Leicht gemildert gilt das auch für die Z-Anlagen, da diese für etwas geringere Geschwindigkeiten konstruiert sind. Doch siehe die bereits genannte Gewichtsfrage.

Für Arbeitszwecke gebaute Außenbordmotoren würden dagegen — falls sie dem Bootsaspiranten genügen — technisch auch für langsame Verdränger passen.

Vorsichtshalber füge ich ein: Beiboote, Jollen, Kanus und dergleichen sind hier nicht gemeint.

Bis hierher, was die langsamen Verdränger betrifft. Für diese wohl besonders, aber auch für alle schnelleren Boote will ich wiedermal sagen, daß es doch sehr günstig wäre, wenn die Aussenbordmotorenfirmen und ebenso jene der Z-Anlagen die Lösung finden würden, zu jedem Motorblock zwei verschiedene Unterwasser- bzw. Z-Antriebe liefern zu können, mit verschiedener Propeller-Drehzahl und Durchmesser. Ein gewisser Schritt in dieser Richtung ist schon (1967) zu merken. Auch ist der Ausgleich der Kraftaufnahme nicht mehr so fast ganz der Änderung der Propellersteigung überlassen, die Spanne der verschiedenen Durchmesser ist heute etwas größer als früher mal, die Wirkungsgrade damit besser.

Ebenfalls allgemein gilt, daß jedes Zahnräderpaar in der Kraftübertragung einen Verlust bedeutet. Ich nehme ihn durchwegs mit 5 % an. Bei Außenbordmaschinen nicht zu vermeiden, bei Z-Anlagen X 2. Bei den Einbau-Anlagen kann man nur dort ohne Untersetzung auskommen, wo die Motorendrehzahl zur Bootsgeschwindigkeit paßt und was meistens nur bei den kleineren und sehr schnellen Booten der Fall ist. Es ist oft klar, wo man nicht ohne Untersetzung auskommen wird, doch wenn nicht, so klärt man das an Hand der Kapitel über die Geschwindigkeit und über die Propeller. Man sucht die Wirkungsgrade der Propeller für die volle und für die untersetzte Drehzahl. Liegt der Vorteil unter 3 %, so bleibt man beim Direktantrieb. (Nur wenn das Boot oft und länger langsam fahren soll, greift man schon eher zur langsamer drehenden und größeren Schraube.) Ist er 3—5 %, so kann man bereits untersetzen; ist er über 5 %, also über dem Untersetzungsverlust, dann soll man es tun. In höheren Untersetzungsbereichen tritt die Frage auf: wie weit kann man damit gehen? Mit geringerer Drehzahl verbessert sich der Propeller-Wirkungsgrad (was ja der Zweck ist), doch sein Durchmesser nimmt dabei zu. Und dieser hat für jedes Boot seine Grenze. Nicht nur wegen der Wellenneigung und des Tiefganges, sondern auch wegen des zunehmenden Dralls — das ist die das Boot krängende Gegenwirkung des Drehmomentes — und ferner weil jeder Propeller das Boot in eine lange, weite Kurve steuern will und zwar entgegengesetzt jener Richtung, nach welcher die Schraube von achtern gesehen dreht. Auch dies nimmt mit dem Durchmesser zu. Beide Erscheinungen heben sich bei zwei gegenläufigen Propellern auf.

Mit Anlagen nach Zeichnung 29 oben wird man versuchen die gesamte notwendige Untersetzung in das sowieso vorhandene Zahnräderpaar des Umkehrgetriebes zu verlegen, um einen doppelten Verlust — mit einem zweiten Paar im Wendegetriebe — zu vermeiden.

Einen Tip an die Außenbord- und Z-Anwärter: die verschiedenen Fabrikate ungefähr gleicher Leistungen haben nicht dieselben Propellerdurchmesser und Drehzahlen. Man kann daher leicht begrenzt den passenderen Motor wählen. Bezug dieser Bemerkung: Wirkungsgrad. Nicht auf Drall, Kurs und Zahnräderpaare.

Zurück zum Text: Für das *langsame Verdrängerboot* wird sich — allgemein — am besten die „alte“ in einer Wellenflucht liegende Einbauweise eignen, wobei die Motorenanlagen ungefähr gegen Mitte Boot zu liegen kommen. Ihnen die richtige Propellerdrehzahl zu geben, ist verhältnismäßig einfach, weil Untersetzungs-Auswahl vorhanden. (Fundamentierung siehe 1. Die Aufstellung und das Kapitel über Verbände und Bau).

Mit den *schnellen Verdrängern* ändert sich das Bild. Hier kann man, statt der stets guten „alten“ Einbauweise, schon vorsichtig auch an Heck- und Außenbordanlagen denken, sowie damit mindestens 31—34 km zu erwarten sind. Das ergibt einen Schub, den diese schon eher vertragen, verbunden mit ihrer verbesserten Porpellerwirkung. (Je höher bei gleichen PS die Geschwindigkeit, umso kleiner wird der Schub). Auch leiden flotte Boote weniger unter achterlicher Belastung und entsprechender Formgebung. Aber für die größeren, schwereren flotten wird es ratsam sein, nur die „alte“ Einbauweise mit passender Untersetzung und ohne Angst vor der Schubbelastung vorzusehen. Dies außerdem zwangsweise, weil die PS, welche die Z-Anlagen bis heute (1967) übertragen können, solchen Bedarf nicht erreichen. Jedoch kann, je nach den Umständen, die in Zeichnung 29 oben gezeigte Einbauweise aktuell werden, besonders wenn man die Motoren nicht ganz hinten hinsetzt.

Für *Halbgleiter* gilt, so halbe-halbe, das eben für die schnellen Verdränger ausgeführte und das was nun für die Gleitboote folgt.

Gleitboote sind alle im Längenverhältnis schnell und haben ein geringeres kg : PS als Verdränger, denn sonst würden sie ja nicht zum Gleiten kommen. Dementsprechend verringert sich der Schub pro PS und wir befinden uns mit ihnen in jenem Gebiet, in welchem sich nicht nur viele Benzin- und Diesel-Einbaumotoren, sondern auch die Außenbordmaschinen und die Z-Motorenanlagen, letztere bei dazu noch passender Bootsgröße, eignen. Außerdem, wie schon gesagt, Gleitboote vertragen und erfordern eine gewisse achterliche Belastung (siehe Gleitboote). Für die Gleiter wird man auch genauer nach dem Motorengewicht sehen. Mittels der Zeichnungen 59a und b kann man den Einfluß auf die Geschwindigkeit einer Gewichts-Zu- oder Abnahme der Gleiter leicht überschlagen.

Auch bei diesen muß man überlegen, wozu und für welche Gewässer das Boot dienen soll. Für leichte, offene Binnengleiter, welche möglichst schnell sein sollen, wird man zu leichten Benzinmotoren greifen, bei größeren mit Kajüten wird man auch an Leichtdiesel denken und falls für See, sowieso. Die größeren und großen werden immer noch normale, in der Wellenflucht liegende Einbauanlagen erhalten oder jene mit Umkehrgetriebe, wie in Zeichnung 29 oben. Jedenfalls mit einem schönen Maschinenraum, welcher beste Wartung und Pflege gestattet.

Auf größeren und großen Yachten aller Kategorien dürfen die Hilfsaggregate nicht fehlen, welche im Platzbedarf, in der praktischen Anordnung und bei der Gewichts- und Schwerpunktsberechnung beachtet werden müssen. Über PS-SAE und PS-DIN siehe Kap. 16.

13. Bootsverbände und Bau

1. Die Beanspruchung des Bootskörpers

Um grundlegende Fehler zu vermeiden und ja nicht am falschen Platz zu sparen — was nachher viel Geld kostet — muß man sich über die großen Beanspruchungen im klaren sein, welchen ein Bootkörper ausgesetzt ist. Im zweiten Abschnitt ihre Berücksichtigung durch die Bauweisen und zuletzt einige Worte über die Unsinkbar-Machung.

Die Beanspruchungen der mit Deck und Schandecks versehenen Bootsrümpfe unterteile ich in 5 Gruppen:

Längsbeanspruchungen auf Biegung,
Querbeanspruchungen auf Biegung, Zug, Druck,
Torsionsbeanspruchungen (Verdrehung),
Vibrationen,
Örtliche Beanspruchungen.

Nur zur Klärung mancher Ausdrücke: die Bewegungen eines Schiffes oder Bootes nennt man rollen, stampfen und schlingern.

Rollen ist das rechts- und linkspendeln um die Längsachse. Stampfen möchte ich volkstümlich mit dem Ausdruck längsschaukeln bezeichnen, also Bewegungen um eine Querachse. Schlingern sagt man, wenn das Boot gleichzeitig rollt und stampft. Wir vom Kleinschiffsbau, richtiger vom Gleitbootsbau kennen noch das möglichst zu vermeidende Wippen und das Springen. Während das Stampfen eine Folge des Nehmens von Wellenbergen ist, ist das Wippen eine lotrechte Pendelbewegung des Vorschiffes um die achtere Gleitauflage. Das Springen geht bekanntlich durch die Luft.

Ich sehe in einem Boot ein rohrartiges Gebilde, das Deck mit zählend. Unrund, im Cockpit- und Aufbautenbereich leider mit Ausschnitten, an einem oder an beiden Enden stumpf-spitz zulaufend, aber trotzdem ein Rohr. Darum ist die naturgegebene Bauweise ein nicht zu schwaches „Rundherum", die Rippen, welche man an großen Rohren öfters außen dran sieht und den Zweck haben, an Wandstärke und damit am Gesamtgewicht zu sparen, sind bei uns als Spanten nach innen verlegt und der üble Punkt, die Ausschnitte, müssen zum Ausgleich ringsherum kräftige Ränder erhalten. Jeder wird im Gefühl haben, was mit einem nach allen Richtungen beanspruchten Rohr geschehen würde, wenn dieses nur auf einer Seite kräftig und auf der anderen Seite dünn oder sogar mit Ausschnitten gebaut wäre.

Die Längsbeanspruchungen in Fahrt werden mittels der Zeichnung 32 veranschaulicht, auf welchem man das Boot einmal mittschiffs von einem Wellenberg und einmal an den Enden von zwei Wellenbergen getragen sieht. Dazu wird ganz richtig gesagt, daß ähnliche Beanspruchungen bei fehlerhafter Aufpallung im Winterlager vorliegen, wo sie wegen ihrer Zeitdauer Deformierungen hervorrufen können. Vorübergehender gilt dasselbe für die Bootsunterstützungen auf Slips und bei Transporten, besonders mit Kraftwagen über Land, bei welchen große

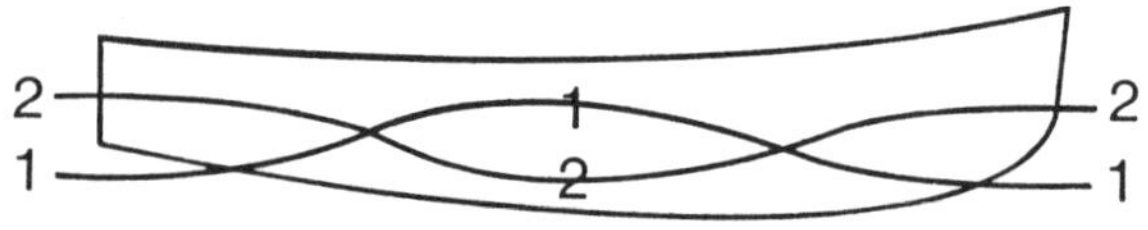

Zeichnung 32

Grumpel-Beanspruchungen dazu kommen. Die Fahrt-Beanspruchungen nach Zeichnung 32 erfolgt abwechselnd und verursacht damit laufend richtungswechselnde Biegekräfte, wie sie ein Draht erleidet, den man ohne Zange abbrechen will. Das ist schon allerhand, aber noch lange nicht alles. Kein Schiff oder Boot ist, Eigengewicht mitgerechnet, in seiner Längsrichtung entsprechend seiner Verdrängungsverteilung belastet. (Siehe Spantflächenkurven in Zeichnung 11 und 12.) Ein spitzeres Ende, wie etwa nach dem Vorsteven zu (Kielyachten meistens ebenso achtern) und vielleicht sogar mit Überhang oder Ausfall, möchte für sich alleine sicher absacken. Es zieht nach unten. Ein anderer, mehr verdrängenderer Bootsteil mit wenig Belastung, zum Beispiel ein Wohnkajütenbereich, möchte dagegen für sich alleine höher schwimmen. Das Stück, wo die Motoren und die Akkus liegen, dagegen sicher wieder absacken und ebenso bei einer Kielyacht das Stück über dem Ballast an der Flosse. Alle diese unterschiedlichen Bestrebungen wollen von der Längsfestigkeit zusätzlich aufgenommen und starr gehalten werden. Es kommt ganz böse bei den Gleitbooten aller Art, je schneller, also je vollkommener sie gleiten, umso schlimmer. Da ruht das ganze Gewicht auf einem Stück Achterboden, bei Wellen muß es springen und das Vorschiff wird auf- und abgefedert. Darum brechen sie auch gerne auf ca. $^1/_3$ von vorne. Bekanntlich wirkt Wasser bei hohen Geschwindigkeiten bretthart.

Was das hier nur kurz aufgezählte zusammengenommen bedeutet, das muß man sich so vorstellen und dabei auch daran denken, daß sich die Spannungen verschiedener Ursachen vielfachst überlagern (addieren).

Die Querbeanspruchungen im Betrieb, über die Außenhaut auf das Spanten- und Schotte-System wirkend, üben nicht nur Drücke, sondern auch Züge aus. Naturgegeben ist der Wasserdruck, welcher beim Verdränger (und Gleiter, solange noch in Verdrängungsfahrt) an der tiefsten Stelle (Kiel) am größten ist, um bis zur Wasserlinie auf Null zu sinken. Die Summe der Vertikalprojektionen dieses ringsum wirkenden Wasserdruckes entspricht dem Auftrieb, also dem Bootsgewicht. Schön stillstehend wie auf der Zeichnung wären diese Kräfte bei nicht allzugroßem Tiefgang und auf eine konvexe Rundspantform wirkend, nicht allzuschwierig aufzunehmen, wenn man an das geschlossene Rohr, also an das Boot mit Decksbalken denkt, denn der Wasserdruck möchte ja die beiden Bootsseiten gegeneinander klappen. Dazu kommen aber im Betrieb die Wellen, das Aufprallen von Wassermassen, Drücke auch von oben, wenn eine Welle übers Deck rollt, nicht getragene Stellen beim Abrollen der Wellentäler, kurz ein Wechselspiel von Ungleichmäßigkeiten. Segelt eine Jolle unter Dwars (Seitenwind) wenn es tüchtig bläst, vom Mastdruck in gekrängter Lage gehalten, also in Lee getragen und in Luv sitzt die Bemannung auf der Deckskante und einer reitet sogar aus, ergibt das nicht eine schöne Quetschung? Nun eine Kielyacht in derselben Stellung, Mastdruck und Flossenballast üben (Zeichnung 34 w) entgegengesetzte Drehmomente aus, die Luvseite wird stärker gebogen, die Leeseite gerader gezogen. In Lee ist aus der Kimm und der seitlichen Bordwand der tragende Rumpf geworden, mit allen Auftriebsdrücken belastet! Der Kiel ist nach Luv gewandert und fast ein Seitenweger geworden. Falls vorhanden, würde jetzt der Lee-Seitenweger als Kielersatz wichtig werden.

Abgesehen von den Mast- und Ballastdrücken gilt das Gesagte ebenso für die Motorboote. Flache Böden, wie bei den Knickspantern sind druckempfindlicher als die konvexen. Ferner sind die Motorisierten im Schnitt schneller als die Segler, die Gleiter sogar bedeutend schneller. Hier treten dadurch die dynamischen Kräfte in den Vordergrund, ganz mächtige Stoßwirkungen, wenn das Boot in die Wellen hineinprescht. Auch hier wechselnde Drücke, unsymmetrische je nach Fahrt- und Wellenrichtung, schon bei kleinen Krängungen wandert der Gleitdruck von einer Bootsseite zur anderen. Man denke auch an die Kurvenlage. Beim Kurvendrehen kommt noch eine horizontale Biegungsbeanspruchung dazu.

An die *Torsionsbeanspruchungen* wird oft gar nicht gedacht, obwohl gerade diese ihr bestes tun, um sämtliche starre Materialverbindungen des Rumpfes „gelenkig" zu machen. Siehe zum Beispiel geplatzte Nähte, weil sich dabei auch die Planken (oder Platten) gegeneinander verschieben möchten. Diese Verdrehungsbeanspruchungen entstehen dann, wenn die äußeren Kräfte einen Teil des Bootes nach der einen und den anderen Teil des

Bootes nach der anderen Seite herumdrehen möchten, oder dem anderen Teil zu wenig Zeit lassen, um ihm zu folgen. Die Auftriebskräfte spielen hierbei auch eine Rolle, da das Boot ungleichmäßig umspült wird. Eine dieser Ursachen ist zum Beispiel, wenn ein in Fahrt befindliches Boot die Wellen schräg schneidet (Zeichnung 34 u), wenn das Boot dadurch gleichzeitig rollt und stampft und sich Längs- und Querkräfte zu schrägen Drücken zusammensetzen. Unter Querbeanspruchungen habe ich auf die Fälle mit dem Mastdruck einerseits und dem Gegendruck durch die aufsitzende Bemannung oder durch den Flossenballast hingewiesen (Zeichnung 34 w). Jetzt setze ich hinzu: diese beiden Drehmomente liegen aber nicht in derselben Längsebene, sind längenmäßig voneinander getrennt, ergeben daher eine der verschiedenen Verwindungskräfte. Dazu kommt stets das eigene aufrichtende Moment der Bootsform, deren Resultierende wiederum woanders liegen wird.

Die Einflüsse der Wellenschläge, des genannten Schräglaufens zu ihnen, nehmen klarerweise mit der Geschwindigkeit zu (zum Quadrat!). Das betrifft daher besonders die Motorboote (Zeichnung 34 u, v). Halb- und Vollgleiter erleiden außerdem den dynamischen Auftrieb, welcher uns aber nicht den Gefallen tut, stets genau im rechten Winken und symmetrisch anzukommen. Auftriebe und Söge erfolgen daher ungleichmäßig, von allen Seiten, schlagend und springend bei 50 bis 150 km/std. und darüber.

Die Fliehkraft will alle Boote in der Kurve nach außen legen, insbesondere die maschinell angetriebenen, weil schneller oder sehr schnell. Dagegen legen sie sich nach innen, doch ausschließlich dank des Ruderdruckes, beziehungsweise des dann bei Außenbord- oder Z-Anlagen unten, schräg nach außen wirkenden Propellerdruckes. Vom Achterschiff ausgehend wird dadurch ein mächtiges Verdrehungsmoment mittels des Schaftes auf das Boot ausgeübt. Danach auch die Ruderschäfte bemessen und sie nicht zu niedrig und oben auch Bootsverbunden lagern.

Die Verdrehungskräfte wollen sämtliche Winkelrichtungen verändern, die Spantrahmen auf dem Kiel verdrehen, die Außenhautgänge gegeneinander verschieben, Rahmen in sich verbiegen, den Decksbalken ihren Winkel zum Decksverlauf ändern und alles dies mal in der einen und mal in der anderen Richtung.

Jene *Vibrationen,* welche manchmal auch beim Segeln auftreten (Schwert), lasse ich außer Acht, weil sie kaum die Verbände beanspruchen und vermeidbar sind. Doch bei den Motorbooten muß man daran denken. Vollständigkeitshalber erwähne ich auch die kritische Drehzahl, welche vor allen Dingen bei Einbauanlagen mit längeren Wellenleitungen auftritt. Meistens im Anfangsbereich der Drehzahl und Geschwindigkeit rumpelt vorübergehend der ganze Kasten. Das ist jener Bereich, in welchem die Schwingungszahl der Welle mit jener des Schiffes übereinstimmt. Sehr böse, wenn sie bei der Marsch- oder Vollgeschwindigkeit auftritt. Da gibt es nur zwei Mittel dagegen, einzeln oder gemeinsam anzuwenden: die Schwingungszahl der Welle mittels Veränderung der Länge ihrer Wellenteile oder/und jene des Schiffes durch Schott- oder Rahmenspant-Zubauten oder -Versetzungen zu verändern.

Was uns jedoch stets interessiert, sind die von den Motorenanlagen hervorgerufenen Vibrationen, welche das Boot dauernd zum Zittern und die Bordwände zum Flattern bringen. Abgesehen davon, daß diese mit Geräusch verbundene Zitterei für die Insassen sehr lästig ist, ist es klar, daß sie die Vernietungen oder sonstigen Verbindungen so nach und nach lockert und zum Bruch führen kann.

Örtliche Beanspruchungen. Die gefährlichsten sind jene, welche bei Strandung auftreten. Die dabei vorkommenden lokalen Drücke, welche das Boot eindrücken und oft auch aufreißen wollen, muß zu allererst die Außenhaut aufnehmen, welche sie ihrerseits auf das Gerippe überträgt. Es ist, zu jenen vorher genannten Beanspruchungen, welche hierbei bestehen bleiben, eine Zusatzbelastung, mitunter eine sehr große.

Die dynamischen Trag- und Schlagkräfte, welche auf die *Gleiter-Böden* wirken, sind eine Art örtlicher Beanspruchung. Sie sind außerordentlich groß und verlangen ein verstärktes Spanten- und Materialsystem. Sie nehmen im Quadrat der Geschwindigkeit zu! Beispiel: dasselbe Boot, mal für 40 und mal für 50 km motorisiert = wie 16 : 25. Beanspruchung um 1,56 mal gewachsen.

Andere örtliche Belastungen erfolgen bei Anstoß, beim Hissen des Bootes (mit Quetschung) und längs der diesbezüglichen Beschläge, bei falsch gemachter Aufpallung, bei Quetschung wie auch manchmal in Schleusen und andere Fälle mehr.

Weil jedes Boot solche, stets mal vorkommenden Beanspruchungen bis zu einem gewissen Grad aushalten können muß, muß die Festigkeit noch größer sein als es der normale Betrieb erfordern würde. Dies besonders bei sprödem Baumaterial. Eine Beule läßt sich ausbeulen, eine Zersplitterung ist lebensgefährlich und kann zum Totalverlust des Bootes führen. Jedenfalls ist sie schwieriger zu reparieren.

2. Die wichtigsten Bootsteile

Nun sehen wir uns die Zeichnungen 33 und nachher auch die Zeichnung 34 an. Zeichnung 33 betrifft teils Holz- teils Stahl- (oder Leichtmetall-) und teils Plastik-Boote. Sie sind natürlich nur ein Auszug der vielen Möglichkeiten. Die Skizzen a und b der Zeichnung 33 betreffen Holz, c zeigt wie bei Holz und wie bei Metall die Spanten zu den Mallkanten sitzen, welche den Linienriß-Spantenschnitten entsprechen. Die Holzspanten schlagen nach der jeweils zusammenlaufenden, die Stahl- oder Metallspantenwinkel nach der auseinanderstrebenden Schaleneinrichtung, weil sich in einem — falls umgekehrt — zusammengebogenem Winkel schlecht nieten ließe. Bei Holz braucht man, wie man sieht, in dieser Art nur die Schmiege wegzuhobeln. Gegenstücke auf der anderen Seite müssen, falls sie auch an der Außenhaut anliegen sollen, mit dem entsprechenden Schmiegenüberstand angebracht werden. Die Skizzen d, e, f und g betreffen Stahl- oder Metallboote, ebenso h für geschweißte Verbindungen mit den dazu üblichen Spantprofilen. Punktschweißung in ja nicht zu großen Abständen. Die Skizze links nur für geringe Beanspruchungen, die mittlere für sehr große. Bild e zeigt einen Querschnitt durch ein Rahmenspant. Die Skizzen i und j betreffen Plastikbauten.

Als Nomenklatur zu den Nummern auf Zeichnung 33: 1 = Kiel, 2 = Spanten, 3 = Außenhaut, 4 = Bodenwrangen beziehungsweise wie in Zeichnung 34 k und m gebaute Bodenspanten.

Es zeigen 5, 7, 8, 9, 10 und 11 verschiedene Decksrandverstärkungen (Obergurte) in allen Materialien. 6 = Decksbalken. Die Namen: 5 = Balkweger, 7 = Schandeck, 8 = Schlinge, 9 = Decksrandwinkel beziehungsweise Deckstringerwinkel, 10 = Deckstringerplatte für mittelgroße Boote und aufwärts und 11 = eine Bauart für große Boote. 12 = Decksbalkenknie, 13 = Kimmweger (oder Seitenweger), 14 = Motorenfundamente. Falls aus Sperrholz für ein Schnellboot, siehe Zeichnung 34 m. Bei einem Fundamentbau werden nicht die Bodenspanten durchschnitten, in Holz nur des Sitzes wegen leicht eingekerbt. Durchschnitten wird der untere Teil der Fundamente, weshalb man darauf achten muß, daß ein über die Bodenspanten ragender, nicht zu niedriger Streifen durchläuft. Nicht gezeichnet sind Kielschweine, das sind über dem Kiel laufende oder seitliche, zusätzliche Boden-Längsversteifungen. Kämen nur bei großen Küsten- und Seebooten in Frage, falls diese ohne durchlaufende Motorenfundamente. Betreffs Länge der Fundamente siehe Kapitel 12, ebenso betreffs der Spiegel- und Achterschiffsversteifungen bei Verwendung von Z- oder Außenbord-Maschinen. Teil 15 = eingelegter Blechstreifen, 16 = eine Längsnaht-Lasche. Beides hat den Zweck, die Plattenkröpfungen (wie bei d) zu vermeiden. 17 = Plastikschott mit nachgiebiger Außenhaut-Verbindung, damit sich kein Druckstreifen bildet. 18 = Schaumstoff-Füllung dazu. 19 zeigt eine Hohlkehle zur Aufnahme eines Scheuerleisten-Gummiwulstes, falls erwünscht.

Die wichtigsten *Längsverbände* des als Träger gedachten Bootskörpers sind als Untergurt der Kiel und als Obergurt die Zusammensetzung der Deckränder-Teile. Es ist gut, wenn die Summe letzterer im Querschnitt mehr Fläche als der Kiel aufweist. Ferner zählen unten die Bodengänge der Außenhaut und oben ihre ca. lotrecht stehenden Teile als Längsverbände mit, doch nicht als Ersatz, nur unterstützend, denn die Hauptbeanspruchungen dieser Art sollen auf das die Außenhaut entlastende Gerippe fallen. Der obere Platten- oder Plankengang (in Plastik gedachter oberer Streifen) heißt Schergang, den man, wo baulich möglich, kräftig hält. Größere und gut angebrachte Scheuerleisten helfen oben auch mit. Auf Segelyachten würden solche jedoch die Fahrt behindern. Bei Stahl/Metall, genietet, denke

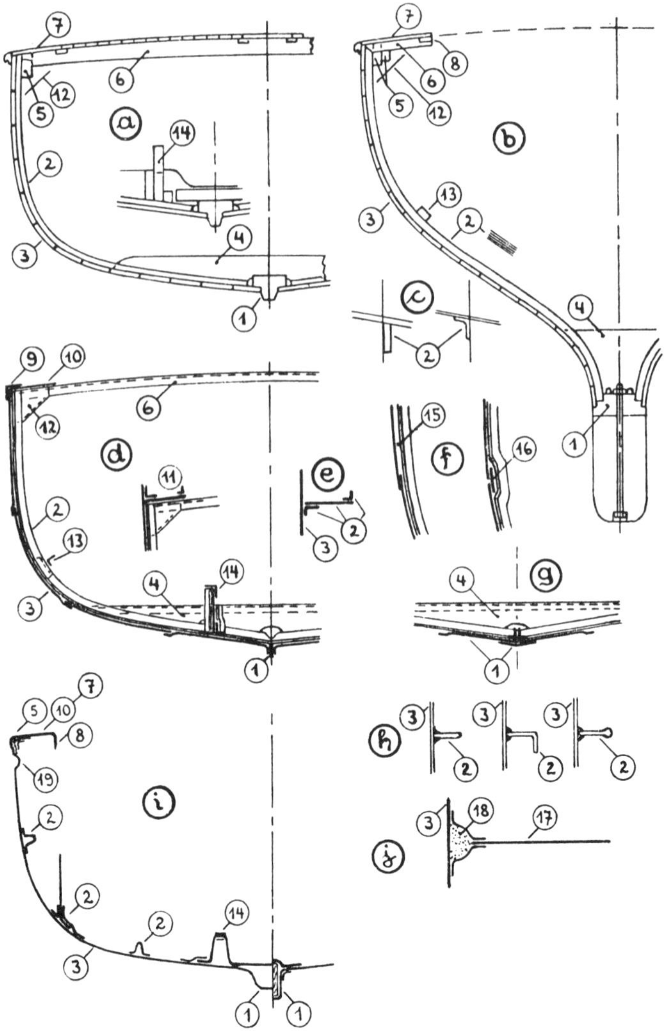

Zeichnung 33

man daran, daß das Balkenkielprofil durch die vielen Bohrungen geschwächt wird und Ersatzquerschnitt benötigt. Ebenso oben der hölzerne Balkweger durch das Einsetzen der Decksbalken. Die Methode, den Balkweger um Decksbalkenhöhe tiefer zu setzen, habe ich auch in Zeichnung 34 nicht gezeigt, weil damit die haltbare Einheit mit dem Schandeck — falls nicht interkostal ausgefüllt wird — verloren geht. Gut ist dagegen eine Balkweger-Verstärkung wie in Zeichnung 33 b und 34 k, womit man gleichzeitig die eingebogenen Spanten abgefangen und sich damit die sowieso schädlichen Ausstemmungen im Weger, wie in Zeichnung 34 k, ersparen kann, falls der Weger in der Ecke sitzt und nicht wie in Zeichnung 33 a. Sponungen halte man breit, damit sich ein guter Plankensitz ergibt. In Holz ist das Lamellieren der Kiele, Weger und Steven wohl das „non plus ultra", benötigt jedoch Vorrichtungen und Geld.

Skizze 33 g zeigt eine Stahl-Metall-Flachkielkonstruktion, welche im Segelyachtbau und in den Achterschiffen von Motoryachten Verwendung findet. Noch besser, wenn innen ein aufrechter Träger längs läuft. Bei Einbau-Motorbooten übernehmen die Fundamente die Stelle seitlicher Boden-Längsversteifungen. Sie zählen zum Untergurt mit. Ich sehe jedoch in ihnen eher eine Versteifung im ganzen von der Antriebsanlage benötigten Bereich. Die Weger (Zeichnung 33b und d die 13, in Zeichnung 34 m) an der Kimm sind wohl auch Längsverbände, doch da sie auf halber Höhe liegen, mehr als örtliche Aussteifung oder Beplankungsränder wirkend.

Der Plastikbau arbeitet hauptsächlich mit Längsspanten, welche je nach ihrer Lage nur als Aussteifungen oder auch als Gurte zählen. In der Skizze i, 2, habe ich an der Kimm ein Beispiel gezeigt, wie man — allgemein — Einrichtungswände als Rumpfverstärker mitbenutzen kann, was oft nicht beachtet wird. Ebenso, unabhängig vom Baumaterial, Seitenweger zur Aufnahme der Fußbodenbalken usw. Wichtig ist beste Verbindung der Relinge mit den Aufbauwänden und beide mit Innenkante der Schandecks und ihren Schlingen. Also nicht nur, „daß die Wand hält", sondern gleichzeitig Längsträger. Schlingen vorne und achtern weiter laufen lassen. Im Cockpit-Bereich verstärken. Schandecks möglichst nicht mittschiffs stoßen und dort wo, fest

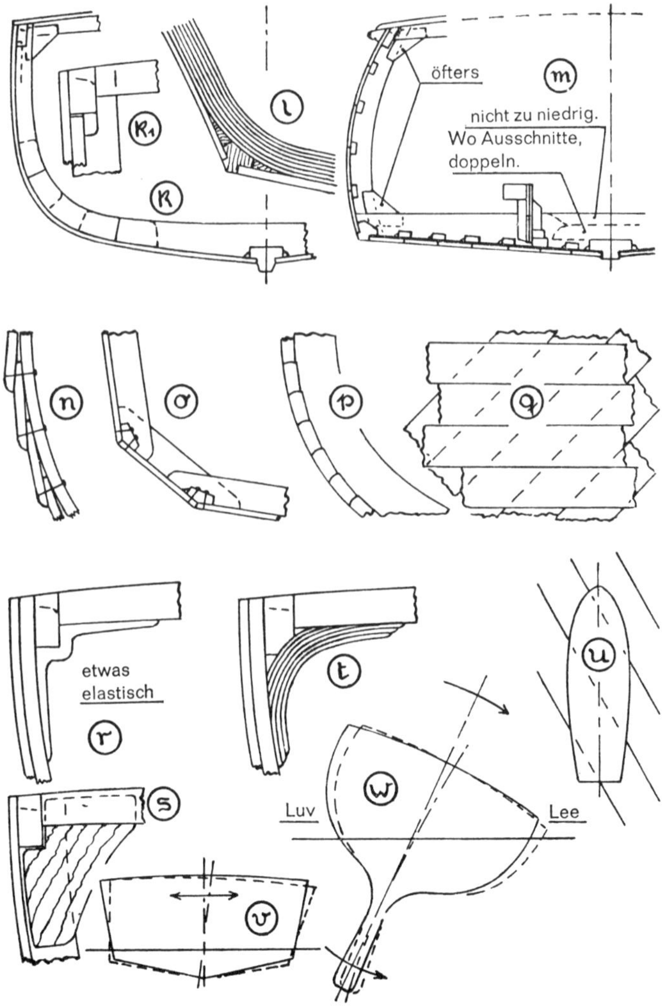

Zeichnung 34

und lang, laschen. Das ist für alle Boote wichtig und ganz besonders für die Vollgleiter. Nahtspanten und Kimmweger, Zeichnung 34 m, sind ebenfalls Längsverbände und nicht nur Annagelleisten.

Die wichtigsten Querverbände sind die Spanten. Eingebogene (33 a, 2, 34 n, r, t). Sehr fest wenn lamelliert vorbereitet und aufgestellt (33 b, 2, 34 l), ebenso fest oder noch fester gebaute Spanten (34 k und m). Das heute Beste in Holz sind wohl die mit vielen Schichten recht hoch lamellierten (33 b, 2 und 34 l). Bei Knickspant muß man hierbei die Weger auf die Rundung aufsetzen, doch vergesse man ja nicht die sich bildenden leeren, keilförmigen Spalte gut mit Einleimungen auszufüllen, damit die Planken gestützt aufliegen. Auch Sperrholz, Randleisten garniert, eignet sich zum Bau fester und dabei leichter Spantrahmen.

Nicht nur mit eingebogenen Spanten, welche ich gerne, damit sie nicht einreißen, niedrig und dafür breit vorsehe, nutzt das schönste Spantensystem wenig, wenn es nicht unten mit hohen und breiten Bodenwrangen gut verbunden und oben durch die Deckskonstruktion fest gehalten wird. Bei Rahmenbau in Holz ist das Bodenspant gleichzeitig Bodenwrange. Bei oder wo eingebogene Spanten vorhanden, setzt man zwecks Bootskonservierung die nur mit der Außenhaut und dem Kiel verbundenen Bodenwrangen in 2 bis 3 cm Abstand von den Eingebogenen.

Decksbalken und Deck haben nicht nur die Aufgabe, soundsoviel Personen zu tragen, sie sind ein Teil des anfangs genannten Rohres, welches nicht einseitig schwach sein darf.

Ein gutes, starres Gerippe längs und quer zur Aufnahme der größten Spannungen ist die Grundlage eines soliden Baues. Mit guten, sinngemäß angebrachten Verbindungen kann man an den Materialstärken und damit am Gewicht sparen. Dies ist auch der Grundgedanke des heute verbreiteten Leichtbaues. Bei dem üblichen Querspantenbau sehe ich stets viele feste Rahmen vor und begnüge mich bei keiner solchen Bauart mit den meistens 2 m und darüber entfernt liegenden Schotten. Gut mit festen Spantrahmen verbundene Einrichtungs-Querwände können örtlich mithelfen.

Es sei auch der *Verbundbau* erwähnt. Bei diesem besteht die Außenhaut aus zwei Schichten in einem gewissen Abstand. Der Abstand wird durch Verbindungsstege festgehalten. Wird heute ehestens im Plastikbau verwendet. Solche doppelte Außenhaut hält in sich und benötigt außer den Ober- und Unter-Längsgurten (Kiel, Decksränder) keine weiteren Versteifungen, wie Spanten und dergleichen. Sicheres kann ich darüber jedoch nicht sagen. Ich persönlich würde trotzdem ein gewisses, wenn auch sparsameres, Gerippe vorsehen. Plastik eignet sich zum Verbundbau, weil es trotz mangelnder Luftzirkulation zwischen den beiden Außenhäuten nicht fault und nicht korrodiert.

Zurück zu den Bauten mit nur einer Außenhaut. Bodenwrangen beziehungsweise Bodenspanten sind mit dem Kiel gut zu verbinden. Bei Stahl/Metall übernehmen das die Bördelungen der Kielgänge. Ich würde aber dort schweißen. In Holz sind Verbindungen mittels Eckleisten vorzuziehen, weil diese große Bolzenlöcher vermeiden.

Damit sich die Bodenwrangen-Oberkante nicht wegbiegen, dürfen sie, falls Holz, nicht zu schwach sein, und wenn aus Stahl/Metall, erhalten sie entweder einen Gegenwinkel oder werden oben umgebördelt, was jedoch weniger steif ist. Es empfiehlt sich, dafür die Bleche ein kleinwenig stärker zu halten. In Motorennähe und mittschiffs sind jedenfalls Winkel besser.

Zum Spantrahmen gehören Balkenknie am Decksrand und bei Knickspant ebensolche an der Kimm. Diese sind äußerst wichtig und dürfen weder zu schwach noch zu klein sein. Je nach Bootsgröße und Spantenabstand setze ich solche alle 0,8 bis 1,2 m. In Stahl an jedem Spant. Bei Segelbooten besonders an beiden Mastdecksbalken. Beispiele dazu siehe Zeichnung 33, 12, 34 m, r, s und t. Knie können, die Weger tangierend, in Holz auch lamelliert gebaut werden (lohnt sich?). Jedenfalls ist die Aufgabe der Knie, nicht nur die Decksbalken „zu halten", sondern dabei den Winkel Außenhaut/Deck gegen Beanspruchung zu sichern. Blechknie innen bördeln.

Es gibt größere Rundspantbauten, bei welchen es sich aus denselben Gründen empfiehlt, die Bodenwrangenseiten als Kimm-Rahmenverstärkung hoch zu ziehen.

Rahmenspanten sind in Trägerhöhe hoch gebaute, auch auf Innenkante garniert, aus den Bodenwrangen herauswachsend und bis zum Deck reichend. Wirken fast wie ein Schott (siehe Zeichnung 33 e).

Speigatte sind Öffnungen, Ausschnitte, durch welche eingedrungenes oder Schwitzwasser an die tiefste Stelle jeder Schottabteilung fließen und von wo man es herauslenzen kann. Wir benötigen sie daher an den Spantfüßen und längs und durch bis an die Außenhaut reichender Längsträger. Dichte Schotte erhalten keine Speigatte! Denselben Namen führen jene Ausschnitte oder Öffnungen, durch welche Wasser vom Deck oder Dach (durch Röhrchen) abfließen kann und soll.

Über die Außenhaut. In Holz wird vielfachst *karweel* gebaut (Zeichnung 33 a) oder *diagonal-karweel* (34 q), auch doppelt-diagonal oder bei sehr beanspruchten Booten doppelt-diagonal-karweel. Es darf kein Wasser zwischen die Schichten eindringen können(!) und diese müssen innen gut geschützt werden. Ferner gibt es die *Klinkerbauweise*, heute nicht nur für Ruderboote, sondern auch für größere Boote verwendet, weil sie Billigkeit mit Festigkeit — durch die längslaufenden Überlappungen — verbindet (Zeichnung 34 n). Aber was billiger wird, ist nur die Anbringung der Beplankung; alles andere bleibt. Die Kanten reiben im Wasser, also nichts für Regattaboote, doch praktisch und stabil. Gutes Holz, damit die Nähte nicht ausreißen. Eine weitere Bauweise ist die *Leistenbauweise*, eine Art Karweel mit sehr schmalen Planken, deren eine Kante konvex, die andere konkav ist und welche Rundungen ineinander greifen (Zeichnung 34 p). Ergibt eine äußerst stabile Außenhaut, aber Reparaturen sind sehr schwierig. Ich sehe die Verwendung von wasserfest verleimtem Sperrholz als Außenhaut sehr gerne, wenn damit, innen Nahtleisten garniert (Zeichnung 34 m), geplankt wird. Das ergibt leichte, dabei stabile Boote, und wenn die Planken nicht zu breit sind, folgt diese Methode jeder Form. Jedoch in dieser Art ist es keine Arbeitsersparnis und keine Verbilligung wie beim Sperrholz-Beplatten. Der Haken letzterer Bauweise ist, daß keine breitere Platte einer doppelten Krümmung folgt, was Spannungen und leicht auch Beulen zur Folge hat. Um das zu vermeiden, müssen die Spantformen an den einzelnen Gängen so wie aus einer Riesentüte herausgeschnitten verlaufen; Glocken, Rundungen oder Einziehungen kann man höchstens leicht andeuten. Dieser Mangel wird vielfachst mittels mächtiger Scheuerleisten kamuffiert und die fehlenden Hohlformen verlangen öfters vorne Wasserabweiser.

Gute Dienste erweist Sperrholz als erste abdichtendene Innenschicht des Rumpfes mit Schnittholzbeplankung darüber (Boden in Zeichnung 34 m). Decks werden mit Vorliebe in dieser Art gebaut. Sperrholz eignet sich außerdem für Dächer und sowieso für die Einrichtung. Steht in einem Bootsbaubuch das Wort „Sperrholz“, so ist darunter ausschließlich das garantiert wasserfeste zu verstehen.

Scharpie (Zeichnung 34 o) ist eine einfache, meistens nur für kleinere Boote verwendete Bauweise. Sie ergibt eine Form, welche theoretisch zwischen Rundspant und Knickspant liegt. Hier kann man gerne auch Sperrholzbeplattung vorsehen.

Den *Nahtspantenbau* zeigt die Zeichnung 34 m. Beachte die Speigatte an den Boden-Nahtspanten. Solche Boote werden leicht und stabil, weshalb es die Bauweise der schnellen Gleitboote war und noch ist. Besonders hier, aber auch sonst, soll man Schnittholz-Bodenplanken nicht strohtrocken anbringen, sonst pressen sie nachher zu sehr.

Nicht nur für die Nahtspantenboote spielt heute die *Verleimung* eine wesentliche Rolle. Indirekt habe ich hiervon bereits beim Lamellieren gesprochen. Man kann nun einen ganzen Rumpf zusammenleimen statt zu nieten oder zu schrauben, mit besten Resultaten. Die *„formverleimte Außenhaut“* besteht aus aufeinandergeleimten dünnen Plankenschichten, welche jeder gewünschten Form folgen. Man braucht nur einen Mindestradius zu beachten, welcher um 160 bis 170 mm herum liegt. Das Ganze ergibt ein über die Form selber gebautes Sperrholz. Mehr als haltbar (!) und die Gesamtdicke kann daher um 20 %, bei großen Bauten auch um 30 % geringer als bei Schnittholz-Karweelbau sein. Das ist, nach meinem Empfinden, das Beste, was wir heute (1967) im Holzbau haben. Außenschicht nicht zu dünn, damit nicht jeder Kratzer auf die Leimschicht gerät. Man benötigt für einen Einzelbau keine Form, nur das übliche Gerippe, wobei aber die festen Spanten, besonders im Vorschiff (bei Kanu-Hecks auch im Achterschiff), nicht zu weit von einander stehen dürfen, ebenso wie die auch bei dieser Bauweise vorzusehenden Nahtleisten.

Kompositbauten sind jene, bei welchen auf ein Stahl- oder Metallgerippe in Holz geplankt wird.

Bei Stahl oder Metall liegen die Außenhautplatten in Gängen. Falls überhaupt genietet, greift über Wasser stets der obere über den unteren. Bei Gängen, welche leichter Schaden erleiden, wie am Kiel und an der Kimm, sieht man die Überlappungen so vor, daß sie nach der Entnietung für sich alleine abhebbar sind (Zeichn. 33d). Der Balkenkiel muß zum Schutz an den Plattenbördelungen überstehen.

Bei jeder Bauweise mit Gängen: Holzplankung, Sperrholz und Stahl/Metall, müssen die Stöße anliegender Gänge um einige Spantentfernungen gegeneinander verschießen.

Die heute (1967) am meisten verwendeten Stahlkörper-Konservierungsmethoden beruhen auf Sandabstrahlung und darauf folgender Spritzverzinkung oder Überziehung mit Epoxidteer-Isolierung (Kautschuk-Bitumen). Letztere ist teurer, doch auch besser. Auf ihr haften nur bestimmte Farbprodukte.

Über die *Plastik-Außenhaut* gibt es im Rahmen dieses Buches nichts weiteres zu sagen.

Für alle Bauweisen *wichtig: die Verbindung zwischen Spanten und Außenhaut muß eine innige sein.* Bei Holz-Plankenbau praktisch unvermeidbar, aber gerne gesündigt wird in diesem Sinne überall dort, wo geplattet wird, also bei Sperrholz (Scharpie, flache Teile der Knickspanter) und bei Stahl- oder Metallbauten. Trotzdem muß jedoch eng geschraubt oder genietet (Lloyd 8d, 10d geht noch) oder ebenso eng punktgeschweißt werden.

Boote, bei welchen das nicht beachtet wird, leiden am meisten unter den alles zerreißen wollenden *Torsionswirkungen.* Was diese sonst noch alles möchten, habe ich bereits aufgezählt. So auch eine in der Richtung wechselnde Umformung der Spantrahmen, wie in der Zeichn. 34 v und w gezeigt. Ein Torsionswiderstandsfähiges Boot hat daher nicht zu wenige feste Spantrahmen mit Knie. Ferner Schotte oder Rahmenspanten (Zeichnung 33e), welche in Holz sinngemäß ebenso gebaut werden. Bei

Knickspantenbauten die Kimmecke breit überbrücken. Und was noch nicht gesagt wurde: auf Deck an mehreren Stellen auch Horizontalkniee oder/und Diagonalschienen, welche in der Draufsicht die Winkel Decksverlauf-Decksbalken und damit den Spantrahmen gegen Verdrehung festhalten. Bei sehr großen und schwer beanspruchten Booten empfiehlt sich dasselbe mit Hilfe eines Seitenstringers und Horizontalknies zu den Bodenwrangen.

Die Decks-Horizontalversteifungen wird man bei Segelbooten und Segelyachten keinesfalls an den Mastdecksbalken und bei allen größeren Booten, also auch Motoryachten, an den Enden der Decksausschnitte (Kockpit, Aufbauten, Luken) fehlen lassen. Die kurzen Balken nicht ganz vergessen; alles hilft mit. Im Motoryachtbau, bis ca. 8—10 m, in Holz, *kann* diese Aufgabe ein solides, mit Balkweger und Decksbalken eng verbundenes breites Schandeck übernehmen. Im Stahl- oder Metallbau übernimmt dies die Deckstringerplatte (Zeichnung 33 d 10). Im Plastikbau ist zuletzt sowieso alles ein Stück, dort macht man jedoch mittels innen aufgetragener Verstärkungen sinngemäß und an denselben Stellen dasselbe.

Einige Zusatz-Hinweise anhand der Zeichnung 34. Skizze k zeigt einen gebauten Spantrahmen. Er besteht aus Teilen, damit die Faser nicht zu sehr aus der Krümmung läuft. Besonders für das Kimmstück wird man Krummholz suchen. Man kann auch anders bauen, so daß der Rahmen beiderseitig bündig wird. Bei Schottenspanten ist jene Seite, auf welche das Schott gesetzt wird, sowieso bündig herzustellen, wenn möglich einschließlich Decksbalken. Kimm-Kniee und Decksbalken-Kniee an dieselben Rahmen setzen (Skizze m). Das einfachste und lohnendste Knie ist das übliche nach Skizze s. Falls Schnittholz, die Faser ca. im rechten Winkel zur Spitze laufen lassen. Das gilt für alle Kniee. Stärkeres Sperrholz eignet sich gut dazu. An allen Stellen, wo man Kniee hinsetzen will, ist bei der Einteilung darauf zu achten, daß dort der Decksbalken an das — möglichst gebaute — Spant fällt. Oft empfiehlt sich ein Sperrholz-Kantenschutz.

Betreffs der Ruderschäfte siehe Beschreibung der Torsionsbeanspruchungen.

Wegen der *Vibrationen* werden Einbau-Motoren nun alle elastisch montiert, sie sind mit Schwingpratzen ausgerüstet oder mit sonstigen sinngemäßen Unterlagen versehen. Wegen der zu beachtenden Folgen, siehe Kapitel 12. Gegen das Flattern der Bootsseiten helfen einige verstärkte Spanten im Motorenbereich.

Ein handwerklich richtig und dabei nach diesen Hinweisen gebautes Boot wird auch die *örtlichen Beanspruchungen* „bootsmöglichst" gut vertragen und eine lange Lebensdauer haben.

Ferner wird heute auf die *Unsinkbarkeit* meistens Wert gelegt. Daß dazu dichte Raumabtrennungen, Behälter oder Schaumstoff-Füllungen dienen, weiß jeder. Gesündigt wird jedoch in der Wahl der Stellen dazu. Diese Tragkörper dürfen nicht unten (wo unter dem Fußboden so schön Platz wäre), sondern müssen im Rumpf mehr oben oder ganz oben untergebracht werden, auch wenn damit etwas Raum verloren geht und es etwas Arbeit macht. Sonst kentert so ein abgesacktes Boot, wird leicht zur tödlichen Falle, ist jedenfalls mühevoll aufzurichten und mit dem Verlust von Gegenständen verbunden. Ferner muß der Tragstoff (oder müssen die Trageräume) vor allen Dingen um jenen Bereich herum liegen, in welchem sich die schwersten und nicht tragenden Einbauten befinden, zum Beispiel wie im Motorenraum. Man opfere also Kästen über dem Fußboden — unter dem Schandeck. Holzboote haben den geringsten Tragkörper-Bedarf; es folgen die Plastik-Boote, dann die Leichtmetall-Boote und den größten Bedarf haben naturgemäß die Boote mit Stahlkörper, wo man ohne dichte Abschottungen eigens dafür vorgesehener Räume, wie auch im Plastikbau beliebt, nicht auskommen wird.

Wer die handwerkliche Bootsbaukunst und die Eigenarten der verschiedenen Materialien erlernen oder genauer kennen will, gleichgültig, ob gelernter Bootsbauer oder angehender Selbstbauer, findet im Verlag Klasing das umfassende Werk des Herrn Dipl.-Ing. Eichler.

Beim Segelboot wird der Winddruck durch den Mast und seine Absteifungen auf das Fahrzeug übertragen. Zu benutzen ist nur der nach vorne gerichtete Teil, obwohl, je nach der Wind- und Fahrtrichtung, mehr oder weniger erhebliche Drücke nach allen Richtungen ausgeübt werden. Die Kunst des

Seglers ist es, durch die Segelstellung den Winddruck so zu teilen, daß der möglichst größte Teil nach vorne gerichtet ist.

Der Mast und alles, was mit ihm zusammenhängt, ist durch die Windkraft in erster Linie der Bruchgefahr ausgesetzt. Bei einem durch Stagen, Wanten, Pardunen (Backstagen) und der

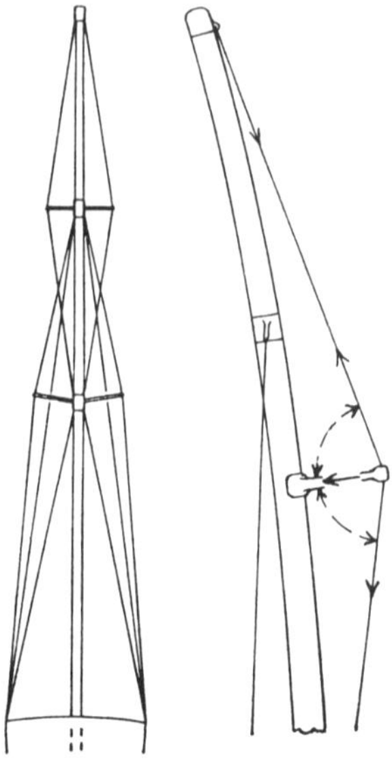

Zeichnung 35

Saling richtig abgestreiften Mast liegt die am meisten beanspruchte Stelle, je nach seiner Größe, auf etwa 1 bis 4 m über Deck. Dort muß er daher seinen größten Querschnitt erhalten.

Die Wirkungsweise des „stehenden Gutes" (alles feste, nicht über Rollen, Blöcke und Klampen laufende Drahtseilwerk, also Stagen, Wanten u. dgl.) ist teils am Mast schräg ziehend, teils an den Salingen drückend. Falls kein Stag oder Want nachgibt oder gar reißt (was nicht sein soll, weil dann der Mast durch Wegbiegen brechen könnte), werden die Masten hauptsächlich infolge der kolossalen Züge des stehenden Gutes nach unten, auf Knickung beansprucht. Die gefährlichste Förderin der Knickung ist die Ausbiegung. Diese ist es, welche durch sachgemäße Verteilung der Angriffspunkte, der Saling, der Jumpstage, vermieden werden soll (siehe Zeichnung 35). Der Mast links entspricht einer Länge von ca. 12—13 m über Deck. Rechts ein Jumpstag an einem Peitschenmast.

Über die Takelagen. Durch die neuen Werkstoffe ist der Gebrauch von Hanf, Baumwolle, Sisal, Kokos, Flachs und Manila auf einen Bruchteil zurückgegangen, und an ihre Stelle sind Perlon, Nylon, Diolen und andere synthetische Produkte getreten. Alle Kunststoffe sind durchweg feuchtigkeitsbeständiger als die Naturfasern. Ihr Nachteil liegt in der Elastizität und Dehnung, welche von der chemischen Zusammensetzung abhängen und von der jeweiligen Temperatur.

Um Gewicht zu sparen, bevorzugt man heute vielfach für das stehende Gut und für Beschläge die modernen, hochwertigsten und rostfreien Stähle, wodurch sich die Möglichkeit ergibt, alle diese geringer zu dimensionieren. Obwohl die Anschaffungskosten wertvollen Materials höher sind, spart man den Mehrpreis durch den viel geringeren Verschleiß bald ein. Auf die Backstagen wird heute vielfach verzichtet.

Die Beanspruchung des stehenden Gutes ist eine ganz gewaltige und es muß daher für eine gute, den Zug verteilende Befestigung der Püttings, Pardunen und Vorstagbeschläge Sorge getragen werden, da sonst entweder der Beschlag leicht loßreißen oder das Deck hochgerissen werden kann. Püttingseisen (Befestigungsbeschlag der Wanten auf Deck) sollen möglichst lang sein und, wenn schon nicht bis zum Kiel, zumindest aber auf einem Spant sehr tief ins Bootsinnere laufen. Die anderen Beschläge, nebenbei gesagt, auch die Klampen und Klüsen, müssen mit einer unter dem Deck vorgesehenen Decksverstärkung verbunden sein, welche regelrecht schon vor dem Decklegen eingebaut werden sollte. Vorstagbeschläge größerer Boote sind mit Hilfe von langen, durchgehenden Bolzen mit dem Kiel zu verbinden, so daß dieser, und nicht das Deck über eine Rolle am Kiel zu einem Strecker im Vor- oder Mittelschiff geleitet werden.

Alle diese, am Mast mehr oder weniger nach unten wirkenden Zugkräfte drücken ihn bei stärkerem Wind derartig fest auf die Mastspur, daß dieser Bauteil auch besondere Beachtung verdient. Er soll einerseits dazu dienen, das untere Mastende unverrückbar festzuhalten, hauptsächlich jedoch den Mastdruck auf eine gewisse Länge des Kiels zu verteilen. Dazu eignet sich für Holzboote am besten ein nur am Kiel, ja nicht auf den Planken, über mehrere Spantabstände reichendes Fundament.

Zeichnung 36 zeigt zwei Ausführungen. Links für kleine Boote. Oft dient eine Verlängerung der kräftigen unteren Schwertkastenplanken dazu. Rechts für größere Yachten, über einige Bodenwrangen laufend. Es ist üblich — wie gezeichnet — den Mast über eine Bodenwrange zu stellen. Ich würde es zwischen zwei, eventuell enger beisammenliegenden, mit entsprechender Trägerverstärkung für richtiger halten. Ähnlich ist die Konstruktion auch für Stahl- oder Metallbauten.

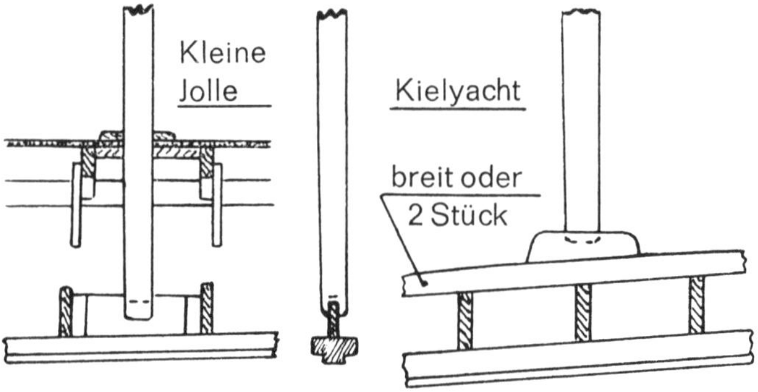

Zeichnung 36

In welcher Weise seitlicher Mastdruck auf den Bootskörper wirkt und wie diesen Beanspruchungen am besten zu begegnen ist, wurde bereits an Hand von Zeichnung 34 erläutert.

Immer gebräuchlicher, also wohl mit Grund beliebter, werden die Hohlmasten aus Leichtmetall-Legierungen, von Spezialfirmen fix und fertig hergestellt.

14. Ausbau-Hinweise und Einrichtung

Das Deck, der Kajütsaufbau, die Luken und Oberlichter sollten ebenso wasserdicht beschaffen sein wie die Beplankung oder die Beplattung. Nichts ist unangenehmer, als wenn es einem bei schwerem oder Regenwetter unausgesetzt auf die Nase oder in die Koje tropft. Hat das Boot ein undichtes Stabdeck oder Plankendeck, auch Riemen genannt, so ist, vorausgesetzt, daß die Deckstärke nicht viel unter 20 mm beträgt, dem Übel meistens durch Nach- oder Neu-Kalfatern abzuhelfen. Eine Sperrholzschicht darunter ist am günstigsten. Für Aufbaudächer empfiehlt sich ein Leinwand- oder Glasharz-Überzug. Sind es die Decksaufbauten, Luken oder Oberlichter, welche Wasser eindringen lassen, dann handelt es sich meistens um eine Konstruktion, wie sie Zeichnung 37a zeigt. Das Luksüll oder die Aufbauwand ist hier nicht auf das Deck aufgesetzt wie in Zeichnung 37b, sondern eingesetzt. Das Wasser dringt leicht zwischen Deck und Süll und von dort in die Kajüte. Ein Nachdichten ist in den seltensten Fällen von bleibendem Wert, oft sogar nur schädlich, da der Spalt nur vergrößert wird. Das sicherste ist es, sich kurzerhand zu entschließen, die Luken nach Zeichnung 37b umzu-

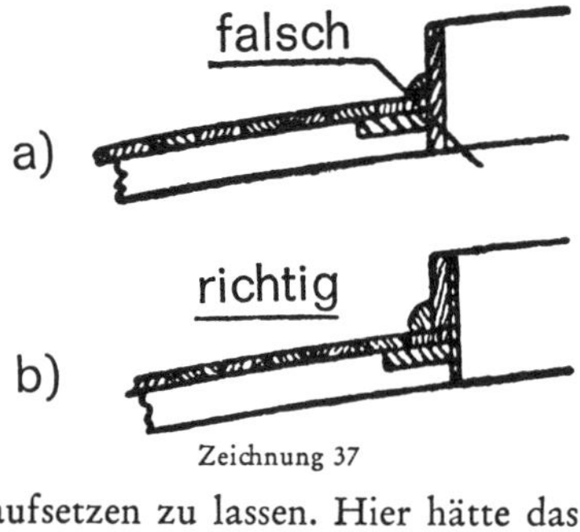

Zeichnung 37

arbeiten, also aufsetzen zu lassen. Hier hätte das Wasser einen viel schwerer zu durchdringenden und gut abzudichtenden Weg. Heutzutage kann man sich allerdings sehr mit den wasserbeständigen Leimen behelfen. Bei Leinwand-Decks muß die Leinwand unbedingt noch unter die aufgesetzten Sülle reichen, also mit eingeklemmt werden. Die Luken sind in solchen Fällen daher erst kurz vor Fertigstellung des Bootes aufzuschrauben. Den Entschluß, einen ganzen Kajütsaufbau umzuarbeiten, also aufstatt einsetzen zu lassen, wird wohl selten jemand fassen können. Oft kann man hier mit Hilfe von untergesetzen Blechrinnen das Wasser wenigstens in die Bilge leiten. Daß man bei Neubauten von vornherein eine solche aufgesetzte Ausführung sämtlicher Decksaufbauten und Decksöffnungen verlangen soll, wird nun selbstverständlich sein.

Vor dem Deckverlegen Decksverstärkungen für die Beschläge einsetzen.

Die Decksformgebung richtet sich sehr nach den zu befahrenden Gewässern. Beim Binnenboot kann man, wenn es die Schönheit erfordert, den Deckssprung (Durchbiegung in der Seitenansicht) abflachen oder sogar ganz weglassen, beim seefahrenden Boot müssen die Schiffsenden hohe Wellen brechen und daher auch hochgezogen werden. Auch darf die stampfende Bewegung des Bootes hier nicht durch die Bootsform so leicht gefahrbringend sein. Die Decksbucht (Durchbiegung der Decksbalken) richtet sich hauptsächlich danach, ob das Deck begehbar sein soll oder nicht. Alle solche Decks, auf welchen man sowohl stehen als auch manövrieren können muß, dürfen keine zu große Decksbucht erhalten, welche aber aus Festigkeitsgründen

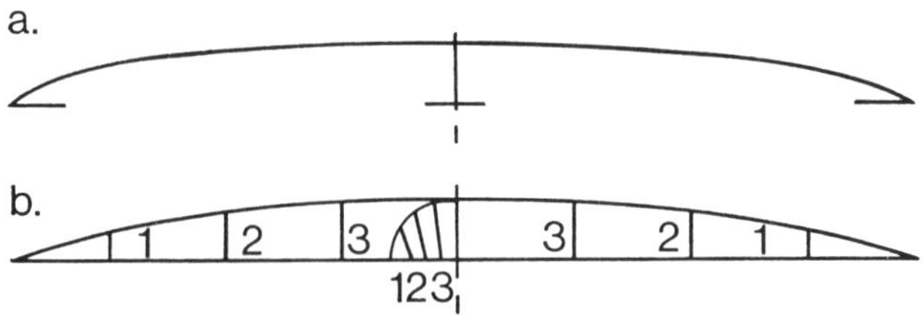

Zeichnung 38

im Kleinschiffbau niemals unter $1/40$ der Breite gehen sollte. Kajütdecksbalken sind vorteilhaft nach Zeichnung 38a, die eigentlichen Decksbalken nach Zeichnung 38b auszuführen. Der Decksbalkenabstand soll je nach der Größe des Bootes 25 bis 40 cm, in den meisten Fällen etwa 30 cm nicht überschreiten.

Begehbare Dächer nach 38 a und noch ausgeprägter, d. h. in der Mitte noch flacher.

Die Einrichtung ist von den praktischen Erfordernissen und von den persönlichen Wünschen abhängig. Letztere müssen jedoch so sein, daß sie nicht das fahrtechnische Endergebnis schädigen (Schwerpunktslage, Bootshöhe, Stabilität usw.). So sollte es wenigstens sein.

Um nachher bei den Ausbauzeichnungen oder gar bei einem Ausbau nach Skizze keine unangenehmen Überraschungen zu erleben, muß man gleich zu Anfang einen wenigstens schon fast richtigen Versuchslinienriß zeichnen, welcher noch nicht so genau zu sein braucht wie der endgültige. Doch Verdrängung und ihr Schwerpunkt müssen bereits so ungefähr den Ergebnissen der Gewichtsberechnung nach Kapitel 8 und 9 entsprechen. An den für den Ausbau wichtigsten Stellen zieht man von den Querschnitten unten die Bodenspanten- und Wrangenhöhen usw. ab und ringsherum die Summe der Außenhautstärke + Spantrahmenhöhe + Wegerungsdicke. Sodann skizziert man maßstäblich Deck und Aufbauten, zieht hier wieder die Boots-Decksbalken, die Wandstärken, Streben und eventuelle Verschalungen und das Dach mit seinen Dachbalken ab. So erhält man die nutzbaren Innenquerschnitte — siehe Zeichnungen 39 und 40. Geht man nicht in dieser Weise vor, so glaubt man meistens alles leichter und bequemer hineinzukriegen als wie es nachher reingeht. Ausgangspunkt sind die Fußbodenbreiten, weil dort die Möbel und Längswände ansetzen, und so irrt man sich auch nicht mit der notwendigen Höhenlage der Sofas und Kojen, so daß dann die gewünschte Breite vorhanden ist, sowie Stehhöhen, Aufrichtehöhen usw. Alle diese wichtigen Maße habe ich auf den Zeichnungen 39 und 40 hevorgehoben. Noch ist es Zeit, auch die gedachten Rumpf- und Aufbautenhöhen zu korrigieren.

Die gute Sicht vom Steuerstand beachten. Man zeichnet den Punkt der Augen an und zieht eine Gerade über den Vorsteven oder das Kajütdachende. Es genügt, wenn sie auf 1½ Bootslängen das Wasser berührt, falls die Fahrt-Vertrimmung keine große ist. Die Sichtfrage bestimmt oft die Höhenlage des Kockpit-Fußbodens, zumindestens am Steuerstand und vom Steuersitz.

Bei allen Booten ist das Vorschiff nicht zu sehr zu belasten und ebenso nicht die Bootsseiten (z. B. Tanks). Bei Verdrängern auch nicht das Achterschiff. Damit vermeidet man anhaltendes Stampfen und Rollen und erschwert das Wasser-Übernehmen.

Die Einrichtung ist vielfach Geschmacksache. Nach meinem Dafürhalten ist diese im Segelyachtbau vernünftiger geblieben, zwangsweise ohne Auto- und Wohnwagen-Imitationen. Das Motorboot wird dagegen heute (wir schreiben 1967) vielfach überladen. Aus vorhandenen oder nicht vorhandenen, beziehungsweise zu behebenden Gründen soll es ja möglichst klein sein und wird dabei von vorn bis hinten mit Möbeln und sonstigen Einrichtungen vollgestopft. Dabei geht man auch gerne turmartig in die Höhe, was zwangsweise die Breite vergrößert. Wenn man soviel an Bord und alles recht hoch haben will, so ist es doch viel richtiger, sich das Boot größer bauen zu lassen. Jedenfalls schiffbaulich richtiger, ohne überladene Verdrängungen, und man kann sich besser rühren. Der Scherzsatz, daß Kajütboote zuletzt stets um einen Meter zu kurz sind, hat viel Wahres. Es ist auch für uns Deutsche falsch, sich nach den sehr unterschiedlichen Mentalitäten anderer Nationen zu richten, welche oft auf Geschäft, auf neu = genannt modern, statt auf Sachlichkeit aufgebaut sind. Wir müssen an unsere Verwendungsmöglichkeiten und an unsere Topografie denken. Und Anspruch darauf, wirklich modern zu sein, hat doch nur das, was auch wenigstens etwas besser ist.

Wer mit normalen Binnen-Bootstiefgängen in der Kajüte und im Steuerhaus volle Stehhöhe wünscht, dürfte meines Erachtens nie unter 10,5 m Länge bauen. Damit beginnt „die europäische Linie".

Am leichtesten täuscht man sich im Vorschiff. Zeichnung 39 zeigt zwei Querschnitte eines größeren Flossenkielers oder eines Kielschwerters mit 2 Liegelängen in der Kajüte. Die Skizzen a bis f der Zeichnung 40 sind zwar einem mittleren Motorkreuzer entnommen, doch gelten die Hinweise sinngemäß ebenso für eine Segelyacht. In Zeichnung 40 zeigt die Darstellung „a" wie sehr die Fußbodenbreite von seiner Höhenlage abhängt, was zwangsweise heißt, daß die notwendige Bodenbreite die Stehhöhe und damit auch die Bootshöhe beeinflußt. Fall „b" soll darauf hinweisen, daß, wenn man Kojen, um die genügende Breite zu erzielen hoch legt, man auch an die Aufrichtehöhe denken muß (ca. 0,90 m), sonst gibt es „ein Erwachen mit Beule". Diese Aufrichtehöhe muß sich ganz oder fast auf die halbe Kojenlänge erstrecken, etwa wie es die Darstellung „c" zeigt.

Die klassische Vorschiffseinrichtung nicht sehr großer und normalbreiter Boote zeigt die Darstellung „d". Klosett, Schränke und Kochtisch am Eingang, dann zwei Längssofas und vorne ein Querschrank. Zwischen den Sofas ein — auch wegmontierbarer — Tisch mit Klapp-Platte. Meines Erachtens gibt es seit Noahs Zeiten nichts Besseres. Durch ein Einlegestück kann eine bequeme, breite Dreimannkoje geschaffen werden oder man legt eine Matratze zwischen den Sofas auf den Boden und falls es die Raumhöhe gestattet, gibt diese Einteilung auch die Möglichkeit, mittels hochklappbarer Lehnen zwei weitere Kojen zu schaffen.

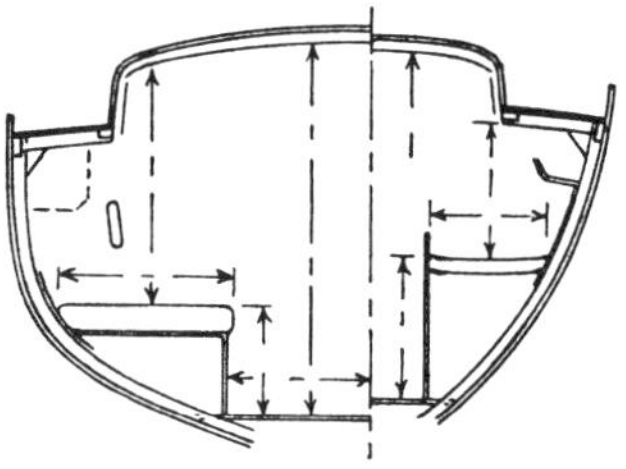

Zeichnung 39

Falls man sitzend aus den Fenstern oder Bullaugen sehen will und dabei auch bestimmte Stehhöhen wünscht, muß man mit den Höhenmaßen von Unterkante Glas ausgehen. Siehe wieder Darstellung „a". Von dort bis zum Fußboden — bei normalen Sitzhöhen = 1,12, höchstens 1,15 m, und dann vom Fußboden nach oben die Stehhöhe. Eine besondere Rolle spielt dies für Decksalons, oft aber auch für die Kajüträume selber. Dieser Vorgang beeinflußt also die Rumpfhöhe und die Aufbauhöhe, und dabei heißt es trotzdem ästhetische Verhältnisse abzustimmen. Wiederum würden dazu große Bootslängen sehr helfen, doch es gibt auch andere Wege. Der eine wäre in der Kajüte zwischen Deckskante und Scheuerleiste Bullaugen vorzusehen,

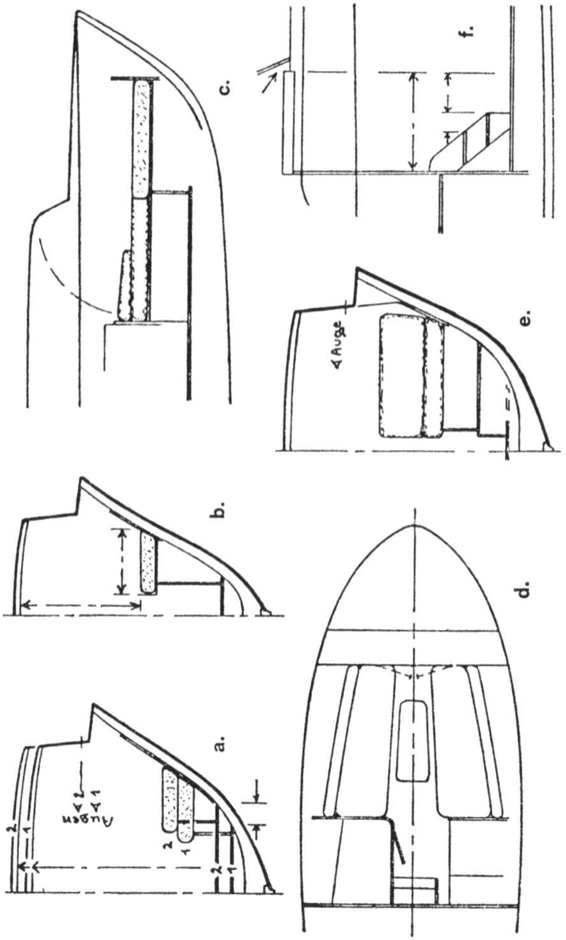

Zeichnung 40

welche damit in einfacher Weise sitzend die Sicht geben. Doch diese Lösung gefällt leider vielen nicht. Dagegen gefällt, auch für zu schmale Boote, die teilweise Erhöhung des Fußbodens und damit die Bildung der sogenannten Dinette, wie sie die Darstellung „e“ zeigt. Im Dinettebereich hat man, abgesehen von ganz großen Yachten, natürlich keine Stehhöhe, jedoch gute Sitz-Aufrichtehöhe. Die Dinettes sind — allgemein — mit Klappmatismen versehen, um aus ihnen eine Koje für zwei Personen schaffen zu können. Die Breite der Dinette geht für mittelgroße Boote ungefähr bis zur Bootsmitte, sonst können keine zwei Personen nebeneinander sitzen — und schlafen! Dann muß noch etwas Durchgang und auf der anderen Seite Platz für Schränke, Kochtisch usw. bleiben. Meistens wird jedoch so disponiert, daß sich WC und Kochtisch an den Eingangsseiten befinden und erst dann der Dinetteraum folgt. Schlafend wohl fühlen werden sich auf der Dinette-Koje zwei Personen also nur dann, wenn das Boot merklich breit oder ein wirklich größeres, noch besser ein großes ist.

Die Darstellung „f“ deutet den Raumbedarf der Niedergänge an, damit man sich bei Benutzung keine Kopfbeulen holt. Sehr steile Niedergänge geben leicht zu geringe Fußlängen (beim Abwärtsgehen). Wenn man an Raum sparen muß, ist es besser, weniger Stufen, d. h. größere Stufenhöhen vorzusehen. Brauchbar-bequeme Maße sind: oberste Stufe 30 cm tief, weitere Überstände 15 cm und Lukenüberstand 30 cm. Mit zwei Stufen = drei Schritt, so wie skizziert, ergibt sich eine Lukenlänge von 75 bis 78 cm.

An Raumenden, wie z. B. im Fußbereich des Steuersitzes offener Motorboote oder am Vorderende der Kajüt-Längssofas, ist es oft günstig, zwischen den letzten Spantfeldern mit dem Fußboden bis an die Planken zu gehen, das heißt diese Breitenzugabe zu gewinnen.

Die Ausbildung der Fenster bereitet leicht Kopfzerbrechen. Am wenigsten behindern jene, welche man, um sie zu öffnen, längsverschiebt, also eine Scheibe über die andere. (Erfordert gerade Wände.) Sie wiegen auch nicht viel und man stößt nicht, wie es in niedrigen Räumen bei Verwendung hochklappbarer Fenster leicht vorkommt, mit dem Kopf dagegen. Man kann auch Fensterteile unten fest lassen und nur den Oberteil nach innen klappbar gestalten, wie bei Autos. So was hängt sehr vom Bootstyp, von den Gewässern und vom Klima des Bestimmungshafens ab. Herausragende Scheibenteile können den Schandecklauf behindern. Herablaßbare Fenster sind sehr gut, obwohl ihr Mechanismus mehrere kg wiegt, aber sehr oft sind sie im Kajütsteil deswegen nicht zu verwenden, weil die Unterkante gleich gegen den Spanteneinfall stößt. Sie verlangen also ziemlich gerade heruntergehende Bootsseiten, oft breite Schandecks (d. h. Aufbaubreitenverminderung), auch wenn sie nur mittels eines Riemens herablaßbar wären. Für Seefahrzeuge wird die Verglasungswahl von der Sicherheit und Dichtigkeit auch bei Wellenschlag diktiert. Dort werden jene mit bullaugenartigen Verschlüssen oder sogar nur Bullaugen überwiegen.

Für die Pantry ist heute Propan sehr modern, aber es ist mit der Einhaltung vieler Sicherheitsvorschriften verbunden, welche über die Yachtverbände zu haben sind. Vielfach wurde auch in der Zeitschrift „DIE YACHT" darüber geschrieben, so z. B. in Heft 3/1961. Ich könnte mir jedenfalls denken, daß manche lieber rückständig und beim Primuskocher bleiben.

Über die *Motorenaufstellung* siehe Kapitel 12. Hier füge ich nur hinzu: Stolperkästen, also Kästen über den Motor, welche nur wenig über den Fußboden reichen, vermeiden. Entweder ganz darunter oder bis ca. Sitzhöhe darüber.

Besonders für See müssen Segelyachten *wasserdichte Plichten* erhalten und auch für die Motorboote sind dort *wasserdichte Kockpitt's* sehr zu empfehlen. Aber meistens befinden sich Motoren oder Stauräume darunter, welche ohne Umstände zugänglich sein müssen, womit die dichte Herstellung schwierig wird. Unter den Klappenrändern sind Auffangrinnen mit Abläufen nach außenbords vorzusehen.

15. Die Bootsformen für ihre Geschwindigkeiten

1. Allgemeines, Froude'sche Zahl, Verdränger bis zum Gleitgebiet

Im Kapitel 7 — Maße und Völligkeitskoeffizienten mit Tabelle 3, ferner in den Kapiteln 8 und 9 — Gewichts- und Schwerpunktsberechnung mit den Tabellen 4 und 5 und nicht zuletzt im Kapitel 12 — Motorenanlage, Aufstellung und Wahl, war bereits direkt oder einflußmäßig viel über die Bootsformen zu finden. Es gibt ganze und dicke Bücher darüber in allen Weltsprachen und für die verschiedenen Bootskategorien. Ich muß es viel, viel kürzer machen und somit direkt auf das Endziel, das Verständnis, lossteuern.

Was heute noch immer nicht alle klar erkennen ist die grundlegende Tatsache, daß die Bestformen vom jeweiligen Geschwindigkeitsbereich und vom Geschwindigkeitsbereich wiederum der günstigste Bereich der Gesamt-Schwerpunktslage abhängt. *Dieses Dreieck: Bestform, Geschwindigkeitsbereich, Schwerpunktlage* muß bereits beim Projekt, bei der Festlegung der Wünsche volle Berücksichtigung finden. Tut man das nicht, so kann man wohl durch Tricks den Schaden mildern, aber ein ganz besonders gutes Boot wird solches nie. Ein Boot ist keine Laube auf festem Grund, auch kein Lastwagen auf starken Federn, das „Oben" beeinflußt die Form des „Unten" und die Geschwindigkeit verlangt eine bestimmte Charakteristik. Abgesehen vom selbstverständlichen Verlangen einer richtigen Trimmlage in Ruhe (mit Geduld und ohne Rechenfehler voll durchführbar) und in Fahrt (schon schwieriger) besteht die Kunst der Formgebung darin, mit ihr möglichst den physikalischen Eigenschaften des Wassers und seiner Oberfläche zu folgen, was auch bedeutet, *das Wasser möglichst wenig zu bewegen, die Stromfäden weitmöglichst nicht zu verwinden, die Geschwindigkeiten* nach $\frac{V}{\sqrt{L}}$ (siehe Kapitel 9/2, 12/3 und 16) *zu beachten,* weil auch dies die Wasser-Physik ausdrücklich erfordert.

Froude hat entdeckt, daß das formwiderstandsmäßige Verhalten eines Verdrängerschiffes, richtiger: die Charakteristik der geworfenen Wellenbildung, vom Verhältnis $\frac{\text{Geschwindigkeit}}{\sqrt{9{,}8 \times L_{CWL}}}$ abhängt. Diese Zahl nennt sich „F" (Froude). Reinold hat die Reibungswerte ergründet, welche Formeln ich jedoch nicht bringe. Auch vereinfache ich für unsere Zwecke den Wert F in $\frac{V}{\sqrt{L_{CWL}}}$, lasse also den Erdbeschleunigungsfaktor g = 9,8 weg. Setze ich V in km/std und die Länge in m ein, so erhalte ich für die Geschwindigkeitsbereiche der Verdränger jene Werte, welche die Zeichnung 54 der Länge nach unterteilt. Es sind dieselben wie auf der Grundlinie der „Fa"- (Faktoren-) Zeichnung 56. Mit dem F = 11 muß ich enden, weil dort das Verdrängergebiet in das Gleitergebiet übergeht. Die Tabellen in Zeichnung 54 geben die den CWL-Längen entsprechenden Bereichs-Geschwindigkeiten an.

Boote mit demselben F sind Formtheoretisch gleich schnell. Weil der Vergleichswert F sehr praktisch ist, verwendet man ihn auch im Gleitgebiet als Geschwindigkeitscharakteristik. Siehe diesbezüglich die Zeichnungen 15 bis 20. Denn je schneller diese Boote, je größer das F wird, um so vollkommener wird das Gleiten, um so geringer die Wasserberührung, was ihre Bodenformen beeinflußt.

Auf der Zeichnung 54 sehen wir die dick gezogene Widerstandskurve (Summe aller Teilwiderstände) *eines* Vollverdrängers. Der Verlauf bis F = 7 gilt für alle Boote. Nach F = 10 wächst der Widerstand eines Vollverdrängers derart an, daß damit keiner mehr fährt. Darum ist es nun Allgemeingut geworden, jene Boote, welche zwischen F = 8 bis gegen 11 fahren sollen und *was der Bereich der flotten Verdränger ist,* als Teil- bis Halbgleiter zu konstruieren und womit dann die Widerstandskurven dieser nun jeweils verschiedenen Boote mit flacherem Bogen in die gestrichelt gezeichnete Gleiterkurve hinein verlaufen. Die Skizzen zeigen diesen Weg und die Zeichnungen 15, 16 und 17 noch besser.

Mit den langsamen Booten bis F = 4 beginnend, hat man es im Wassersport meistens mit Segelbooten zu tun. Aber ob

Segelboot, Ruderkahn, Elektroboot usw. zeigen in diesem Bereich die im Querschnitt rundlichen Formen mit schärferem Wasser-Zu- und Ablauf der Länge nach den geringsten Widerstand.

Wo große Formstabilität nötig (Jolle), läßt sich das „rund" leider nur zum Teil verwirklichen. Noch ist der Reibungswiderstands-Anteil größer als jener des Formwiderstandes und rundlich hat die geringste Oberfläche. Mit der Schärfe der Enden soll man nie, bei keinem Boot und in keinem F-Bereich, übertreiben, denn was weder verdrängungsmäßig noch, wie bei den Gleitern, dynamisch trägt, erzeugt nur vermeidbare Reibung, so wie die unvermeidbare dort, wo Tothölzer dagegen nötig.

Das Wasser muß vorne mit Gewalt geteilt werden und eine passende Schärfe verrringert diesen Leistungsbedarf. Achtern will es sich von selber schließen, und fährt das Boot langsam, so kann das ohne viel Wirbel und Abrisse längs der Bordwand geschehen, wenn die Form dem Bestreben entspricht. Vorne erleidet das Wasser auch einen Druck nach unten. Dadurch wird Wasser abwärts gedrückt und anderes zwangsweise an den Seiten über den Wasserspiegel geschoben. Das ist allerhand Arbeit und deshalb: forme so, daß der Bug in erster Linie nach den Seiten schiebt. Achtern kann dagegen (wenn langsam!) das Schließen zusätzlich und gemach auch von unten erfolgen — wie zum Beispiel gut an einer Jollenform zu ersehen — denn hoch steigen will das Wasser von selber.

Wo soll bei F bis 4 der Schwerpunkt hin? Wie im Kapitel 7 nach Abschnitt 15 gesagt, zeigt die dort erklärte Spantflächenkurve ein getreues Bild der Völligkeitsverteilung der Unterwasserform. Die Vorgänge vorne und achtern sind invertiert, doch *noch* sehr ähnlich, weshalb es günstig ist, wenn der Schwerpunkt auf $^1/_2$ CWL-Länge oder, meistens besser, kurz dahinter fällt. *Also dortselbst auch den Gewichtsschwerpunkt*, denn jener der Verdrängung muß ja genau darunter liegen. Die gute Spantflächenkurve wird dann ganz oder fast einer Sinuslinie entsprechen. Siehe Zeichnung 41 und 42, Kurven 1 und 2. Betreffs S-Schläge und Flossen Kapitel 7 beachten.

Was geht nun in der Praxis von alledem, was für F bis 4 angeraten, einzuhalten? Rundliche Querschnitte: zu rund ist

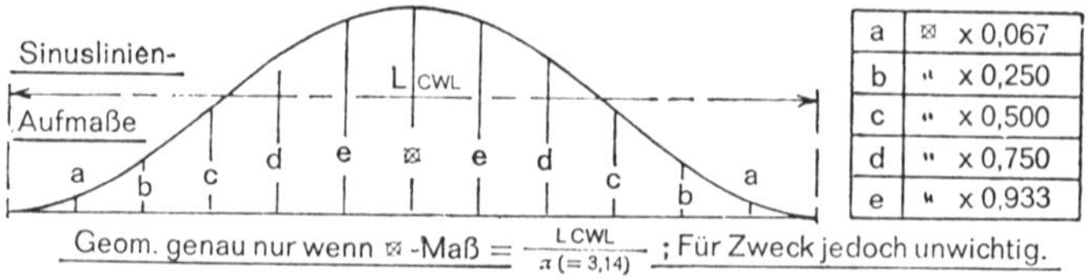

Zeichnung 41

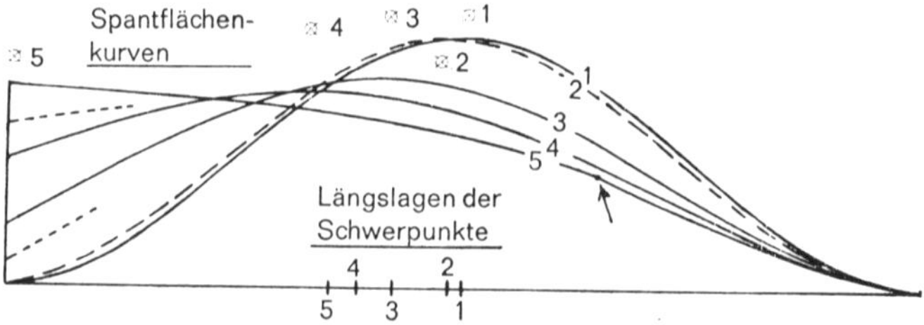

Zeichnung 42

nicht formstabil (Baumstamm), weshalb sich das Jollen, Gebrauchsruderboote, Elektroboote und dergleichen nur an den Seiten leisten können. Ihre CWL wird nicht zu schmal sein dürfen und damit Verdrängung an der Kimm verlangen. Rennruderboote nähern sich dagegen sehr der Rundform. Kielyachten mehr als die Jollen, denn für die Stabilität sorgt der Ballast. Ganz langsame Motorboote ca. wie die Jollen. Sind die Boote klein, so beeinflußt die *stets mitzurechnende* Bemannung den Schwerpunkt sehr, bei den Jollen mit Verlegung nach achtern, weshalb diese dort breit schließende Wasserlinien zeigen und den größten Tiefgang — und eben auch den Auftriebs-Schwerpunkt — hinter der Mitte haben. Jollenkreuzer haben es dank des Kajütgewichtes in dieser Hinsicht leichter. Rennruderboote haben die Last gut verteilt. Bei Elektrobooten wird man die Personen, Akkus usw. so verteilen, daß der Schwerpunkt möglichst wenig hinter 1/2 CWL fällt.

So geht das im Bootsbau von Fall zu Fall mit den Kompromissen!

Findet man in anderer Literatur, daß Boote mit einem kleinen $\frac{B}{T}$ schneller sind, so heißt das nicht, daß ein großer Tiefgang für sich alleine günstig ist. Gemeint ist: geht Verdrängung nach unten, so kann man sie an der Breite wegnehmen — und bei Verdrängern ist schmal schneller. Das hat aber wegen der Stabilität enge Grenzen, deshalb sehr aufpassen!

Das Segelboot hat 3 weitere Formprobleme: 1. Es fährt mal langsam, mal schnell und auch weit über F = 4 hinaus. Zum Beispiel: L_{CWL} = 4 bei 20 km ergibt F = 10 und womit das Bootchen schon knapp an der Gleitgrenze läge. Nun sagen Sie mal, für welchen Bereich soll die Form irgendeines Segelbootes nun die günstigste sein? (Normalerweise sind sie alle für „langsam" konstruiert, eventuell bis F = 5 — 5½.) 2. Sie segeln nicht in aufrechter Stellung, womit der Verlauf der geneigten Wasserlinien wichtig wird, also diese zeichnen und kritisch betrachten; siehe Kapitel 17. Das Ruhe-Überwasserschiff wird in geneigter Lage zum Unterwasserschiff, weshalb Segelboote oben nie so scharfe Formen haben dürfen wie etwa die Motorboote mit ihren Glockenspanten, breitem Vordeck, Spiegel usw. 3. Das modernste Problem: gewisse Jollenklassen sollen auch noch gleiten! Da wurde mal ausnahmsweise was von den Motorbooten gelernt. Sie sollen aber auch bei Flaute oder noch nicht gleitend zumindest nicht ungünstig sein. Man hilft sich da in der Weise, daß sich mittels einer Längsverlegung des Schwerpunktes durch die Bemannung der Unterwasser-Verlauf ändert. Flaute = Mannschaft mehr nach vorne, Gleiten = mehr nach achtern. Krängen sollen sie sich beim Gleiten nur wenig. Linientricks und Kompromisse.

Schon vor Jahrzehnten war es bekannt, daß Modellyachten außerordentliche Leistungen vollbrachten. Ich wunderte mich damals schon, warum man denn, nach den gesagten Erfahrungen, die Formen, Flossen usw. nicht den Modellyachten ähnlicher gestaltet. Anscheinend haben sich jedoch auch andere darüber gewundert, denn heute ist oft die Ähnlichkeit klar erkennbar. Hierzu bitte einen Blick auf Zeichnung 43, ein 6,66-m-Zweimann-Kielboot aus der „YACHT" 6/64, Konstrukteur Glacer (Deutschland) zu werfen. Siehe auch die Spantflächenkurve und das Bestreben, mittels nicht zu unterschiedlichem Spantenverlauf vom Mittelschiff bis achtern (also weitmöglichst) die Stromfäden nicht unnötig zu verwinden. Es ist fast noch eine Jollenform, wohl weil der Ballast gering und die Stabilisierung zum

Großteil des Aussitzen der Bemannung überlassen ist. Der nicht ideale hervorstehende Decksrand ist eine Folge der Plastik-Bauweise.

Von Abschweifungen in das Schnelle abgesehen, waren wir noch in der Abt. 1 mit F = bis 4. Bitte nun die Spantflächenkurven (auch Spantarealkurven genannt) der Zeichnung 42 anzusehen. Alle fünf Kurven sind gleich lang, haben denselben Flächeninhalt mit demselben Flächenmaßstab, so als ob die fünf Boote dieselbe LCWL und dieselbe Verdrängung hätten.

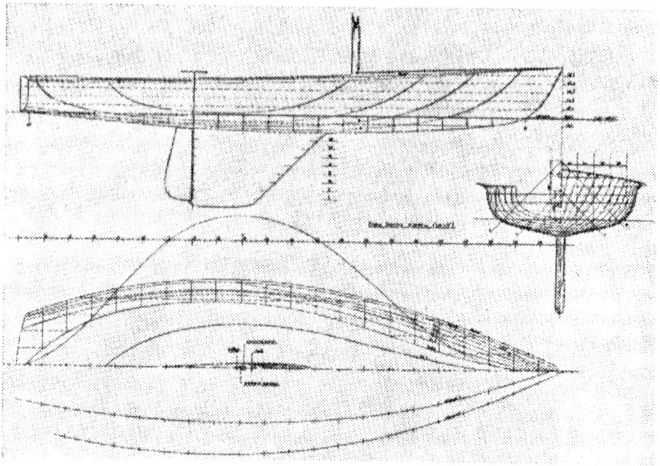

Zeichnung 43

Was nun bleibt, ist lediglich die Verlaufs-Charakteristik. Ihre Ausbuchtung hängt sehr vom gewählten Flächenmaßstab ab. Trägt man auf den Spant-Ordinaten die gemessenen eingetauchten Spantflächen im Verhältnis mit großen oder kleinen Maßen auf, so erhält man mit den großen Maßen eine stark gekrümmte, mit den kleinen eine viel flachere Kurve und wovon man sich nicht verwirren lassen darf.

Die Kurve 1 entspricht der Verdrängungsverteilung gemäß einer Sinuslinie, wie in Zeichnung 41. Die nur zur besseren Unterscheidung gestrichelte Kurve 2 paßt ebenfalls noch in den Geschwindigkeitsbereich der Abt. 1, nur mit ⊗ und ⊙ (Schwerpunkt) etwas hinter der Mitte. Noch weiter nach achtern verzerrt, also noch schlanker vorn, völliger achtern, ⊠ etwas mehr nach 3 als nach 2, doch immer noch links auf der Grundlinie endend, würde der Verdrängungsverteilung einer Jolle entsprechen. (Achtere Bemannungs-Belastung, doch meistens langsame Fahrt.)

Mit F = ungefähr 4 — 5 beginnt die Bugwelle anzuwachsen — also Boot dort nicht zu stumpf — und das Achterschiff liegt noch in einem tragenden Wellenberg. Das Wasser wird sich gut auch von unten schließen. Für Motorboote ist achtern eine etwas breitere Auflage und ein in Ruhe schon etwas tauchender Spiegel günstig. Taucht der Spiegel, laufen die Wasserlinien nicht mehr zum Nullpunkt, also auch nicht die Verdrängungskurve. Sie beginnt dann, so wie auf Zeichnung 42 gestrichelt angedeutet, bei Null bereits ein Maß zu haben. Um diese Formung zu erreichen, benötigen wir mehr achtere Verdrängung, also auch den Schwerpunkt der Gewichte ein Stückchen zurück. Taucht der Spiegel, beginnt ein gewisser Wasser-Abriß.

Segelboote = Kielyachten, Kielschwerter und alle Jollen, welche nicht zum Gleiten bestimmt sind, können sich eine Abhackung der Linien nicht leisten, sie wären sonst bei schwächeren Winden oder beim Aufkreuzen zu schlecht. Bei diesen läuft die *Spantflächenkurve immer zum achteren Nullpunkt.* Dorthin will das Wasser, auch bei noch höherem F, von den Seiten und von unten sanft hingeführt werden. Man kontrolliere den Verlauf mittels schräger Sentenschnitte und dazu auch die (Kapitel 17) geneigten Wasserlinien. Das auch für Kielyachten, besonders bei grober achterlicher See, günstigere Spiegel- statt Kanu-Heck, liegt über Wasser und betrifft daher nicht den jetztigen Text. Ein achterer Sog vertrimmt mehr als die Bugwelle! *Darum ⊙ für diese weiter vorne als bei den Motorbooten.* (F = 4 bis 5)

Ferner beginnen die Boote — und zunehmend in den folgenden Abteilungen — eine Wassermulde hinter sich zu lassen, welche sich ungefähr so schließt, als ob das Boot achtern länger und spitz zusammenlaufend wäre. Das wirkt in den Abt. 1 und 2 auf das $\frac{V}{\sqrt{L_{CWL}}}$ verkleinernd günstig. Der Anteil des Formwiderstandes ist bereits größer als jener des Reibungswiderstandes und nimmt nun weiterhin überhand. Doch bis hierher fährt man noch sehr ökonomisch.

Anders wird das in der *kritischen Abteilung 3 mit F = 5 bis 7.* Hier entwickeln *alle* Boote, auch Gleiter während des Anfahrens, eine starke, vorne gegen pressende und den Steven hebende Bugwelle, das Achterschiff gerät in das darauf folgende Wellental und sackt weg. Man fährt gewissermaßen einen Berg hinauf, der Widerstand wächst steil, wie die dicke Kurve zeigt. Diese Erscheinung ist nicht zu vermeiden, man kann nur die Auswirkung mildern. Schwerpunkt und Motorboots-spantflächenkurve etwa wie 3. Wie mildern? Wir haben alle mal geglaubt, daß eine Vorschiffsbelastung wirkt, aber nur eine Gewichtsverschiebung durch Einrichtung, Motor usw. nutzt noch garnichts, es müßte schon eine erhebliche Zusatzbelastung vorne hin kommen, um eine leicht bessere Lage zu erreichen. Damit nennenswertes Mehrgewicht des Bootes, was wiederum ein Schaden wäre. Gewichte nutzen nicht nur kaum weil das Wasser bereits viel zu hart, sondern weil sich das Achterschiff einfach nicht aus dem Tal herauswuchten läßt! Was dagegen am meisten nutzt ist eine achtere Tieferziehung des Kiels, evtl. auch mit dort breiterem Boot verbunden. (Sinn: die durch das Wellental verloren gegangene Verdrängung ersetzen). Außerdem gebe man der Bugwelle möglichst wenig Angriff, also Spanten über der CWL schön schlank halten. Schwerpunkt dort wo bereits gesagt lassen. Man erwarte sich aber keine Wunder, diese Gebietserscheinung ist nicht zu vermeiden. *Deshalb wähle man die Motorenanlagen nie so, daß die Endgeschwindigkeit in diesen Bereich fällt;* man bleibe entweder darunter oder darüber.

Weniger ausschlaggebend, doch immerhin nicht günstig, sind alle Bereiche bei welchen, wenn auch mit kurzer niedriger Wellenbildung, das Heck in ein Tal gerät. Vielfach bei $F = 3^1/_2$.

Segelboote können sich ihre „Kraftanlage“ nicht aussuchen und müssen den Wind so nehmen wie er kommt.

Beim Übergang in die *Abt. 4, F = 7 bis 8,* ist die größte Welle vom Bug zum Mittelschiff gewandert, das Heck hat wieder mehr Wasser, der Steven beginnt sich (ebenso beim Segler) zu senken, der Widerstand verläuft wieder flacher und die Geschwindigkeit reagiert wieder normal auf jede Zunahme der Antriebskraft. Das

Boot gleitet aber noch nicht, es nähert sich nur dem Gleitgebiet. Motorboote benötigen nun einen Verlauf des Achterbodens, welcher einem Mittelweg zwischen Verdränger- und Gleiterboden entspricht. Letztere Richtung mit F zunehmend. In Ruhe muß der Spiegel richtig tauchen und unten breit sein. Der Schwerpunkt muß daher wieder ein Stückchen zurück, weil es ohnedem nicht möglich ist, dem Achterboden die angepaßte Lage zu geben. Siehe die Skizzen in Zeichnung 54. Die Formen werden schärfer. Das Wasser will achtern glatt weg reißen, welche Möglichkeit man ihm durch scharfe Abhackung geben muß. Die Spantflächenkurve wird (Zeichnung 42) zwischen 3 und 4 liegen. Wasserlinien nach achtern nur leicht zusammenziehen. Die Gleitjollenbemannung beginnt sich nach achtern zu bewegen, um ähnliche Verhältnisse zu erzielen.

Die sogenannten „Steiger" sind jene Motorboote, welche auch nach dem Durchfahren der Abt. 3 vorne nicht wieder herunterkommen. Diesen fehlt achtern der nun schon einsetzende dynamische Auftrieb, welcher wie zuerst beschrieben zu erreichen ist. (Ein „Reparaturmittel" sind die Bodenkeile. Heute (1967) gibt es käufliche, am Spiegel zu montierende Trimmklappen, welche bis jetzt für Boote von 7—8 m zu groß waren.) Auch Abwärts-Sog im Achterschiff kommt oft dazu.

Vorschiffsformen in Längsrichtung wohl ziemlich scharf, auch noch über der CWL, damit es nicht schiebt. Den Booten dieser Abt. 4 und darüber tief herunter gezogene, nach unten scharfe Vorschiffe zu geben, ist meines Erachtens falsch. Auch manövriermäßig. Sicher sollen sie helfen das zu weit nach vorn ragende Einrichtungsgewicht zu tragen und um dabei längsschnittige Linien zu behalten. Gibt auch viel Reibung. Gegen Aufschlagen nur bis $\frac{V}{\sqrt{L_{CWL}}} = 10$ wirksam. Besser wenig belastete, schöne lange leere Vorschiffe. Boote oben lang, nicht unten zu kurz (!) und Schwerpunkt wie nach Zeichnung 42.

Es ist nicht alles richtig, was man viel sieht (Markt und Technik).

Noch ist geschwindigkeitsmäßig die längskantenlose Rundspantform der Knickspantform überlegen.

Wie wir aus der Zeichnung 42 ersehen, nimmt durch die Verdrängungsverlagerung nach achtern bei gleichbleibender Verdrängung die ⊠-**Fläche ab, was, wenn** das Achterschiff nicht saugend konstruiert ist, einen Vorteil darstellt.

Bereits in der Abt. 4 und erst recht *nun in der Abt. 5 mit F = 9—11* vergrößern sich Zusatzwiderstände, welche sich mit dem Reibungs- und Formwiderstand addieren. Die Wissenschaft nennt sie induzierte oder Interferenz-Widerstände. Meine Übersetzung: zusätzlich hervorgerufene und unter Umständen sich überladende. Diese entstehen durch Wirbel und Zöpfe an scharfen Kanten oder dort, wo sich das unter dem Boden gepreßte Wasser mit dem seitlichen, nicht gepreßten berührt und reibt. Also scharfe Kanten nur achtern zwecks Abriß. Man glaube nicht, daß das, was „vom Boot weg ist", nicht rückwirkend bremse; es ist ja alles vom Boot erzeugt. In der Abt. 5 ist die Bugwelle zum Achterschiff gewandert, flacher geworden, nicht mit Spritzer zu verwechseln), und die Achterwelle ist hinten raus. Breiter brauchen wir die Auflageböden nun nicht mehr — das Wasser ist sehr hart geworden — aber wieder etwas tiefer am Spiegel sollen sie enden, zwecks des dynamischen Auftriebes. Wir genießen nun den Vorteil, daß die für diese Geschwindigkeiten konstruierten Boote sich bereits herauszuheben beginnen, was den Formwiderstand verringert. Da nun der Gleitboden laufend wichtiger wird, sind die Knickspantformen erst gleichwertig und zuletzt den Rundspantformen überlegen. ⊙-Lage und Spantflächenkurve ungefähr wie die vierte in Zeichnung 42. Zwischen dieser und dem gestrichelten Auslauf liegen die Tourengleiter. Die 5. gehört zu einem noch stufenlosen Wettbewerb-Gleiter, schon fast extrem (zwischen Abb. c und d der Zeichnung 50) zum ⊠ ist der Spiegel geworden. Nicht nur Jollen sind gegen Millimeter-Formunterschiede empfindlich. Mit Spantflächenkurven zwischen etwa 4—4½ und 5 und leicht darüber und dem dazugehörigen $F = \frac{V}{\sqrt{L_{CWL}}}$ so zwischen 30 und 60, reagieren auch die Gleitboote auf jeden kleinsten Unterschied.

Auf der 5. Kurve habe ich mit einem Pfeil jenen Punkt angedeutet, wo bei einem Knickspanter die Kimm über die Ruhe-Wasserlinie kommt. Die Flächenkurve neigt dort dazu, eine hervorstehende Ecke zu bilden. Diese darf aber höchstens so wie angedeutet hervorstehen, sonst pressen diese Boote an dieser Stelle bei flotter Verdrängungsfahrt Wasserstrahlen zur Seite (bremst!) und neigen, wenn, dann weiter hinten, ebenso bei Gleitfahrt dazu. Um das zu vermeiden muß man gegebenenfalls bereits wieder achtern beginnen durch Änderung der Spantformen und des Kimmverlaufes dort Verdrängung wegzunehmen, um diesen Punkt hereinzuholen. Ich sage das schon jetzt, weil es für alle Boote gilt: *in diesem Längenbereich dürfen sich die Spantflächenkurven nie besonders völlig ergeben,* auch der langsame Verdränger wird dann vorne-seitlich Wasser pressen. Bestes Gegenmittel: Boote vorne nicht zu sehr belasten — oder länger bauen.

2. Binnen und See, Besegelungen, Leichtbauten, Katamarane, Motorboote mit tiefem V-Boden

Binnen und See. Die Zeichnung 44 betrifft links Kielyachten, rechts Motorboote und gilt im *Grundgedanken für Verdränger jeder Art. Sie besagt:* für Hochsee bedeutend größere Verdrängung, etwas mehr Freibord und dies auch wegen der geneigten Lagen. Tiefgang größer = auch mehr Wasserberührung im Seegang. Das hochgehobene Boot mit Schwung nach oben, verliert theoretisch momentan an Gewicht. *Es addieren sich zwei negative Stabilitätsfaktoren: Verminderung der Wasserlinienbreite und des wirksamen Gewichtsmomentes.* Das ist öfter eine der Kenterursachen.

Spantformen an der CWL ausfallend, wodurch bei Krängung das Stabilitätsmoment sofort wirksam einsetzt. Für die Küste stets Mittelwerte. Der Kielyachten-Ballast bewegt sich um 35 % des Gesamtgewichtes. Vorschiffe für See und nicht höheren Geschwindigkeiten (also wie im Mittel die Segelyachten) tiefenschlank, was Schläge beim Stampfen vermindert und bei geneigter Lage bessere Anschnitte ergibt. (Bei Gleiter umgekehrt).

Die Am-Wind-Segelfläche in m^2 bewegt sich ca. um die Gewichtstonnen × den hier angegebenen Multiplikanden:

	Binnen u. Leichtbauten	Küste	Hochsee
Kleine Kielyachten	15	12,5	8,3
Mittelgroße Yachten	13	10	7,1
Größte Yachten	12	9,5	6,3

Macht man den *Lateralplan* von der Segelfläche abhängig, so gelten — rund! — die folgenden Multiplikanden × Segelfläche = Lateralplan:

	Binnen	Küste	Hochsee
Kleine Yachten	0,14	0,20	0,26
Mittelgroße Yachten	0,11	0,16	0,20
Größte Yachten	—	0,13	0,18

Leichtbauten ca. wie Küste.

Wenn man betreffs Windeinwirkung auf die Segel und jene des Wassers auf den Lateralplan den Ausdruck „Auftrieb“ geschrieben findet, so bedeutet das in diesen Fällen die Summe der Drücke und Söge in theoretisch waagrechter Richtung, statt, wie

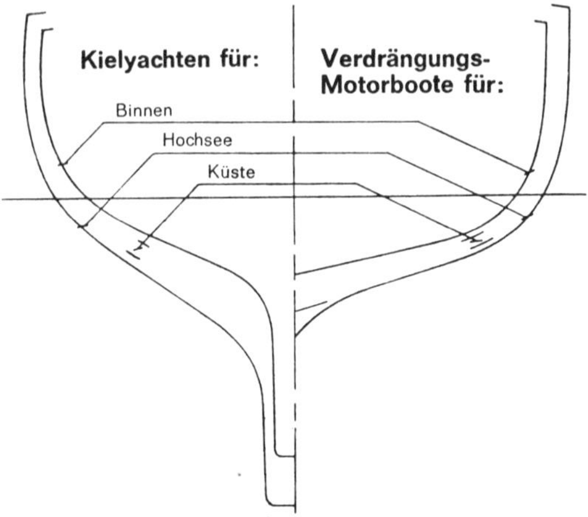

Zeichnung 44

wir es sonst gewohnt sind, in lotrechter. Die Erscheinung der im ersten Abschnitt unter F = 9 bis 11 genannten indizierten und Interferenz-Widerstände tritt ebenso im Rigg — und schon früher auf.

Zur geneigten Lage ist es notwendig, zum Beispiel bei 20° (oder auch bei noch mehr) in derselben Art, wie es später bei der Linienrißberechnung erklärt wird, den neuen Verdrängungsschwerpunkt zu suchen. Dieser darf nicht zu sehr gewandert sein, sonst erleidet das Boot bei Krängung eine Längsvertrimmung (Kapitel 17)

Der Freibord ist wichtig, auch damit bei Krängung die Deckskante nicht zu bald den Wasserspiegel erreicht. Doch eine Übertreibung ist schädlich (ebenso bei Motorbooten und Aufbauten). Der Gewichtsschwerpunkt wandert in die Höhe und verringert die Stabilität, ferner vergrößern sich der Windfang (Sturm!) und die Angriffsfläche des Wogenanpralles, wenn es richtig böse kommt. Die Ansicht Hochbordigkeit = Sicherheit hat Grenzen.

Schematische Hinweise:

1 = angenommener Normalbau

2 = Leichterbau mit Gewichtsersatz, Schwerp. tiefer durch schwerere Flosse, Spanten- u. Linienformen wie 1.

3 = Leichtbau ohne Gewichtsersatz. Erhöhung der Gewichtsstabilität durch tiefragende Flosse.

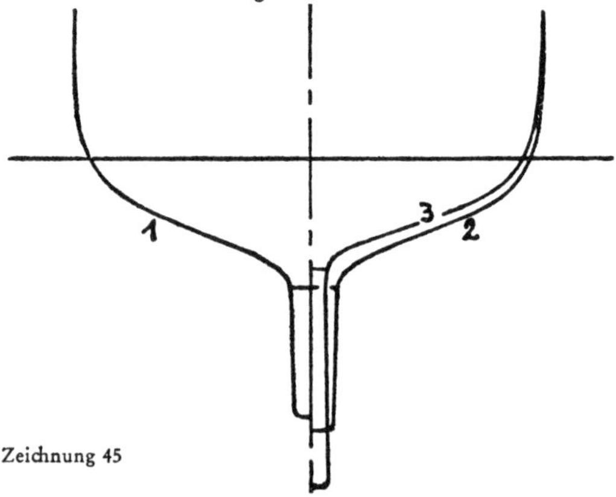

Zeichnung 45

Im Vergleich zur Zeichnung 44 sind *Kielschwerter* merklichst breiter und haben dagegen geringeren Formtiefgang, weil wegen der verminderten Gewichtsstabilität mehr Formstabilität nötig wird.

Wasserlinie im Verhältnis zur Gesamtlänge nie zu kurz, wir benötigen auch die Längsstabilität.

Leichtbauten von Segelyachten, vielfach wegen der Sperrholzbeplattung in Scharpie-Form, haben im Vergleich mit den konventionellen Bauten einen mittelgroßen Lateralplan (größer als Binnen, kleiner als Hochsee), Segel, wie vordem bereits gesagt, geringere Überhänge zur weiteren Längsstabilität-Vergrößerung, Freibord eher hoch und den Ballast mit dem Flossentiefgang tiefer. Einen Sinn-Hinweis in Rundspant zeigt die Zeichnung 45. Der Fall 2 betrifft jene, welche zwar einen leichteren Rumpf bauen (z. B. formverleimt), aber kein leichteres Boot haben wollen.

Schlagen Massen gegen Massen, so ist die *Massenwirkung* unmöglich zu verleugnen. Der Wellengang und der Wogenanprall werden sich bei einem leichten Boot daher stets spürbarer auswirken als bei einem schweren. Diesen Hinweis, um vor Übertreibungen zu warnen. Es gibt keine Gegenmittel.

Enden nie zu sehr belasten, das fördert und verlängert das Stampfen. Für die Vollgleiter beschränkt sich das auf das Vorschiff, denn auf dem Achterschiff ruhen sie ja auf. Aber der Hinweis, die *Bootsseiten nicht zu sehr belasten,* weil das das Rollen fördert, gilt für alle Boote.

Daß Katamarane schwerlich umkippen, ist klar, ebenso, daß deswegen kräftigere Masten notwendig sind, ebenso, daß sie härtere Bewegungen haben müssen. Er ist weiter nichts als die Modernisierung der uralten Auslegerboote „mit vergrößertem Ausleger" — oder gleichgroßem und mit dem eigentlichen Bootsraum in der Mitte. Um Wohnräume draufzusetzen, etwa als sportliches Binnenwohnboot, sind sie zweifellos ideal.

Zweiteilung eines Schiffsrumpfes ergibt einen mehr oder weniger vergrößerten Gesamtwiderstand. Man kann also praktische Vorteile, aber nicht höhere Geschwindigkeiten damit erreichen, sei es mit derselben Segelfläche oder sei es mit denselben PS — oder das ganze Gebilde wird, z. B. durch Wegfall des Kielballastes leichter als das Vergleichsboot. Da liegt der Hund begraben. Wegen ihrer großen Formstabilität muß jedoch hinzugefügt werden, daß diese sofort wie abgeschnitten wegfällt, sowie sich durch irgendwelche Umstände (z. B. Übertakelung) der eine Schwimmkörper ganz vom Wasser abhebt. Dann kentert der Katamaran sehr leicht.

Es ist ein Spezialgebiet, aber nicht meines. Fortschritte sind zweifellos gemacht worden. Oft sind die Rümpfe unsymmetrisch, jeweils nach dem anderen Rumpf zu magerer, damit sich das Wasser zwischen ihnen nicht preßt. Dadurch verlagern sich die Verdrängungen außerdem nach außen. Bei sehr breit ausladenden Katamaranen sieht man es auch umgekehrt! Katamarane sind bis zu einer gewissen Windstärke sehr schnell, doch Schlechtwetterboote sind sie vorderhand noch nicht. Die Aerodynamik spielt für sie eine große Rolle, besonders weil die Brücken, welche die Schwimmkörper verbinden, bei Sturm wie Flugzeugflügel

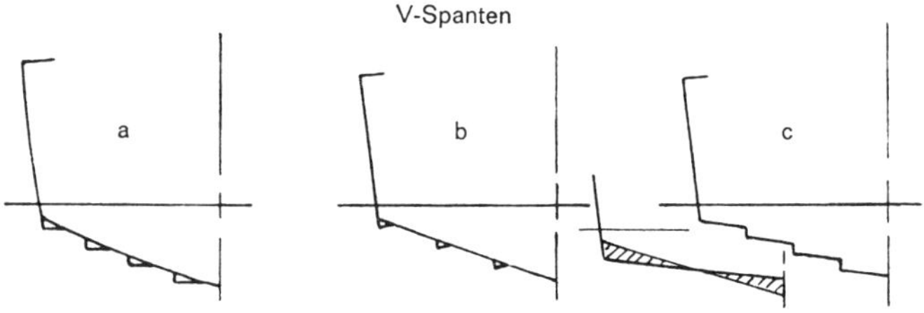

Zeichnung 46

wirken und sogar in der Lage sind, das ganze Boot in die Luft zu heben. Zumindest verringern sie bei stärkerem Wind das lastende Gewicht und damit die Stabilität.

Für schnellere Motorboote haben sich die Kat's nicht bewährt. Man kann ja hierbei auch von keinem Ballast-Gewicht-Wegfall sprechen wie bei den Seglern. Unbedingt ist mit zwei Rümpfen der Gesamtwiderstand größer. Doch als Wohn- und Familienboot, Typ flotteres Hausboot, denke ich sie mir gar nicht übel.

Die nur die *Motorisierten betreffenden Boote mit tiefem V-Boden* teile ich in zwei Kategorien. Die eine, um schnelle Verdränger mit F = 7,5 bis 10,5 (Zeichnung 54) mittels der angebauten breiten Leisten teilweise herauszuheben, und in die andere Kategorie, ohne oder mit Führungsleisten, um Gleit- und Langstrecken-Rennbooten mit $F = 11^1/_2$ und viel mehr die Möglichkeit zu geben, auch bei Seegang nicht abdrosseln zu müssen, um sich nicht zu zerschlagen. Fest steht, daß alle V-Boden-Boote sich nur mit einer PS-Zahl entwickeln, welche höher liegt als jene gleich großer Normalbauten. Bei den Gleitern sind wir noch nicht angelangt, darum hier nur etwas über die erste Kategorie, Zeichnung 46 a, welche eine der verschiedentlichen Bauweisen darstellt.

Diese Boote haben verdrängerartige Formen und Gewichte. Noch ohne Vollgas werden sie sich wie gute ruhige Schiffe benehmen und dem Seegang gut standhalten. Es ist klar, daß die bis jetzt noch zwecklos mitgeschleppten breiten Leisten Reibungs-, Wirbel- und Formwiderstände verursachen, weshalb man für die gleiche Geschwindigkeit mehr PS benötigt. Man versucht, die Leistenüberstände so zu verlegen, daß sie im Anschnitt keinen Stau und nachher keinen Sog ergeben. Aber für den Zweck, der nun kommt, müssen sie nach achtern leicht abfallen. Da nun der ganze Boden vorschiffsähnlicher ist, sind die Bodenspanten oft ganz oder fast parallel. Zweck: das auch von mir empfohlene „Nicht-Verwinden". Aber eine Übertreibung darin ergibt wohl kaum einen harmonischen Stromfäden-Verlauf. Dreht man nun Gas auf und fährt voll, so wird sich das Boot trotz seiner Verdränger-Grundform, auf den nach vorne ansteigenden Leisten stützend, herausheben und dadurch schneller fahren, da es teilweise Gleitvorteile genießt, besonders wenn die äußeren Leisten aus dem Wasser kommen und damit den Widerstand weiterhin verringern. Da aber nichts vom Nichts kommt, kostet dieses Herausheben merklichste PS. Man nennt sie Halbgleiter. Mir scheint, daß sie nun sehr aus der Mode gekommen sind (1967). Das Wort Halbgleiter wurde jedoch schon seit langem auch für jene Normalgleiter verwendet, welche, samt ihrer Motorisierung, für Geschwindigkeiten um den Gleitbeginn herum gebaut waren und noch — besonders für Behördenboote — gebaut werden. Da vielfach leichter und jedenfalls ohne Leisten, erfordern sie weniger PS.

3. Die Gleitboote

Dieser Abschnitt bezieht sich restlos auf motorisierte Fahrzeuge. Gleitjollenkonstrukteure können daraus Ideen entnehmen, besonders wenn die Rede von den langsameren Gleitern und der Schubkraft-Richtung ist.

Immerzu muß man wiederholen: auch die Gleitboote nicht kurzhalten! Aus markttechnischen Gründen fahren heute viele Boote, denen sichtlich und merklichst ein Stück fehlt. Ohne genügend langem, unbelastetem Vorschiff kann sich kein harmonischer Verlauf der Boden-Längsschnitte, also der Strömungsfäden ergeben.

Für die Gleiter-Konstruktion *benötigt* man, genauso wie für die Verdränger, die Schwimmlagen-Berechnung in Ruhe. Denn die richtige Ruhelage — der statische Trimm — ist der Ausgangspunkt zur Schaffung des Gleitbodens und der richtigen Gleitlage. Anders ist das nur, wenn ein Boot auf Kufen gleitet, also auf Zusatzteilen, und nicht wie die meisten, und von welchen nun die Rede ist, auf ihrem Bootsboden.

Eine ganz geringe Ruhe-Vorderlastigkeit ist bei *Gleitern* manchmal sogar günstig, eine Achterlastigkeit dagegen schädlich. (Siehe Beispiel zu Zeichnung 48.)

Die Längsschnitte der Gleiter-Böden müssen bereits am Spiegel mit einem zuerst geraden (keinesfalls hohlen), sanft ansteigenden Verlauf beginnen, mit harmonisch zunehmender Aufwärtskrümmung bis nach vorne. Die Längsschnitte nach dem Kimmweger zu — und somit auch dieser — müssen steiler ansteigen als am Kiel, damit sich von Anfang an eine zunehmende Aufkimmung der Bodenspanten ergibt. Auf dem Längsschnitt zwischen Kiel und Kimm und innerhalb der Gleitflächenlänge mißt man den Winkel zur *Fahrt*lage, heißt Anstellwinkel der Gleitfläche und wird mit α (alfa) bezeichnet. Dem Ansteigen des Bodens haben wir den dynamischen Auftrieb zu verdanken, welcher das Boot in Fahrt heraushebt und womit sich der sonst bei höheren Geschwindigkeiten mächtig ansteigende Form- und Wellenwiderstand sehr vermindert und der nur fast linear ansteigende Reibungswiderstand überwiegt. Je schneller das Boot, um so mehr

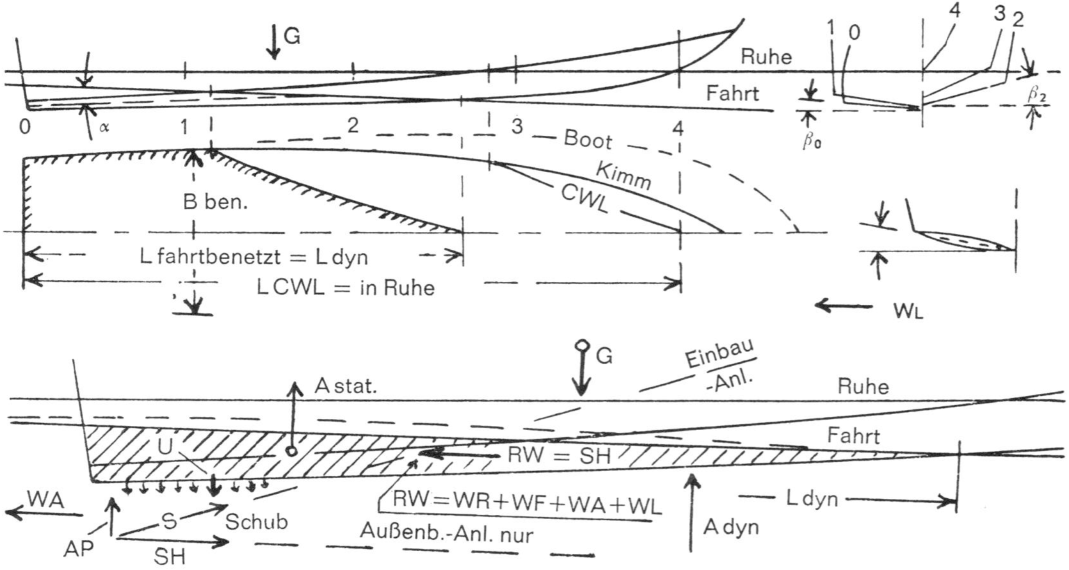

Zeichnung 47

G = Gewicht; U = Res. des Unterdruckes; AP = Propeller-Auftrieb;

A stat. und A dyn = statischer und dynamischer Auftrieb;

G + U = AP + A stat + A dyn; SH = Horizontalschub = Summe aller W = RW = Res. aller W;

WR, WF, WA, WL = Widerstände der Reibung, der Form, der Anhänge und der Luft.

tritt das in Erscheinung, denn um so mehr hebt es sich heraus. Dabei verringert sich die benetzte Oberfläche, welche dadurch einer höheren spezifischen Belastung unterliegt.

Schwerpunktslage, Geschwindigkeitsbereich und Bodenausbildung stehen im engen Zusammenhang. Die achtere Ruhe-Tauchung gibt eine Richtlinie für das Höchstmaß, um welches sich der Gleiter herausheben kann.

Nun alles lesen, was auf der Zeichnung 47 steht. Winkel α bereits erklärt. Die Aufkimmungswinkel β (beta), vielfach auch Kielung oder Schränkung genannt. Das β, welches wir verwerten, ist das reichliche Mittelmaß der Aufkimmungen im Gleitflächenbereich. Die fahrtbenetzte Länge heißt die dynamische $= L_{dyn}$. Die Aufkimmung, welche weiterhin nach vorne zunehmen muß, benötigen wir zur Kursstabilität, für die Kurveneigenschaften und das Verhalten im Seegang. Das Wasser will vorne auch erst geteilt werden. Die Aufkimmung dient ferner zum wirksamen Einsetzen der dynamischen Stabilität, so daß die einkrängende Seite sofort mehr und die andere weniger Fahrt-Aufdruck erhält, denn die eine liegt dann flacher und die andere steiler. Sind die Bodenspanten gekrümmt, mißt man β einfach so, als ob sie gerade wären.

Es ist anzustreben, daß die Neigung der Fahrtwasserlinie nicht zu sehr von jener der Ruhewasserlinie abweicht. Das zu erreichen, ist oft schwierig, besonders bei den langsameren (pro PS schwereren) Booten und wenn die Form nicht einem genügend achterlichen Gewichtsschwerpunkt entsprechen konnte.

Je größer der Anstellwinkel α, je größer die Gleitbreite (mit praktischer Begrenzung) und je größer die Geschwindigkeit ist, um so größer wird der dynamische Auftrieb, die Gleitflächentragkraft. Der Aufkimmungswinkel β verkleinert sie dagegen. Betreffs Geschwindigkeiten siehe Kapitel 16, Zeichnungen 59. Mit 27 bis 30 kg/PS kann man tourenmäßig mit dem Gleiten beginnen, doch richtig wird es erst unter 20 kg. Über 30 kg/PS sind mehr theoretisch.

Die sogenannten „Steiger" haben, meistens wegen zu weit vorne liegender Gewichtsverteilung (Zeichnung 50 a), in der Ruhelage einen zu geringen (oder sogar negativen) Winkel α, oder sind am Spiegel zu schmal oder sie erleiden einen großen achterlichen Unterdruck. Die „Tipper" sind dagegen jene, welche, z. B. durch einen zu großen Anstellwinkel, in Fahrt eine zu kurze Gleitfläche haben (Tipper-Grenzfall, Zeichnung 50 d).

Die in Gleitfahrt benetzte Länge L_{dyn} liegt je nach Bootsart zwischen 0,5 und 0,8 der L_{CWL}. 0,5 die Renner und bis 0,8 die schwereren, nach $\frac{V}{\sqrt{L}}$ langsameren Kajütgleiter. Der Gewichtsschwerpunkt soll — siehe nachher Zeichnung 50 — vor der Auftriebs-Resultierenden und hinter A_{dyn} liegen, damit das Boot ruhig liegt. Renner verzichten oft darauf. $\frac{L_{dyn}}{B}$ ist bei den Rennern oft nur 1,2 und wächst für die Tourenboote bis meistens 2,5—3,5 und manchmal auch darüber.

Unsere Fahrt-Anstellwinkel α liegen bei den Rennern um 2° oder gar darunter und *wachsen mit abnehmendem* Geschwindigkeitsverhältnis bis 5°.

Wie gesagt, verkleinert ein großer Aufkimmungswinkel β die Tragkraft, besonders wenn er über 10° wird. Dann müssen zum Ausgleich die α-Winkel zunehmen.

Zur Beurteilung muß man auch an die Fahrt-Bodenbelastung denken. Dazu teilen wir die Summe Gewicht + Unterdruck durch die Quadratmeter der Projektion des fahrtbenetzten Bodens, wie sie Zeichnung 47 oben zeigt. Es ist für Normalzwecke nicht ratsam, über 500 kg/m² zu gehen, Bootstyp, Gewicht und Geschwindigkeit passen dann nicht mehr recht zusammen.

Ein richtiger Gleiter beginnt wohl erst, wenn der dynamische Auftrieb mindestens 40 % des Fahrtgewichtes und das $\frac{V}{\sqrt{L_{CWL}}}$ (km und m) die 11 bis 12 erreicht hat. Das Letztere, auch die Diagramme, Zeichnung 59 benutzend, empfehle ich jedem Gleitbootskäufer vor dem Abschluß zu überprüfen.

Das im unteren Teil der Zeichnung 47 gezeichnete Achterschiff zeigt den eingetaucht bleibenden Teil mit dem in seinem Formschwerpunkt angreifenden und seiner Verdrängung entsprechenden statischen Auftrieb A_{stat} Richtiger: statischer Auftriebsanteil in Fahrt. Denkt man dabei an eine — wie gestrichelte — achtere Welle, ist es anzunehmen, daß der praktische A_{stat} etwas größer sein wird als der theoretische. Der dynamische Auftrieb

A_{dyn} greift stets im vorderen Teil der Gleitfläche an, doch nicht etwa schon ganz an der schmalen Spitze. Siehe dabei auf die Gleitflächen-Draufsicht. Im jeweiligen L_{dyn}-Längenverhältnis wandert er mit zunehmenden Geschwindigkeiten wohl weiter vor.

Vergessen wird oft, daß sich achtern ein *Unterdruck* bildet, an jeder Gleitfläche sowieso, als ob sich die erst angepreßten Wasserteilchen wieder abtrennen möchten und wird besonders groß, wenn außerdem das Vorschiff tiefer taucht als der Spiegel und das Wasser auffurcht. Da kann man, wie bei den „Steigern", U bis 20 % von G annehmen, während ein guter Sportgleiter mit ca. 5 % auskommt. Boote mit langer Gleitfläche und sehr geringer Aufkimmung am Spiegel leiden mehr darunter. Man kann die Angriffsstelle des U auf ca. 0,13—0,16 von L_{dyn} annehmen. A_{stat} und der bei Einbauanlagen auftretende Propeller-Auftrieb A_P lassen sich leicht berechnen (folgt).

Aus $G + U - A_P = A_{stat} + A_{dyn}$

läßt sich A_{dyn} annähernd erfassen. Folgt später und in Verbindung mit der Zeichnung 50. Schräge oder horizontale Propellerwelle, beziehungsweise mit oder ohne A_P, beeinflußt die Fahrtlage und damit die Größen und Verteilungen der anderen beiden Auftriebe. Deswegen habe ich auf den Zeichnungen 47 und 48 die Auftriebs-Resultierenden weggelassen, um nicht durch doppeltes Zeichnen alles zu verwirren.

Liegt die Propellerwelle, wie bei den außenbordartigen Antrieben, in Fahrt waagerecht, so dient der ganze Schub der Widerstandsüberwindung. Liegt sie dagegen schräge, dann nur die etwas kleinere Horizontalkomponente. Nun Zeichnungen 47 *und* 48 ansehen. Berechnung der Propeller-Schubkraft, zusammen mit dem Wirkungsgrad η, siehe Kapitel 16. Erfolgt der Schub schräge (Einbauanlage), ist der Horizontalschub $S_H = S \times$ cosinus, der Propeller-Auftrieb $A_P = S \times$ sinus des Schrägewinkels. Können auch mittels genauer maßstäblicher Zeichnung des Kräfte-Parallelogrammes ermittelt werden. Das Fahrtgewicht G und seine Längs-Schwerpunktslage müssen errechnet werden. Letztere hier $= a_1$. Aus mathematisch-geometrischen Gründen brauchen wir die G-$\odot$-Höhenlage nicht, sowie wir, wie gesagt, S teilen. Bei außenbordartigen Anlagen entfällt das A_P, weil

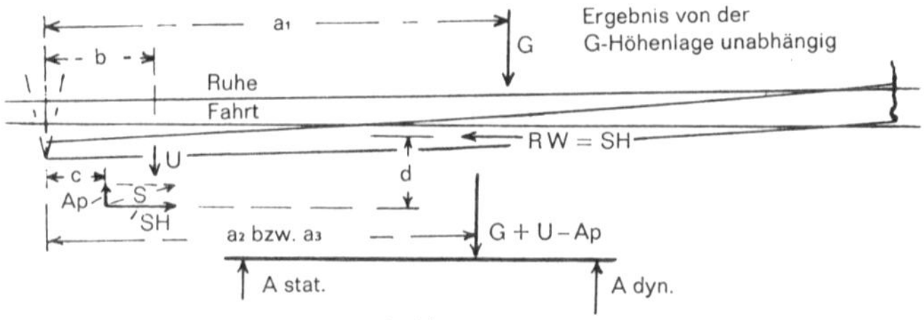

Zeichnung 48

gleich Null. (Nebenbei: die G-Höhenlage beeinflußt die Fahrttrimmung nur beim Anfahren, so lange die Massenträgheit noch nicht überwunden.) Die Summe aller Widerstände ist genau so groß wie der Vorwärtsschub S_H. Diese Widerstands-Resultierende R_W wird bei Verdrängern und Halbgleitern etwas tiefer, bei Vollgleitern knapp unter der Fahrtwasserlinie liegen. Das Trimm-Moment des Kräftepaares Schub—Widerstand hängt (außer von ihrer Größe) nur von ihrem Abstand d ab. Die Summe aller in Fahrt wirkenden Vertikalkräfte von oben nach unten müssen, wie mit der vorhin genannten Gleichung ausgedrückt, gleich sein der Summe jener von unten nach oben. Als zweite natürliche Folge kommt dazu, daß sich in der vom Boot eingenommenen Fahrt-Lage alle Trimm-Drehmomente ausgleichen. Nun lautet die wichtige Frage: wie groß müssen A_{stat} und A_{dyn} in Fahrt sein?

Diese beiden vorderhand weglassend (nicht mehr jedoch in Zeichnung 50) ergeben sich nach Zeichnung 48 die folgenden Formeln für die Lage und Größe der Fahrt-Last:

$$\text{Einbauanlage: } a_2 = \frac{G \times a_1 + U \times b - A_P \times c - S_H \times d}{G + U - A_P \text{ (= Fahrt — Last)}}$$

Außenbordartige Anlage: (S nur horizontal, $A_P = 0$)

$$a_3 = \frac{G \times a_1 + U \times b - S \times d}{G + U \text{ (= Fahrt — Last)}}$$

Damit können wir Stelle und Größe jener Kraft finden, welche sich, wie der Waagebalken in Zeichnung 48 zeigt, auf A_{stat} und A_{dyn} in Fahrt verteilen wird.

Die Fahrt-Belastung fällt also hinter G, so wie es dann die Resultierende von $A_{stat.}$ und A_{dyn} tun muß.

Bei Zweischraubern sind die Summen der Propellerkräfte einzusetzen.

Beispiel (für Einschrauber): alles in kg und m.
Einbauanlage: $G = 1000$; $a_1 = 2{,}3$; $U = 60$; $b = 0{,}55$; $A_P = 70$; $c = 0{,}3$; $S_H = 300$; $d = 0{,}27$.

$$a_2 = \frac{1000 \times 2{,}3 + 60 \times 0{,}55 - 70 \times 0{,}3 - 300 \times 0{,}27}{1000 + 60 - 70}$$

$$= \frac{2231}{990} = 2{,}25 \text{ m} = 0{,}05 \text{ m weniger als } a_1.$$

Außenbordartige Anlage: alles wie vordem, nur $A_P = 0$ und S_H wie $S = 308$.

$$a_3 = \frac{1000 \times 2{,}3 + 60 \times 0{,}55 - 308 \times 2{,}27}{1000 + 60} = \frac{2250}{1060} =$$

$$= 2{,}12 \text{ m} = 0{,}18 \text{ m weniger als } a_1.$$

Wir ersehen, daß bereits mit einer Schräganlage das Boot in Gleitfahrt achterlicher belastet wird und erst recht bei reinem Horizontalschub. Deshalb ist bei Einbauanlagen nach der Berechnung der Ruhelage eine kleine, bei außenbordartigen Anlagen eine etwas größere Zugabe an der achteren Tragkraft zu geben, meistens durch etwas tiefer Tauchenlassen des Spiegels = einer Vergrößerung des Winkels α und die damit verbundene *leichte* Ruhe-Vorderlastigkeit in Kauf nehmend.

Hat man Gründe, das α nicht zu vergrößern, so gebe man statt dessen an der achteren Gleitbreite etwas dazu, womit jedoch bei flachem Boden auch der Unterdruck gerne zunimmt.

Theoretisch, abgesehen vom Unterdruck, ist eine große Gleitbodenbreite günstig. Doch wird sie, besonders für leichtere, schnelle Boote sehr groß; so passiert, daß beim hohen Herausheben nicht mehr tragende Bodenseiten hemmend mitschleifen, weil dem Boot ein schmaleres B genügt. Deshalb die Idee der Längsstufen oder leicht konvexer Böden für die ganz schnellen. So suchen sie sich die jeweils nötige Breite selber aus. Aber in den nun folgenden Rechnungen ist unter B stets die Breite von Kimmweger zu Kimmweger zu verstehen.

Bei der B-Festlegung muß man ebenfalls an die Stabilität, an die Eigenschaften und an die Einrichtung denken. Über die üblichen Verhältnisse $L_{CWL} : B_{CWL}$ (in Ruhe) gibt die Tabelle 3 Anhaltspunkte und verbunden mit den Leistungsbelastungen auch die Zeichnungen 59 a und 59 b.

Bei bekanntem Gewicht, bekannter Geschwindigkeit und den Winkel β vorderhand mit 10° angenommen, bleiben als fraglich die wichtigen Werte der Gleitbreite B und des Anstellwinkels α übrig. Darum habe ich als Auszug meiner eigenen, am besten gelungenen Gleitboote eine einfache Formel aufgestellt:

$$B \times \alpha = c \; \frac{\text{kg/m}^2 \text{ der Gleitflächenprojektion}}{\text{V in km/Stunde}}$$

Streng theoretisch ist sie unrichtig, doch mit Benutzung der dazu gezeichneten c-Kurve in Zeichnung 49 links stellt sie einen Behelf dar, welcher bei halbwegs normalen Bootsmaßen und für positive α-Winkel zwischen 1,5 und 6° recht gut funktioniert.

Gewicht: stets alles, was mitfährt + Unterdruck-Zugabe!

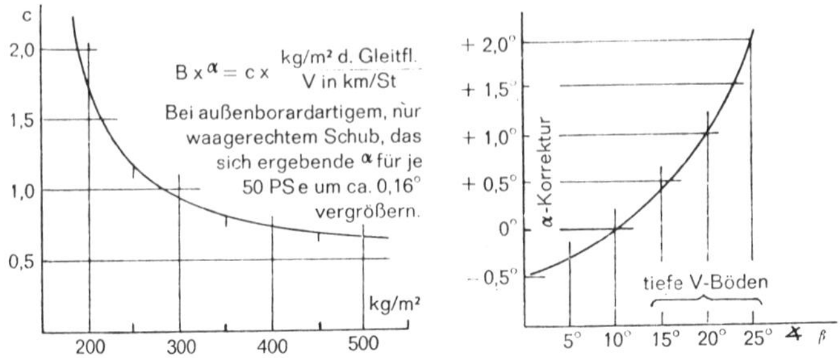

Zeichnung 49

Die Kurve rechts (Zeichnung 49) gibt die vorzunehmenden α-Korrekturen für die von 10° abweichenden β an. Die α sowieso in Graden und Zehntel, nicht etwa Grade und Minuten.

Beispiel:

mit welchem ich gleichzeitig in das Geschwindigkeits-Kapitel vorgreife. Kajütboot, Holzbau (betr. Gewicht); Knickspant-Gleiter; 7,70 × 2,45 m; Wasserlinie 6,60 × 2,10 m; B = 2,10 m; Fahrtgewicht 2200 kg; 2 Stück 70 PS SAE-Außenbordmotoren = ca. 2 × 57 = 114 PS DIN. Aus dem Diagramm der Zeichnung 59 b ergibt sich für 6,60 + 2,10 = 8,70 waagerecht und 2200 : 114 = 19,3 kg/PS eine Geschwindigkeit von ca. 46,5 km. Geben wir uns mit 45,0 km zufrieden. Boot maßstäblich skizzieren, Gewicht und Schwerpunktslage rechnen, den Linienriß vorentwerfen und auf richtige Ruhelage hintrimmen. Jetzt nach Auge die voraussichtliche Fahrtlage gezogen, in diesem Falle

Korrektur 1972, Zeichn. 49: Die c-Kurve verläuft nach links zu steil. Bei 200 kg genügen 1,4—1,5. Rechts: Als V-Boden-Zugaben genügen ²/₃ der gezeigten Werte.

(Vorderkajütboot) wird L_{dyn} wohl um 0,7 oder mehr der L_{CWL} werden, jedenfalls ein gutes Stück weit über den Gewichts-⊙ reichend. Im Linienriß-Grundriß die Projektion der gleitbenetzten Fläche zeichnen, ihren Inhalt messen. Er sei 5,5 m². Flächenbelastung 2200 : 5,5 = 400 kg/m². Unterdruck (Kajütboot ist kein leichter Sportgleiter) wohl 7 %, womit die kg rund 430 m² werden. Dafür findet man auf der Zeichnung 49 links ein c = 0,7.

Nun $B \times \alpha = 0{,}7 \frac{430}{45} = 6{,}7$; B ist 2,10 und daher $\alpha = \frac{6{,}7}{2{,}1}$ = 3,2° zur *Fahrt*wasserlinie. Nun mißt man das reichliche β-Mittelmaß auf der Gleitlänge. Angenommen es sei 13°. Siehe Zeichnung 49 rechts: man muß dem α 0,3° dazuschlagen und wird damit 3,5°. (Wäre β nur 8°, dann α um ca. 0,15 verkleinern.) Da das Achterschiff vom Außenborder-Schubmoment belastet wird, α durch Spiegel — tiefer — Tauchung auf etwa 4° bringen. Oder — je nach Fall die Bodenbreite — vergrößern. A_{stat} überschlagen und seinen ⊙ aufsuchen, U schätzen, A_P hier = 0, und Stelle des A_{dyn} annehmen. $A_{dyn} = G + U - A_{stat}$. Sehen, ob die $A_{stat} + A_{dyn}$-Resultierende dort hinfällt, wo nach einer Rechnung wie aus Zeichnung 48 die Fahrtlast liegt. Alles bisher Gesagte beachtend, wird man nun auch merken, ob man die Fahrt-Wasserlinie so ca. richtig gezogen hat oder ob sie — oder das Boot — und damit evtl. auch α — einer Änderung bedarf. Ist alles durchkorrigiert, Linienriß fertigmachen.

Es stellt sich also heraus, daß *die beste Schwerpunktslage* jene ist, welche es gestattet, dem Bootsboden, dem Ruhe-Unterwasserkörper, auf Grund der gegebenen Hinweise die gewünschten Formen zu geben, man könnte auch sagen: diese zur Folge hat. Das klappt bei den Renngleitern, welche ausschließlich auf Geschwindigkeit eingeteilt und entworfen werden, es klappt auch noch recht gut bei den offenen Sport-Booten für höhere Fahrt und wenig Personen, weil ungefähr so, wie vordem gedacht, klappt aber vielfach schlecht mit den vorne zu sehr belasteten und zu kurzen Runabouts und am öftersten schlecht mit den Kajütgleitern, weil die damit verbundenen Wünsche, den Schwerpunkt weit nach vorne holen. In dieser Hinsicht wieder einen Blick auf die Zeichnung 42 werfen, welche mit der Kurve 5 und dem dazugehörigen ⊙ die volle Gleitboots-Bedingung zeigt. Mit einer Verteilung wie eine auf 4½ gedachten Kurve ginge es tourenmäßig schon. Besonders schädlich sind die heutigen Wünsche ohne längeren, leeren Unterwasser-Vorschiff, technisch also zu kurz und obendrein bis zum Vorsteven vollgestopft. Gründe: ausschließlich markttechnische. Die gute Lage des Schwerpunktes zur Gesamtlänge ließe sich auch so erreichen oder sehr verbessern, daß man die Einteilung vom Spiegel bis Vorderende-Einrichtung so läßt, wie gedacht, *dann* aber mit einem schon unter der CWL leeren Vorschiffsstück das Boot verlängert. Günstig für die Gleitfahrt sind daher — bis zu einer pannensicheren PS-Zahl — die Heckanlagen und bei größerem Leistungsbedarf die Anlagen nach Zeichnung 29, oben.

Für langsame Verdrängerfahrt sind die schlechteren Gleiter mit zu weit vorne liegenden ⊙ besser und die für Vollfahrt richtig eingeteilten Gleitboote schlechter, besonders jene für hohe Endgeschwindigkeiten. (Stets nach $\frac{V}{\sqrt{L}}$ denken.)

Wir stecken also wieder in Kompromisse, und ich kann nur mit Hilfe der Zeichnung 50 und dem nach dem Abschnitt der tiefen V-Boote folgenden Text (Zeichnung 51) Hinweise geben, welche von Fall zu Fall durchüberlegt sein wollen. Es ist jedermanns Wunsch, daß sein Gleitboot, kritisch die Kajütyacht, sowohl in Ruhe als auch in Fahrt gut liegt und dabei ein gutes Bild abgibt. Oft wird gemeint, daß man zum „vorne runterdrücken“ den Schwerpunkt und damit auch jenen der Verdrängung ziemlich weit vorne vorsehen muß. Aber, daß bei den Steigern sogar eine große vordere Zusatzbelastung (Mehrgewicht!) kaum was nützt, sagte ich schon im 1. Abschnitt, Abt. 3, F = 5 bis 7. Nutzen tut nur, achtern mehr Tragkraft zu geben, auch dynamische, also mehr Bodenabfall. Dazu müßten die Gewichte von Anfang an so liegen, daß sie einen achterlichen ⊙ ergeben. Ein abfallender Achterboden vermindert außerdem den Sog. Kann man bei der Konstruktion wegen der Einteilung den ⊙ absolut nicht ganz so weit nach achtern holen, als man möchte, ziehe man den Achterboden trotzdem *etwas* tiefer, obwohl sich dadurch eine leichte Ruhe-Vorderlastigkeit ergibt. Der Sinn ist der gleiche wie bei der Anbringung von Staukeilen, welch letztere aber auch etwas bremsen. Die im Handel erhältlichen, einstellbaren Trimmklappen sind, wie man (bis jetzt) an ihren Abmessungen in Fahrtrichtung sieht, für große Boote gedacht, wohl solche, welche im kritischen Gebiet $\frac{V}{\sqrt{L}} = 5$ bis 7 fahren, oder um dieses Gebiet mit besserer Lage zu durchfahren. Ein Vollgleiter dürfte sie nicht benötigen, falls richtig konstruiert.

Zeichnung 50 faßt das Bisherige zusammen. Ihre Anhaltspunkte kann man sowohl maßstablos benutzen als auch an Hand der Tabellen und der eingezeichneten 1 m-Länge als Zahlenbeispiele für diese 4 Boote. Zwecks gutem Vergleich haben sie alle dieselbe L_{CWL}, dieselbe Verdrängung = dasselbe Gewicht, gleiche Spiegel-Aufkimmung, und in der Draufsicht hätten sie gleichen Kimmweger-Verlauf, also dasselbe B. In der Praxis wären sie wohl unterschiedlicher. Hier wandert vom Fall a zum Fall d der Gewichts-Verdrängungs-⊙ nach achtern, was zusammen mit der Geschwindigkeit V grundlegend für die Formgebung ist. Die vom Gleitflächen-Achterende angegebenen G-Lagenverhältniswerte *besonders beachten.* Die Höhenlage des G hat keinen Einfluß. Die Spanten sind einfach alle gerade gezeichnet, was für die Achterschiffe sowieso vielfach der Fall ist. Alle Beschriftungen lesen. Es ist klar, daß auch in der Fahrt-Gleichgewichtslage sich die Summen aller gegeneinander wirkenden Vertikalkräfte, ferner jene der Horizontalkräfte und ebenso alle auf einem beliebigen Punkt bezogenen Drehmomente aufheben müssen.

Als Drehmoments-Bezugspunkt habe ich den angekreuzten Schnitt der Fahrtwasserlinie mit dem Gleitbodenende gewählt. Die Rechnungen gehen in der Art vor sich wie bei den Zeichnungen 47, 48, mit $B \times \alpha$ auch 49, und jetzt werden die Kräfte A_{stat} und A_{dyn} mit hineinbezogen. Die Geschwindigkeiten für die ersten beiden sind aus der Zeichnung 59 b entnommen, für die beiden zweiten mit Einschlag nach Zeichnung 59 a.

Vorsicht! nicht etwa erst nach 48 und dann *als Fortsetzung* nach 50 arbeiten, denn damit würde man einige Faktoren zweimal mit eingesetzt haben.

Hinweise: die T_{diff} ist, wenn groß, für Gleitboote schädlich. Wo ich den Propeller mit 12° Schräge angenommen habe (0,3 m vor Bodenende und 0,2 m darunter), zeigt ein Punkt mit Pfeilen. Der Schub S ist mittels des Propeller-Diagrammes zu berechnen. Bei Zweischraubern einzelne Propellerkräfte × 2 einsetzen. Gezeigt ist, wo ich mir die Unterdruckresultierende denke, ferner wo zur Fahrtlage das A_{stat} sitzt und wo das mittels Rechnung überprüfte A_{dyn} angreift, wobei man auch einen Blick auf die Projektion der benetzten Oberfläche werfen muß. Siehe L_{dyn} Vorderende, dann den Schnitt der Kimmkante mit der CWL. Sitzt dieser zu weit vorne (Fall a schon bedenklich), schiebt das Boot.

Wie man die Spantflächenkurven in Fahrt und damit Größe und Lage des A_{stat} erhält, siehe gegen Ende des Kapitels 17. Dort auch die Schlußabsätze beachten, welche besagen, daß, wenn das Achterschiff *auf* der Welle sitzt, das praktische A_{stat} wohl größer als das theoretische sein wird. (Siehe auch gestrichelte Welle in Zeichnung 47.)

Die Breiten der in den Fahrtwasserlinien-Höhen durch den Spantenriß gezogenen Schnitte ergeben die Projektion der benetzten Gleitfläche.

Die Anstellwinkel α werden von den in den Achterschiffen eingestrichelten Mittelschnitts-Richtungen und der Richtung der *Fahrt*wasserlinie gebildet.

Der Vorgang der Momentbildung zwischen dem Horizontalschub und der Widerstandsresultierenden R_W ist derselbe wie nach Zeichnung 48 mit dem Abstand d. Jetzt in der Tabelle mit S_H/Abst. R_W bezeichnet. Bezieht man beide (ja gleich große) Kräfte mit ihren Richtungen auf den Drehmomentpunkt, ergibt sich genau dasselbe.

Die Verdrängungskurven und die Projektionen der halben benetzten Oberflächen habe ich über den jeweiligen Ruhe-CWL aufgebaut. Die achtern eingestrichelten Linien, „fällt" — „waagerecht" — „steigt", beziehen sich in Richtung nach vorne vorerst auf die Ruhelage als Anhaltspunkt (auch Zeichnung 47 oben) ebenso wie das „negativ" und „positiv" in den Querschnitten. In Fahrttrimmung ändert sich das Bild zugunsten positiv, die gestrichelte Linie steigt zu dieser mehr an und bildet den Anstellwinkel α. Die Dreiecke zeigen, wo die Resultierende

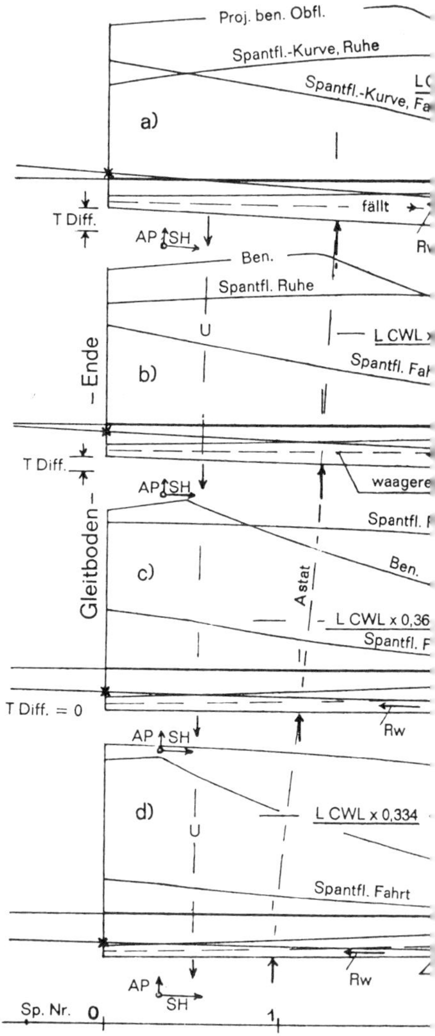
Proj. ben. Obfl.
Spantfl.-Kurve, Ruhe
a)
fällt
T Diff.
AP
SH
Ben.
Spantfl. Ruhe
U
b)
Gleitboden-Ende
T Diff.
AP
SH
c)
Ben.
Astat
L CWL x 0,36
T Diff. = 0
Rw
AP
SH
d)
U
L CWL x 0,334
Spantfl. Fahrt
Rw
AP
SH
Sp. Nr.
0
1

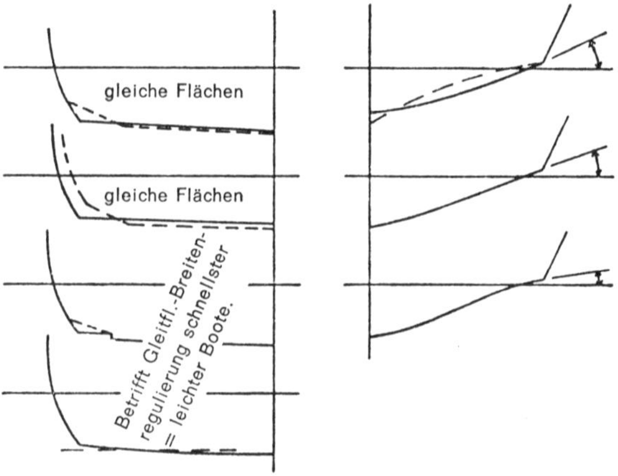

Zeichnung 51

tiefgänge zu vergrößern, ist es dagegen im Vorschiff jenes, den Tiefgang zu verringern und damit eben das T_{diff}.

Das Boot muß aber dabei auch vorne den nötigen Ruhe-Auftrieb bewahren! Wenn ich a fast oder ganz ausscheide, so betrifft dies in erster Linie Fälle wie oder um b. Das wirksamste Mittel dazu ist, die Vorschiffsbodenspanten nach außen zu wölben und vorne auch den Kimmverlauf breit zu halten. Damit darf man aber nicht übertreiben, sonst nähert sich der Schnittpunkt Kimm—Wasserlinie zu sehr dem Steven. Beim Gleitboot-Vorschiff hat es sich gezeigt, daß, besonders bei hohen und höchsten Geschwindigkeiten, runde Böden weicher einsetzen als die früher durchweg angewendeten spitzen. (Zeichnung 51, rechts oben.) Das unten runde Vorschiff beginnt die Bewegung bereits bei der ersten Berührung aufzufangen, während die Spitze ohne Tragkraft einsetzt und das schon tiefer gedumpte Boot erst und plötzlich dann auffängt, wenn der äußere, waagerechtere Teil zum Einsatz kommt. Man versuche jedoch den Boden an der Kimm nicht zu steil zu beenden. Es klettert sonst leicht Wasser hoch. Eine Idealform zeigt Zeichnung 51, unten rechts.

Daß bei den schnellen Gleitern, anders als bei den Verdrängern, das runde Vorschiff die Schläge weicher auffängt, schreibe ich noch der Tatsache zu, daß hierbei die Projektion der benetzten Gleitfläche vorne breiter wird, damit den A_{dyn}-Angriff weiter nach vorne holt und dieser dann an einem längeren Hebelarm wirkt.

Die den Gleitbooten eigene größere oder kleinere Härte in Fahrt ist in erster Linie eine Folge der Geschwindigkeit — und zwar im Verhältnis zum Quadrat, wie an anderen Stellen bereits gesagt. Würde das Wasser bei hohem V nicht hart werden, könnte ja ein Boot nicht darauf gleiten. Der Weg, die Härte zu mildern, liegt für uns in erster Linie in der Formgebung des Vorschiffes, wie nach Zeichnung 51, rechts oben, wo das Wasser beim letzten Auffang leicht zur Seite weg kann. Sonst gleiche, aber verschieden schnelle Boote in Punkto Härte zu vergleichen, ist falsch.

Um den Schnittpunkt des Kimmstrakes mit der Ruhe-Wasserlinie weiter nach achtern zu verlegen, die Kimmlinien ganz einfach höher zu zeichnen, geht nicht, man schneidet dann automatisch auch Verdrängung weg und wird wieder vorderlastig. Also: längere Vorschiffe!

Grundsätzlich wird jeder Konstrukteur bald merken, daß es viel einfacher ist, einem im Verhältnis noch leichtem Gleitboote gute Linien zu geben als einem zu schweren. Ein Mittel, um zum Tippen neigende kleinere Schnellboote zu beruhigen, ist, den Boden genau in seiner Flucht über den Spiegel hinaus zu verlängern. Meistens genügen ca. 12 mm pro m Wasserlinienlänge. Das holt die Auftriebsresultierende, welche wohl gerade unter dem Gewichtsschwerpunkt lag, etwas nach achtern, und das Vorschiff bleibt mehr unten.

Ein Bodensog tut der Geschwindigkeit Abbruch, und wenn er zu groß ist, sagt man „das Boot klebt“. Seitliches Hochknicken des Bodens oder runde Gleitböden verringern diese Erscheinung.

Stufenboote, Kufengleit- und Dreipunktboote

Eigentlich müßte ich dazusetzen: *und Wasserski,* denn diese sind auch nichts anderes als Gleitboote mit einem extrem hohem $\frac{V}{\sqrt{L}}$. Der Fahrer muß sich nach hinten legen, um den ⊙ der Fahrt-Belastung, welchen der obenliegende Zug nach vorne verlegen möchte, an die richtige achtere Stelle zu bringen. Sicherlich gilt auch für die Skier alles vorher Ausgeführte.

Einstufenboote stellen in unserem Sinne eine starre Koppelung von zwei hintereinander fahrenden stufenlosen Gleitbooten dar, von welchen jedes genau denselben Gesetzen unterliegt, welche vorher behandelt worden sind. Ihr Vorteil beruht darauf, daß durch die doppelte Auflage die Anstellwinkel gut und gleichmäßig eingehalten werden. Man benötigt wieder die Gewichts- und Gewichts-⊙-Berechnung, um sich dann im Sinne der Zeichnung 52 die zwei Belastungs-Gruppen auszurechnen. Auch hier Unterdrücke und Schubkraft-Vertrimmungsmomente nicht vergessen, Jeder Bootsteil hat sein L_{dyn}, sein A_{stat}, sein A_{dyn} usw. Zu beachten ist beim Vorgang mit $B \times \alpha$ (Zeichnung 49), daß das rückwärtige Boot zum Wasser ein um den vorderen Mitstrom (ca. 3—5 %) geringeres V hat, was ein größeres α erfordert. Vielfach, besonders bei Außenbordmotoren, ist der achtere Bootsteil außerdem der belastetere und hat dann den größeren Ruhe-Tiefgang. Sonst alles wie vordem.

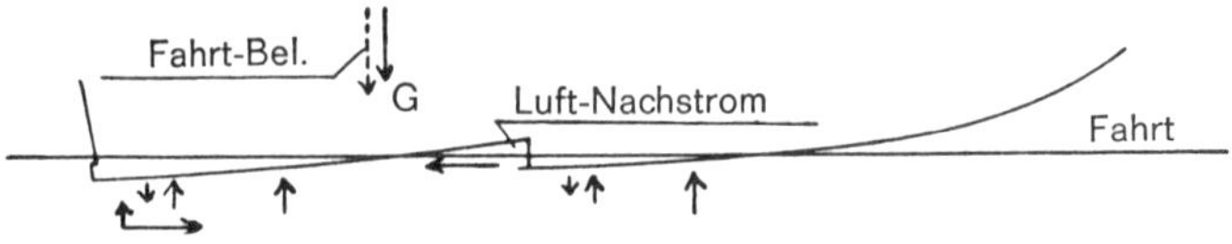

Zeichnung 52

Mit auf *Gleitkufen* fahrenden Rennbooten ist der Vorgang auch stets derselbe: Maßskizze, Gewicht- und Gewichts-⊙, gedachte Fahrt-Wasserlinie ziehen, nach den Hebelgesetzen die Verteilung des Gewichtes und den Einfluß des Schubes auf die einzelnen Gleitkörper berechnen und diese danach formen (nach x Korrekturen!). Auch für diese ein B $\times$ α anzugeben (die B der Kufen), bin ich nicht in der Lage, doch sicher ist, daß für diese Geschwindigkeiten von 150—300 km die α minimal klein werden (A_{dyn} wächst im Quadrat von V!), denn die Boote sollen ja auf dem Wasser bleiben. Die Kufen-Flächendrücke übersteigen weit die für die Normalgleiter genannten, dank ihres hohen $\frac{V}{\sqrt{L}}$ wobei jede Kufe als ein Gleitboot zu betrachten ist.

Das klassische *Dreipunktboot* ist das mit Einbaumotor, denn es ist vorne auf den beiden Kufen und achtern, als dritter Punkt, auf einer Tragwirkung des Propellers aufgebaut. Die Bootsgewichtsverteilung und die Propellertragkraft sind so ausbalanciert, daß sich der Propeller fast bis zur Nabe aus dem Wasser hebt und damit das ganze Achterschiff hinterherträgt. Die Schraube wirkt also ähnlich wie ein Mann, der einen zweirädrigen Handwagen schiebt. Die Vertikal(Radial)wirkungen des jeweils oberen und jeweils unteren Flügels wirken insofern nicht einmal mehr gegeneinander, weil ja der obere aus dem Wasser gehoben wurde, also ausschaltet, was die Tragwirkung fast verdoppelt.

Man beachte, daß die Gleitböden-Anstellwinkel — zwar wie stets zur Fahrtwasserlinie — zu messen sind, nur daß diese Linie nicht mehr zum Achterschiffsboden, sondern ungefähr zur Propellernabenoberseite hinläuft.

Ich habe aus der Gewichtsverteilung eines insgesamt 4,90 m langen und mit einem 180 PS leistenden Motor ausgerüsteten Dreipunktbootes rückwirkend ausgerechnet, daß die Aufwärtskraft des Propellers — für diesen Fall — ungefähr 60 kg betragen muß. Dies nur als grober Ideenanhaltspunkt.

Schwierigst ist die aerodynamische Frage aller dieser, praktisch über dem Wasser fahrenden Boote, und es empfiehlt sich, mit Modellen im Luftkanal Versuche durchzuführen. Der Luftwiderstand muß gering sein, der Luftdruck darf nicht nach unten drücken (oder nur wenig), weil sonst wie Gewichtsvergrößerung wirkend. Er darf aber auch nicht abheben und darf nicht — die größte Gefahr! — das springende Boot in der Luft zum Kentern bringen. Es gibt aber auch oft Seitenwinde, und alles zusammen wird wohl zu einer Kompromißlösung führen müssen.

Hier die Skizze eines Dreipunktbootes in Fahrtlage:

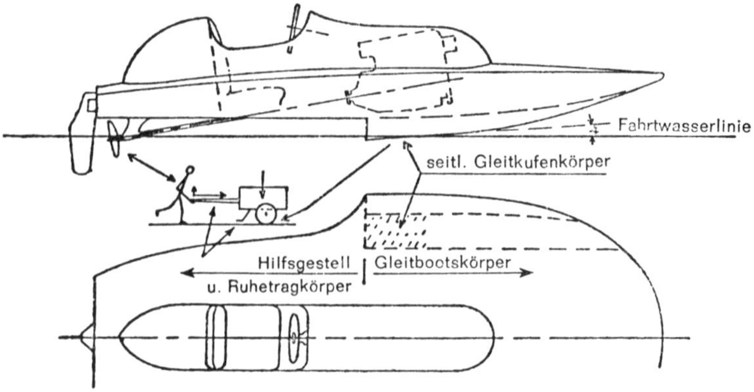

Zeichnung 53

Welche Vorteile haben es dem Dreipunktboot gestattet, die bisherigen besten Stufenbootsergebnisse (ich schätze um 10 %) zu überbieten?

Der Gleitbootskörper hört praktisch auf Achterkante der beiden Gleitkufen auf. Fast gerade über diesen sitzt das Motorengewicht, meistens auch die Brennstoffbehälter — und der Fahrer sogar noch hinter diesen! Die Gewichte sind also denkbar weitestens — dem eigentlichen Bootskörper gegenüber (von vorn bis zu den Gleitkörperabreißkanten) — nach achtern gebracht worden. Denn alles, was dahinter liegt, ist ja nur in der Luft schwebendes (und oft gefährlich leicht gebautes) nachgetragenes Gestell — so wie die Schubstangen des bereits erwähnten Handkarrens. Anstellwinkel gesichert.

Der zweite Vorteil ist, daß sich die Reibungs-Gleitoberfläche, durch den Fortfall der sonst noch achteren, weiter vermindert hat.

Vielfach werden Stufen-Rennaußenborder, die aber bis heute auch noch mit einer achterlichen, dritten Gleitfläche auf dem

Wasser ruhen, auch Dreipunktboote genannt, sowie sie vorn, statt einer quer durchgehenden Stufe, zwei seitliche Tragkörper haben. Technisch richtiger wäre es daher auch nach meiner Ansicht, wenn man statt dessen diese Art Autborder als „die Dreipunktboote“ getauft hätte, um dagegen die Innenborder nur „Zweipunktboote“ zu nennen. Aber nun ist es mal so. Manche Länder nennen, um Verwechslungen zu vermeiden, den angedeuteten Autbordtyp „Vierpunktboot“, da ja meistens der Achterboden durch den Motorausschnitt zweigeteilt ist.

Ob es gelingen wird, mittels Autborder das Achterschiff freischwebend nachzutragen? Aber nicht nur mittels angeschrägter Kavitationsplatte!

16. Widerstand, Geschwindigkeit, Propeller

Der *Widerstand* wurde bereits oft auch indirekt mit „besser“ — klein oder „ungünstig“ — groß erwähnt. Doch nochmals zur Zeichnung 54 und daran erinnert, daß in der Abteilung 1, linkere Seite, der Reibungswiderstand größer als der Form- und Wellenwiderstand ist, weshalb bereits dort saubere Glätte wichtig wird. Dieser Bereich der „langsamen“ betrifft für uns hauptsächlich die Segelboote. In den drauffolgenden Abteilungen nimmt der Form- und Wellenwiderstand schneller zu als jener der Reibung, welche nun an die zweite Stelle rückt. Also $\otimes$-Fläche nicht größer halten als erforderlich, guter Zu- und Ablauf, wie bereits behandelt. Wird aber der Verdränger, in den nach dem Buckel folgenden Abteilungen immer flotter, beginnt er, falls richtig konstruiert, sich herauszuheben. Das verringert den Formwiderstand, und je mehr und je höher ein Boot später gleitet, also rechts über die Zeichnung hinaus, wird wieder der Reibungswiderstand der im Verhältnis laufend größere. Zum Glück nimmt er nur ca. linear mit der Geschwindigkeit zu. Damit ist die *Glätte* zu einem äußerst wichtigen Faktor geworden, nach der Bodenformung der ausschlaggebendste.

Es genügt nun nicht nur glatt und glätter. Der Boden muß auch frei jeglicher Unebenheiten sein, welche sich, wo nicht genügend daran gedacht, durch die großen dynamischen Fahrtdrücke innerhalb der Spantfelder infolge der Materialelastizität bilden. Diese, wenn auch nur 0,1 oder wenigste Zehntel mm betragende Einbeulungen genügen, um die Fahrt zu verlangsamen. Das ist der Grund, weshalb manchmal ein gebrauchtes Gleitboot nie wieder die Neu-Geschwindigkeit erreicht, da es lokal weicher geworden ist. So gibt man z. B. den tragendsten Stellen der Rennboot-Gleitböden gerne doppelte Stärke, trotz des Mehrgewichtes, nur damit sie ja steif bleiben.

Deswegen muß auch die *Materialfrage* angeschnitten werden. Für Verdränger (abgesehen von Rennjollen und Rennyachten) läßt sich mit jedem Material, evtl. + Spachtel, die gewünschte Glätte erzielen. Aber die beste Gleiter-Glätte gibt wohl gut geschliffenes hartlacküberzogenes Holz (+ Grafit) und ferner Plastik. Letztere führt zum Nachteil des höheren Gewichtes der Kunststoffbauten. Stahlbau scheidet deswegen für Yachtbau-Gleiter aus, Leichtmetall wäre bestens, wenn man die kleinsten Unebenheiten der Hammerschläge und der Verbindungen haltbar verschwinden lassen und bei sehr schnellen die elastischen Einbeulungen vermeiden könnte. In dieser Hinsicht sind Längsspanten dienlich. Spachtel geht ins Gewicht und dürfte nie abblättern (Motorenvibration, Schläge). Doch für schnellere Tourengleiter ist Leichtmetall sehr gut verwendbar. Unter dem Schaden der elastischen Druck-Einbeulungen leiden wohl richtig gebaute Holzboote am allerwenigsten.

Zwecks Vermeidung von Rückfällen in vergangene Zeiten zwei Worte über die *Tropfenform*. Diese, mit dem dicken Ende nach vorne, eignet sich nur, wenn sich der betreffende Körper total im Mittel, für uns im Wasser und nicht an der Oberfläche (Bootskörper), bewegt. Je tiefer, um so ausgeprägter. Siehe Wasserlinienschnitte einer Kielyacht, von oben bis Flossen-Unterteil. Die Dicke muß jedoch mit zunehmender Geschwindigkeit abnehmen. Darüber siehe betr. Steuerruder, Wellenböcke usw. Kapitel 12, Ende Punkt 2.

Zwei kleine Spitzen-Tricks für die Gleiter: Ruderschaft senkrecht zur *Fahrt*lage montieren. Quer-Abreißkanten, wie am Spiegel oder an einer Stufe, in der Draufsicht nach achtern zu etwas rund halten (wie z. B. alle runden Spiegel), so daß die infolge der Aufkimmung auch leicht zur Seite ablaufenden Stromfäden noch senkrechter abreißen können. Je größer β (tiefe V), um so merklicher.

Daß das Wasser am Boden längs läuft, ist sachlich falsch. Das Wasser steht, das Boot läuft. Das ändert jedoch nichts an den Erscheinungen, weshalb auch wir bei der sprechenderen Vorstellung der laufenden Stromfäden bleiben wollen.

Für alle Bootsgruppen gilt beste Ausführung und Glätte der *Anhänge*. Siehe Kapitel 12, Ende Punkt 2. Je schneller, um so wichtiger. Gut gebaute Anhänge sind mit ca. 10 %, schlecht gebaute bis zu 30 % am Gesamtwiderstand beteiligt.

Der Anteil des nur kompliziert und fraglich richtig zu errechnenden Luftwiderstandes durch den eigenen Fahrtwind kann für flotte Verdränger ohne Aufbauten mit 2 % und wenn mit Aufbauten bis 4 % betragen. Kommt Wind auf, so können viele hohe Aufbauten, oft auch auf hohen Rümpfen, die Fahrt sehr behindern und außerdem eine nennenswerte Abdrift zur Folge haben. Boote sind luftwiderstandsempfindlicher als Wagen, das „ab 80" fängt *viel* früher an, weil die Antriebe jeglicher Art in einem nachgebenden Mittel arbeiten. Der Luftwiderstand nimmt ca. mit dem Quadrat der Geschwindigkeit zu und somit auch sein prozentualer Einfluß auf die Gleiter und Renngleiter mit den nur ca. linear anwachsenden Reibungswiderständen. Renner laufen bekanntlich Gefahr, in die Luft gehoben zu werden, weshalb man von den ganz schnellen die Modelle im Luftkanal prüft. Es gilt auch hier, daß geringe Angriffsflächen, schnittige Formen mit *runden* Kanten, geringere Widerstände erzeugen.

Die Regel, daß bei den Verdrängern der Wasserwiderstand im Quadrat der Geschwindigkeit wächst und damit der PS-Bedarf zur Dritten (Widerstand-Schub und dieser × Geschwindigkeit), ist nicht recht richtig und nur in engen Unterschiedsbereichen zu verwenden. Der Widerstand ist außerdem im Zunahmeverlauf unstetig. Es ist besser, für Vergleiche die nachher folgen-

den Diagramme zu benutzen. Aus $\frac{kg}{PSe}$ und nach Diagramm 61 mit η und Schub S, welcher ja dem Widerstand gleich sein muß, können wir alles errechnen, was wir wollen.

Für das *Gewicht,* welches für den Widerstand aller Boote eine große Rolle spielt, ist *stets* das *Fahrtgewicht,* also mit Personen, $^1/_2$ Brennstoff und Wasser usw., gemeint. Ihm entspricht die Verdrängung als Grundlage der im Kapitel 7, Tabelle 3, zu findenden Völligkeitskoeffizienten. Die Geschwindigkeit hängt eben auch sehr von den Maßen ab, innerhalb welcher die Verdrängung unterzubringen ist. „Wie", erklärten die Kapitel 7 und 15.

Die Geschwindigkeit.

Es folgt nun, nach den Zeichnungen 55, welche Mittelwerts-Auszüge der Fahrtgewichte meiner und anderer Arbeiten darstellen, eine Reihe erstmalig veröffentlichter, der Geschwindigkeitserrechnung dienender Diagramme. 56 beruht auf der umgearbeiteten Admiralitätsformel, während bei 59 Froude mitgeredet hat, doch die Ergebnisse aller sind von mir auf unseren Yachtbau hingetrimmt. Das Propeller-Diagramm 61 ist an die Arbeiten von Taylor angelehnt. Diagramm 57 (von mir) ist auf 56, und 58 (von mir) auf 61 abgestimmt. Den Propellerwirkungsgrad η (äta) wollte ich, seines großen Einflusses wegen, gleich ab Beginn berücksichtigen. Eine Geschwindigkeits-Rechnung ohne Berücksichtigung des Propellerwirkungsgrades ist illusorisch. Bei dieser ganzen Riesenarbeit zwecks Ausschaltung von im Umlauf befindlichen Unrichtigkeiten, Unsicherheiten und Überverkomplizierungen half mir die Tatsache, daß die Völligkeitskoeffizienten der Sportboot-Größtzahl in ziemlich engen Grenzen liegen, ebenso je nach Länge die $\frac{L}{B}$ und $\frac{B}{T}$. Die ϑ (Tabelle 3) der Segelboote differieren von jenen der Motoryachten, welchen Umstand ich aber in den Diagrammen für die kleinsten $\frac{V}{\sqrt{L_{CWL}}}$ -Gebiete (z. B. Kielyachten unter Hilfsmotor) stillschweigend berücksichtigt habe.

Wir arbeiten viel mit der *Leistungsbelastung* $\frac{kg}{PSe}$, diese für Verdränger und Gleitboote benutzend. Für letztere begegnet

Durchschnittliche Fahrtgewichte

Material: Holz oder Leichtmetall. Stahl-Motorkreuzer siehe %-Zuschlag.

Plastikbauten (1967) = × 1,15 bis × 1,30

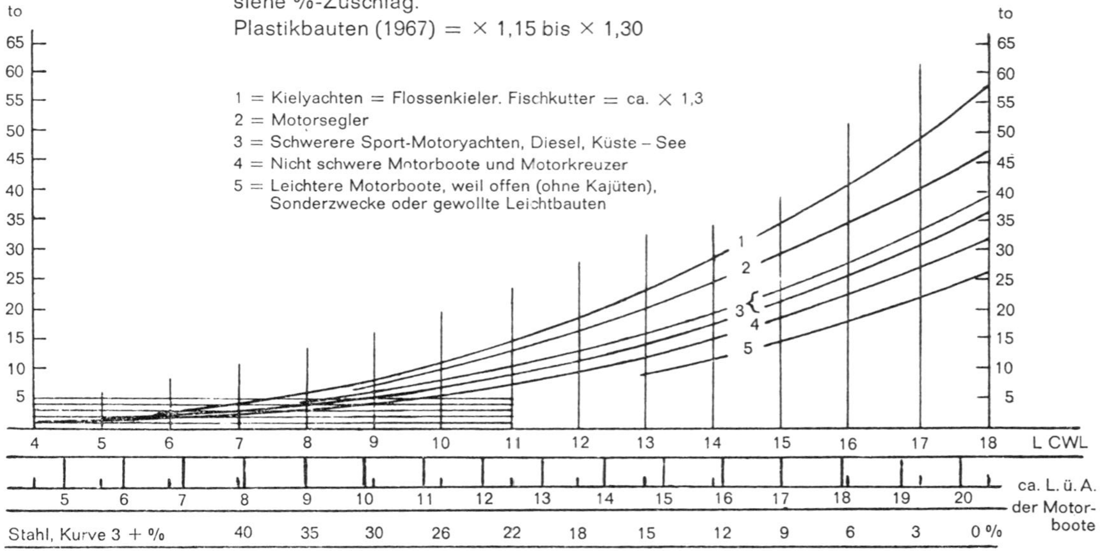

Zeichnung 55 a

man im Schrifttum als Grundcharakteristik die sogenannte *Gleitzahl*

$$\varepsilon = \frac{\text{Widerstand}}{\text{alle Auftriebe}} = \frac{\text{Widerstand}}{\text{Gewicht}}$$

Drehen wir den Bruch um und denken daran, daß Widerstand und PSe in einem direktproportionalen Verhältnis stehen, so zeigt sich, daß die Gleitzahl unserem geläufigeren Begriff $\frac{\text{kg}}{\text{PSe}}$ ganz ähnlich ist. Wir bleiben also bei letzterem und machen nachher, an Hand der Propellerberechnung aus den PS — die Schubleistung. Und Schub = Widerstand.

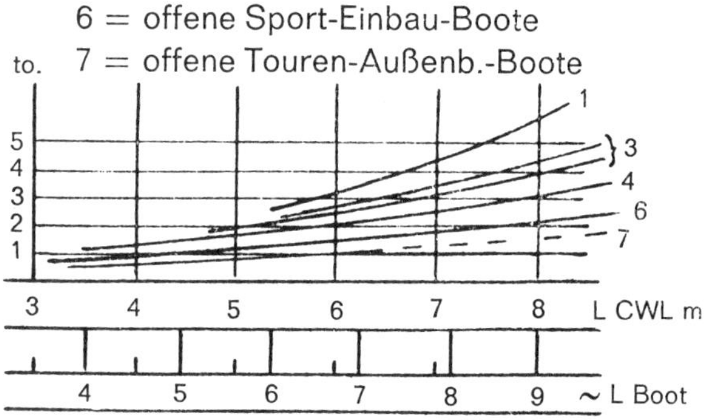

Zeichnung 55 b

Die *Antriebsleistung*, die PS, muß man nun genau nehmen. Für alle folgenden Rechnungen benötigen wir jene an der Propellernabe. Die PS-SAE, irrtümlich oft einfach HP genannt, sind jene, welche der nackte und bediente Motor leistet. Uns interessieren die PS-DIN, welche er bei Außenbordern am Propeller und bei Einbaumotoren am Wellen-Anschlußflansch abgibt, wenn er seine ganze Apparatur mitbewegt. HP gehört lediglich zu einer anderen Sprache, und der zu vernachlässigende Unterschied PS = 75 kg/m und HP = 76 kg/m ist nur eine Folge der Zoll-Pfund-Rechnung. Die DIN sind bei kleinen Einheiten um rund 20 %, bei mittleren, etwa 100-PS-Motoren, um ca. 15 bis 16 % und bei sehr großen Einheiten um ca. 10 % weniger als die SAE. Außenborder 15—20 %. Geben die Prospekte keinen Hinweis, so handelt es sich meistens um die SAE, von welchen man sich dann leider selber die Abzüge machen muß. Bei Einbaumotoren mit Untersetzung sowie für jedes Zahnräderpaar 4 bis 5 % und für die Wellenleitungsverluste 3—4 % noch abziehen, und nun haben wir, was wir brauchen: *die Propeller-Naben-PS*. Das sind jene, welche auf meinen Diagrammen mit PSe (effektiv) bezeichnet sind. Eigentlich entspricht „PSe" den DIN, doch wollte ich unsere PS-Sammlung nicht mit dem Zusatzausdruck Psn (Nabe) bereichern (den es strenggenommen gibt).

Fa-Kurven zur Berechnung von Verdränger-Geschwindigkeiten

$$V \text{ (in km/St.)} = Fa \times \sqrt[3]{\frac{\eta \times PSe \times \sqrt{L\ CWL}}{D \text{ (in to)}}}$$

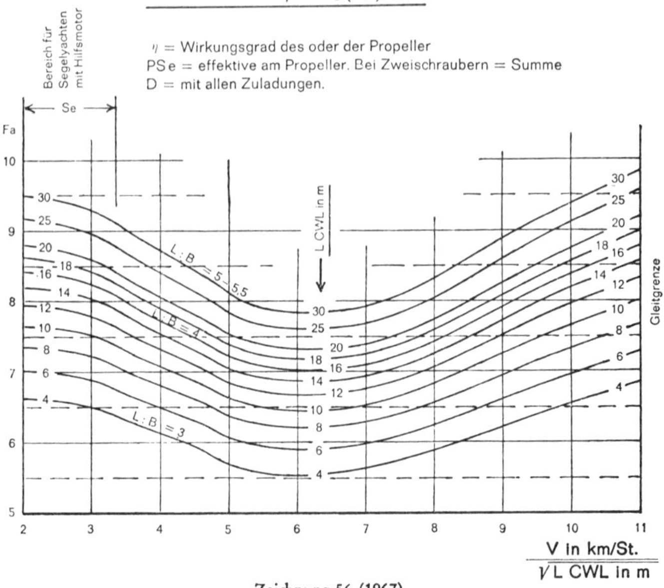

Zeichnung 56 (1967)

Die Benutzung der Diagramme bis 59 erkläre ich an Hand der in Tabelle 6 zusammengefaßten Beispiele. Bis Zeile 7 soll das sein, was wir vor Beginn der Konstruktion wissen. Die Wasserlinienmaße muß man sich mittels einfacher Handskizzen so ge-

Vermerk 1972 zu den Zeichnungen 56 und 57: Ab Mitte und nach rechts zu können die Geschwindigkeiten etwas größer bzw. die PS etwas geringer angenommen werden.

nau, wie es geht, ermitteln. (Eine Seitenansicht, einen Querschnitt, wo man sich die CWL am dicksten denkt.) Boot II würde man wohl als Zweischrauber bauen — doch ich benötigte so ein Beispiel. Bis III sind es Verdränger, ab IIIa Gleiter.

Zuerst die *Gewichts*-Diagramme 55 a und b. Beachte: es handelt sich um Mittelwerte. Die Fischkutter-Angabe × 1,3 beruht noch auf der alten — fast bisherigen — Bauweise. Die genaue Berechnung jedes Einzelfalles nach Kapitel 8 und 9 ist eine spätere Aufgabe des Konstrukteurs. Jedoch schätzen wir jetzt schon — siehe die Fälle III und V —, ob unser Vorhaben ein eher schwereres oder leichteres Boot ergeben wird. Daß es sich bei Motorbooten über 9—10 m heute fast durchweg um Zweischrauber handelt, ist in den Kurvenverläufen berücksichtigt. Das ausschlaggebendste Maß für die Diagrammbenutzung ist die Wasserlinienlänge.

Es ergeben sich die in den Zeilen 8 und 9 angegebenen Gewichte. Nun zu den *Geschwindigkeiten* und zuerst jene der *Verdränger*. Der genaue Vorgang wäre (erst η nach Zeichnung 58) der nach Diagramm 56 mit der Formel. Zuerst den ganzen Diagramm-Text lesen. Diagramme 56 und 57 zeigen, daß „Länge läuft“, was nicht etwa bloß eine Folge eines größeren $\frac{L}{B}$ ist. Je länger das Schiff, um so mehr wird so nach und nach die Berührungsschicht mit beschleunigt, so daß sich im Achterschiff die Reibung vermindert. Mit der allgemeinen Theorie stimmt im Diagramm 56 das Mittelgebiet für $\frac{V}{\sqrt{L_{CWL}}}$ von 4,5 bis 7,5, also das ungünstige Gebiet, welches kleine Fa-Faktoren ergibt, (Absichtlich Fa und nicht — wie allgemein — C genannt, weil die sogenannte Konstante eben keine ist.) Links habe ich diese Kurven tiefer, also ungünstiger gezogen als theoretisch, damit sich dort bei bestimmter PS-Zahl kleinere Geschwindigkeiten beziehungsweise — und was das Wichtige ist — umgekehrt rechnend sich für ein gewünschtes sehr kleines V ein größerer PS-Bedarf ergibt. (Siehe Bereich „Se“ = Segelboote mit Hilfsmotoren.) Dies, weil ein Boot kein Versuchsmodell in einer windgeschützten Wanne ist und daher Reserve benötigt. Auf der rechten Seite, ab ca. $\frac{V}{\sqrt{L}} = 7{,}6$, laufen die Kurven dagegen höher, also günstiger, als

Tabelle 6 Geschwindigkeits-Berechnungen

Zeile	Betrifft	Verdränger				Gleiter				
1		I	II	IIa	III	IIIa	IV	V	Va	Vb
2	Bootstyp	Kielyacht Holz Hilfsmotor	Motoryacht Holz Rundspant, Küste	Wie vordem, jedoch mit Stahlrumpf	Außenbord-Familienboot, Plastik Rundspant	Wie vordem, jedoch als Knickspanter	Offenes Sportboot Holzbau Knickspanter	Motorkreuzer Holzbau Knickspanter Rhein — Küste	Wie vordem, jedoch als tiefes V-Boot	Wie vordem, jedoch mit Z-Anlagen
3	Maße in der CWL	7,00 × 2,30	10,50 × 2,90		4,70 × 1,80		5,70 × 1,95	9,30 × 2,70		
4	**ca.-Maße über alles**	9,70 × 2,60	12,00 × 3,50		5,20 × 2,00		6,50 × 2,20	10,50 × 3,20		
5	PS-SAE	1 × 12	1 × 250	2 × 180 = 360	1 × 27	1 × 75	1 × ?	2 × 200 = 400	2 × 230 = 460	2 × 150 = 300
6	Anlage Benzin = B Diesel = D PSe am Prop. Prop.-U/min	Einbau B oder besser D 10 1500	Einbau D 1 × 220 1500	Einbau D 2 × 155 = 310 1300	Außenb. B 1 × 22 2000	Außenb. B 1 × 62 2300	Einbau B 1 × ? 3500	Einbau Leicht-D 2 × 172 = 344 1800	Einbau Leicht-D 2 × 200 = 400 1800	Z-Heck B 2 × 125 = 250 2400
7	oder gewünschte km/h	—	—	—	—	—	70	—	—	—

Zeile	Betrifft	I	II	IIa	III	IIIa	IV	V	Va	Vb
8	Aus Diagr. 55 a und b Gewicht in to	Kurve 1 4,3	Kurve 3 8,0	Kurve 3 + 24 % für Stahl 9,9	Kurve 7 0,8, weil Plastik × 1,22 1,0	großer Motor 1,03	Kurve 6 1,4	Kurve 4 4,5	weil tiefes V 4,7	weil B und Z 4,3
9	in kg	4300	8000	9900	1000	1030	1400	4500	4700	4300
10	Bereich mit ca. Prop.-η	0,38	0,55	0,55	0,58	—	—	—	—	—
10a	Für Diagr. 59 $L_{CWL} + B_{CWL}$	—	—	—	—	6,50	7,65	12,00		
11	PSe-Hilfszahl für Diagr. 57	$\frac{10 \times 0{,}38}{0{,}63} = 6$	$\frac{220 \times 0{,}55}{0{,}63} = 192$	$\frac{310 \times 0{,}55}{0{,}63} = 270$	$\frac{22 \times 0{,}58}{0{,}63} = 20$	—	—	—	—	—
11a	$\frac{kg}{PSe}$ für Diagr. 59	—	—	—	—	$\frac{1030}{62} = 16{,}6$	$\frac{1400}{?} = 6{,}4$ PSe = 219	$\frac{4500}{344} = 13$	$\frac{4700}{400} = 11{,}7$	$\frac{4300}{250} = 17{,}2$
12	$\frac{kg}{Hilfszahl}$ für Diagr. 57	$\frac{4300}{6} = 710$	$\frac{8000}{192} = 41$	$\frac{9900}{270} = 37$	$\frac{1000}{20} = 50$	—	—	—	—	—
13	Voranschlag km/h = V Verdränger Diagr. 57	9,0	25,0	27,0	18,6	—	—	—	—	—
13a	und für Tourengleiter Diagr. 59 b	—	—	—	—	46,0	70,0	57,5	60—8 % = 55,0	50,5—8 % = 46,5

Zeile	Betrifft	I	II	IIa	III	IIIa	IV	V	Va	Vb
14	ca. Mitstrom in % von V Text Diagr. 58 a	20 %	15 %	13 %	12 %	6 %	4 %	7 %	10 %	10 %
15	V-M und $(V\text{-}M)^2$	7,2	21,3	23,5	16,4	43,2	67,0	53,5	49,5	41,8
		52	453	552	269	1870	4490	2860	2450	1750
16	$\frac{U\ (Prop.)}{(V\text{-}M)^2}$ für Diagr. 58 a und b	$\frac{1500}{52}$ = 29,0	$\frac{1500}{453}$ = 3,3	$\frac{1300}{552}$ = 2,36	$\frac{2000}{269}$ = 7,45	$\frac{2300}{1870}$ = 1,23	$\frac{3500}{4490}$ = 0,78	$\frac{1800}{2860}$ = 0,63	$\frac{1800}{2450}$ = 0,73	$\frac{2400}{1750}$ = 1,37
17	$\frac{PSe\ je\ Prop.}{V\text{-}M}$ für Diagr. 58	$\frac{10}{7,2}$ = 1,4	$\frac{220}{21,3}$ = 10,3	$\frac{155}{23,5}$ = 6,6	$\frac{22}{16,4}$ = 1,3	$\frac{62}{43,2}$ = 1,4	$\frac{219}{67,0}$ = 3,2	$\frac{172}{53,5}$ = 3,2	$\frac{200}{49,5}$ = 4,0	$\frac{125}{41,8}$ = 3,0
18	Berichtigte η aus Diagr. 58 a und b	0,40	0,51	0,565	0,53	0,705	0,71	0,73 = hoch für Diagr. 59 b	0,71	0,66 knapp im Diagr. 59 b
19	Berichtigte Zeilen 11 und 12	6,35	178	278	18,5	—	—	—		
		680	44	36	54					
20	Berichtigte km/h = V Diagr. 57 u. 59 b	9,4	24,0	27,0	18,0	46,0	70,0	58,5	55,0	46,3

Längsmaßstab – veränderte Fortsetzung der Zeichnung 58 a
zuzüglich der Wirkungsgrad-Kurven von 0,40 bis 0,46
Betrifft hauptsächlich Propeller für Motorsegler und für Kielyacht-Hilfsmotoren

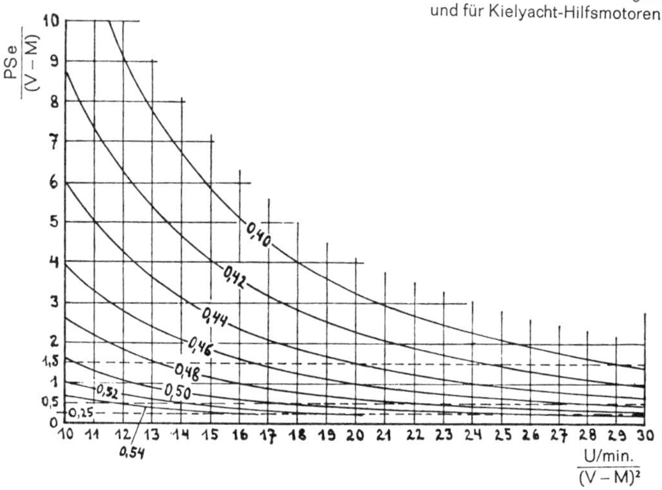

Zeichnung 58 b

sie es für einen *in der Form gleichbleibenden Verdränger täten,* denn wir bauen heute die Bootsformen jeweils zu den nun höheren Geschwindigkeiten passend, womit sich die Relativwiderstände vermindern. Ganz rechts werden es schon fast Gleitformen.

Für alle jene, welche Ähnliches in anderer Literatur lesen, kann der Anhaltspunkt dienen, daß meine vereinfachte Froudesche Zahl $\frac{\text{V in km/h}}{\sqrt{\text{L}_{\text{CWL}} \text{ in m}}}$ für $\frac{\text{Sm/h}}{\sqrt{\text{L}_{\text{CWL}} \text{ in m}}}$ mit 0,54; für $\frac{\text{Sm/h}}{\sqrt{\text{L}_{\text{CWL}} \text{ in Fuß}}}$ mit 0,30 und für $\frac{\text{m/sec}}{\sqrt{9{,}81 \times \text{L}_{\text{CWL}} \text{ in m}}}$ mit 0,088 zu multiplizieren wäre (9,81 = Erdbeschleunigung g), um sich auf dasselbe Geschwindigkeitsverhältnis zu beziehen.

Für den Voranschlag können wir uns jedoch des Diagrammes 57 bedienen. Es entspricht dem 56, wenn in die Formel ein Propellerwirkungsgrad η von 0,63 eingesetzt wird. Um nicht gleich zu Anfang grobe Fehler zu machen, müssen wir zuerst wenigstens den ungefähren Wirkungsgradbereich wissen:

Segelyachten mit Einbau-Hilfsmotor	0,35	bis	0,40
Arbeitsboote mit zu hoher Drehzahl	0,35	bis	0,40
Verdränger, Motorkreuzer	0,50	bis	0,60
Gleiter, Motorkreuzer	0,60	bis	0,70
Super-Sport- und Rennboote		bis	0,77

Der Grund, weshalb man bei langsamen Geschwindigkeiten keine größeren η erreicht, ist, daß man die Propeller nicht entsprechend langsam drehen lassen kann, weil dann die dazugehörigen großen ϕ nicht unterzubringen sind. Extrem negativ sind hochdrehende Außenbordmotoren mit kleinen Propellern an langsamen, schweren Booten. Bei höheren Geschwindigkeiten werden dagegen die Propeller trotz höherer Drehzahl mit gutem η kleiner.

Ein geringes η wirkt sich praktisch genauso aus, als ob die PS weniger wären. Wir müssen für den Wert der Ordinate in Diagramm 57 links oben, wenn η nicht um 0,63 liegt, statt der PSe eine Hilfszahl einsetzen, welche sich so errechnet:

$$\frac{\text{PSe} \times \text{ungefähres Prop.—}\eta}{0{,}63}$$

Ist η kleiner als 0,63, wird die Hilfszahl kleiner als die PSe, das $\frac{\text{kg}}{\text{Hilfszahl (statt der PSe)}}$ größer, und was dann die angepaßten kleineren Geschwindigkeiten ergibt. Ist das η größer, so verringert sich dagegen der Ordinatenwert, und die km nehmen zu. Man geht vom Ordinatenwert waagrecht bis zur jeweiligen L_{CWL}-Parameterkurve und dann runter zur km-Skala. Die Errechnung der Werte siehe Tabelle 6, Zeile 10 bis 13, Verdränger. *Für einen Voranschlag ist dieser Vorgang ausreichend.*

Wüßte man ab Anfang außer PSe und U auch die (nie zu überschätzenden!) km, so wie wir sie jetzt ziemlich genau wissen, so geht man mittels Diagramm 58 direkt mit dem quasi richtigen η

vor und sodann entweder mit der berichtigten Hilfszahl und Diagramm 57 oder — wer Wurzel ziehen kann — mittels Diagramm 56, was noch besser wäre. Führe letztere Rechnung nur für den Bootstyp II vor: $\frac{V}{\sqrt{L_{CWL}}} = \frac{ca.\ 25}{\sqrt{10{,}50}} = \frac{25}{3{,}24} = 7{,}7$ für die Grundlinie des Diagramms 56. Hochgehen bis zu einer Kurve, welchen den 10,5 m entspricht. Nach links rüber, und Fa wird 6,75. Für η nehme ich der Kürze wegen das nachher nachkontrollierte aus Zeile 18 = 0,51. Es wird

$$V = 6{,}75 \times \sqrt[3]{\frac{0{,}51 \times 220 \times \sqrt{10{,}5}}{8}} = 6{,}75 \times$$

$$\sqrt[3]{\frac{0{,}51 \times 220 \times 3{,}24}{8}} = 6{,}75 \times \sqrt[3]{45{,}5} = 6{,}75 \times 3{,}57 =$$

24,1 km/h. Vergleiche mit Zeile 20.

Wie Diagramm 58 zu benutzen ist, zeigt die Beschriftung. Unter η = 0,40 (Diagramm 58 b) bin ich nicht gegangen, weil es auch für die Segler nicht notwendig ist, so sehr wirkungsarme Anlagen einzubauen, und weil mir für noch kleinere Bereiche Unterlagen fehlten. Bis 0,38 kann man so ca. schätzen.

In Zeile 20 der Tabelle 6 sind die berichtigten V der Zeilen 13 eingetragen. Jene der Verdränger müßten genau oder fast jenen der nach Diagramm 56 errechneten entsprechen, wofür man für das $\frac{V}{\sqrt{L_{CWL}}}$ und die η-Bestimmung ja auch erst das V so ca. wissen muß. Fällt ein Boot nach Diagramm 57 in den als ungünstig gekennzeichneten Bereich (wäre im Diagramm 56 ca. von $\frac{V}{\sqrt{L_{CWL}}}$ = gegen 5 bis über 7), wähle man besser die PS so, daß man darunter bleibt oder darüber hingwegkommt.

Nun zu den *Gleitbooten* in Tabelle 6 ab III a. Bis Zeile 9 bleibt der Vorgang derselbe. Sodann benutzen wir die Diagramme 59 a und b, für welche wir — siehe Zeile 10 a — die Summe von $L_{CWL} + B_{CWL}$ und — siehe Zeile 11a — die $\frac{kg}{PSe}$ benötigen. Unsere Beispiele fallen alle in die Gruppe der Tourengleiter, weshalb die gefundenen Geschwindigkeiten — siehe Zeile 13 a — aus dem Diagramm 59 b entnommen sind. Für die tiefen V-Formen habe ich nur 8 % abgezogen. Um genauer zu sein, müssen wir nun die Prop.-η-Rechnung durchführen, wie in den Zeilen 14 bis 18 angegeben. Ergibt sich, verglichen mit der Diagramm-Begrenzung, daß η knapp (Boot Vb) wird V etwas unter der Parameter-Angabe liegen — und umgekehrt (Boot V). Das η-Maß wird uns auch sagen, ob es bei der gedachten Motorenanlage bleiben kann oder ob diese, z. B. wegen der Drehzahl, eine andere Wahl oder eine Änderung verlangt.

Für Boot IV wußten wir die 70 km, aber nicht die PSe. Geht man auf dem Diagramm von $L_{CWL} + B_{CWL} = 7{,}65$ bis zum 70-km-Parameter hoch und dann nach links, findet man das $\frac{kg}{PSe}$, und da wir die kg wissen, ergibt sich daraus das PSe = 219, wie in Zeile 11 a. Das wird ein ca. 250-PS-SAE-Motor sein müssen (mit ca. 3500 U am Propeller. Sonst η neu rechnen usw.).

Will man für einen Verdränger die für eine gewünschte km-Zahl notwendigen PSe (und sodann die SAE) finden, ist der Vorgang, sich das $\frac{kg}{PSe}$ zu suchen, genau derselbe, nur mittels der Diagramme 56, 57 und — das η nicht vergessen! — 58.

Zeile 20 nennt jene V, welche ich, alles berücksichtigend, nun als endgültig annehme.

Boote, welche gerade im Gleitgrenzenbereich liegen, rechnet man einmal als Verdränger, einmal als Tourengleiter und sucht sich einen Zwischenwert.

Mal als Tourengleiter und mal als Renngleiter, dann ebenfalls den Zwischenwert erfühlend, rechnet man jene, welche konstruktiv und baumäßig solchem Zwischentyp entsprechen.

Die Tourengleiter sind bei gleichen Grundangaben merklichst langsamer, weil kaum die günstigste Schwerpunktslage vorliegt, wegen der Fahrtruhe die benetzte Gleitlänge größer ist, sich der Prop.-Wirkungsgrad weniger gut ergibt, weniger Geld und Raffinesse für die Anlage, Anhänge und Propeller aufgewendet werden, die Deckskanten keine Rundungen sind, mehr Windfang haben (Beschläge, Relings, Rumpfhöhe) und weil die Außenhautpflege und Glätte geringer sein werden.

Die Behinderung durch nicht übertriebene Aufbauten der großen Tourenboote ist in allen meinen Geschwindigkeits-Diagrammen bereits berücksichtigt.

Theoretisch besagen die Diagramme 59, daß — bei gleichem Gewicht! — größere Boote schneller sind. Das stimmt (solange der Boden nicht am Rande auftriebslos mitschleift), aber praktisch ist das so, daß das größere Boot (gleichen Materials) stets auch schwerer ist und daher bei gleichen PS langsamer.

Bei allen vorgeführten Rechnungen muß man äußerst aufpassen, ja keine Fehler zu machen, und insbesondere auf die Stellenwertsfehler achten, welche sich leicht — und nun bei den Propellern noch leichter — einschleichen.

Propeller.

Wenn das Boot die Verwendung eines mit dem richtigen Durchmesser hergestellten Propellers nicht zuläßt, sind wohl alle Versuche vergeblich, eine der Leistung entsprechende Wirkung zu erzielen.

Für das Vorhandensein dieses Platzes, verbunden mit gutem Wasserzulauf, muß also von Anfang an gesorgt werden.

Ein Propeller hat zwei Hauptgrößen. Diese sind:

Der Durchmesser und die Steigung. (Bezeichnung: D; H.)

Die Steigung ist jener Weg, den die Schraube bei einer Umdrehung zurücklegen möchte. Es ist also genau derselbe Begriff wie die Steigung bei der Befestigungsschraube des Schlossers oder des Tischlers.

Zeichnet man sich auf einem Propeller mehrere Kreise verschiedenen Durchmessers, greift sich einen davon heraus, mißt, um wieviel sich der Flügel auf dem Kreisstückchen hebt, und rechnet sich dann aus, um wieviel er sich heben würde, wenn er einmal ringsum ginge, so hat man für diesen Kreisdurchmesser die Steigung des Propellers. Macht man das auch für die anderen Kreise, so wird sich zeigen, daß das Endergebnis stets ungefähr das gleiche ist, und das muß so sein, denn sonst möchte ja der eine Teil des Propellers dem anderen davonlaufen.

Daß der kleinere Kreis eine größere Schräge benötigt als der größere, um bei einer Umdrehung um ein und dasselbe Stück zu

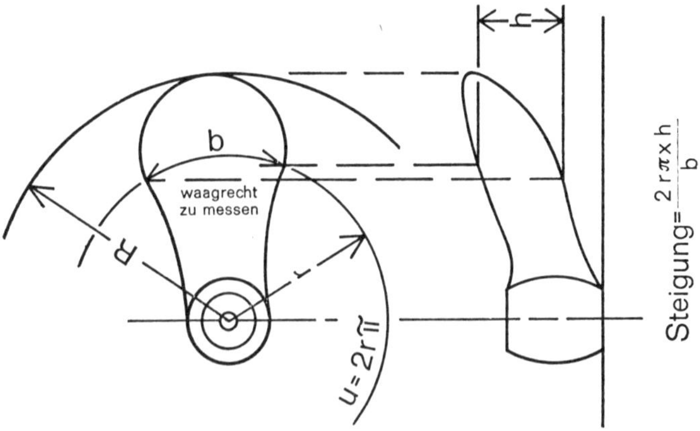

Zeichnung 60

steigen, ist eigentlich selbstverständlich und ergibt dadurch die scheinbare Verwindung des Schraubenflügels, welcher in Wirklichkeit ein und dieselbe Schraubenfläche darstellt. Um besseren Eingriff und Ablaß zu erzielen (geringere induzierte und Interferenz-Widerstände), ist die Steigung auf ca. dem $^2/_3$-Kreis am größten und nimmt nach der Nabe und Flügelspitzen zu leicht ab. Um an einem Propeller die praktisch vorhandene Steigung zu messen, wird man richtiggehen, wenn man, nachher einen ganz kleinen Abzug machend, diese auf einem Kreis mißt, welcher Zweidrittel des Außendurchmessers hat. Siehe Zeichnung 60.

Die Steigung ist also das Maß für den Weg. Multipliziert man sie mit der Umdrehungszahl/Min. und dann mit 60, weil die Stunde 60 Minuten hat, so erhält man den Weg, welchen die Schraube pro Stunde machen möchte. Weil aber das Wasser unter dem Druck nachgibt, ist der Weg (mit Boot) ein geringerer und entspricht der erzielten Bootsgeschwindigkeit. Die Differenz dieser beiden Geschwindigkeiten in Prozent ausgedrückt, nennt man *scheinbaren Slip*. Dieser liegt, je nachdem, ob es sich um ein leicht oder schwer anzutreibendes Boot handelt, und je nachdem, ob die Drehzahl eine günstige oder eine ungünstige ist, zwischen 8 % und 50 % der gewollten Propellergeschwindigkeit. Ein großer Durchmesser verringert denselben, weil er den Flächendruck verringert. Natürlich muß aber die Maschine imstande sein, die Schraube mit der gewünschten Drehzahl zu drehen.

So wie also die *Steigung das Maß für den Weg* darstellt, so stellt der *Durchmesser die Druckfläche* dar. Der Wasserdruck auf diese Kreisfläche ist gewissermaßen die Propellerbelastung.

Die Schraube wirft das Wasser nach rückwärts. Die Vorstellung, daß jeder Flügel für sich arbeitet, wäre falsch. Durch Flügelzahl und Drehzahl erfassen sie das ganze Kreisrund. Ist die Drehzahl hoch und der Durchmesser nicht zu groß, kommt man mit 2 Flügeln aus, doch unser Normalfall ist der ruhiger laufende Dreiflügelige. Langsame, sehr große Propeller zeigen 4 und mehr Flügel, so daß sich zwischen ihnen keine „Löcher" bilden. Der den Durchmesser verringernde Einfluß höherer Flügelzahl und breiter Flügel ist viel geringer, als man denkt. Wieviel vom Kreisrund die Flügel ausfüllen sollten (siehe Darstellung unter Diagramm 61), ändert sich von Fall zu Fall. Von der Kavitation noch sehr entfernte benötigen weniger, die anderen dagegen mehr und zunehmend mehr Flügelfläche. Da sich heute die Sportbootspropeller zum großen Teil dem Kavitationsbereich nähern oder sich in diesem befinden, sehen wir viele sehr breitflügelige, worauf ich bei der Neubearbeitung des Propeller-Diagrammes auch Rücksicht genommen habe. (Völligkeit 0,43 statt 0,30.) Mehr Fläche oder gar Flügel zu geben, als es der Fall erfordert (die Hersteller verfügen über entsprechende Unterlagen), wäre jedoch auch falsch, weil man dadurch unnötig die Eigenverluste der Schraube vergrößert.

Der Zweck des Diagrammes 61 ist, für die vorhandenen Grundbedingungen und möglichen Geschwindigkeiten den Bestpropeller zu finden. Man fährt nicht einfach durch Steigungsvergrößerung schneller, man schlägt dann nur Schaum, wenn das Boot nicht mitkommt. Das Mittel, um den Wirkungsgrad zu verbessern ist, falls Platz vorhanden, die Drehzahl zu untersetzen. Renner müssen sie manchmal dagegen übersetzen, um die Steigung noch unter dem doppelten Durchmesser zu halten, obwohl knapp vordem (rechter Diagrammteil) die Verhältnisse sehr günstig liegen. Aber gleich darauf fangen die Propeller zu quirlen an, d. h. das Wasser im Kreise zu drehen, statt es nach hinten zu werfen — und deshalb hört das Diagramm mit H = 1,8 D auf.

Es gibt einfacherere Berechnungsmethoden als die hier gebrachte, doch beachten diese nicht den entgegengesetzt gerichteten Einfluß der Geschwindigkeit auf den Durchmesser, oft auch den Mitstrom nicht. Wir tun das jedoch, siehe Wert c_1 und „Vorgang" unter dem Diagramm 61.

Der Mitstrom M (auch Vorstrom oder Nachstrom genannt) wurde bereits wegen des Diagrammes 58 erklärt, und auf diesem sind die Richtwerte angegeben. Es ist nicht notwendig, das M separat zu rechnen und es vom V abzuziehen. Ist M zum Beispiel 12 %, so ist V—M = 0,88 V. Das ist für den Propeller die Eintrittsgeschwindigkeit des Wassers. Im Vorgangstext finden wir die Umrechnung der Eintrittsgeschwindigkeit auf m/sec = c_1. Die Schubberechnung ist auf dem Leistungssatz aufgebaut: Schub × Weg/sec = mit der Verlustziffer η multiplizierte hineingesteckte Leistung. (Pro Prop.!)

Der Wirkungsgrad η gibt ja an, wieviel von der erhaltenen Leistung die Schraube abgibt. Für η setzen wir das jeweilige Ergebnis aus Diagramm 58 ein. Leistung nun stets nur jene pro Prop. und bei Zweischrauber nicht etwa die Summe wie für die V-Berechnung. Mit der 75 werden die PS zu mkg/sec, und durch 1000 wird der Schub in to. Stimmt die Geschwindigkeitsberechnung und stimmt das η, so *muß das S* (bei Zweischrauber nun × 2) *der Summe aller Bootswiderstände entsprechen,* dem in den vorhergehenden Abschnitten genannten Rw. *Wir sehen, wie sich die Wichtigkeit des Wirkungsgrades durch sämtliche Berechnungen hindurchzieht.*

Der scheinbare Slip wurde bereits erklärt. *Der tatsächliche Slip* ist aber genau um den Mitstrom größer. Letzteren kennen wir nur annähernd, wie aus den Text-Angaben in Zeichnung 58, womit wir uns begnügen. Nur wenn wir diesen zum leicht feststellbaren scheinbaren dazuzählen, haben wir ein richtiges Bild des betreffenden Bootes mit seiner Kraftanlage. Je höher die Summe der % ausfällt, um so ungünstiger liegt der Fall. Doch irrig ist es, zu glauben, daß 1 minus Slip-%e das η ergibt, denn dieses hängt noch von Prop.-Eigenverlusten und anderen Faktoren ab.

Der Propeller nimmt das unter „Wellenanlage“ erläuterte *Drehmoment* auf. Siehe auch *Drall* und *Steuerwirkung* im Abschnitt über die Maschinenanlagen. Bevor er nicht ganz oder fast seine volle Drehzahl erreicht hat, ist sein Wirkungsgrad sehr gering. *Drehflügel* sind für bestimmte Fälle praktisch, doch darf man sich von diesen Prop. nicht denselben Endwirkungsgrad erwarten wie bei einem starren mit normal dicker Nabe. Nur in einer einzigen Drehstellung können die Steigungen einer Schraubenfläche entsprechen.

Zusammenhänge:

Das beste η ergibt der jeweils langsamer drehende Prop. Drehzahl-Zunahmen verringern D, H und η. Höhere Geschwindigkeit verringert D, vergrößert H und η. Der Mitstrom hat negative Wirkung. Mit zunehmendem M nimmt D zu, H ab, der scheinbare Slip eher ab, der tatsächliche aber zu, das η ab, der Bootswiderstand = dem Schub S, zu, die Geschwindigkeit ab.

Schlußsätze unter Diagramm 61 beachten.

Die Summe der Kreisflächen bei Zweischraubern ist im Yachtbau meistens größer, als es jene der nur einen unterzubringenden Schraube wäre. Dadurch ergeben sich geringere Flächenbelastungen und bessere Wirkungsgrade. Bei außenbord-angetriebenen Kajütbooten sehr merklich.

Für Skischlepp-Zwecke ist mit der voraussichtlichen Schleppgeschwindigkeit als V zu arbeiten. Der ⌀ wird größer. Platz dafür vorsehen!

Kavitationspropeller. Infolge der Unterdrücke, welche sich auf der Saugseite hochbeanspruchter Prop. bilden, entstehen dort an den Flügeln Hohlräume, welche längs der Eintrittskante auch auf die Druckseite übergreifen. Es ist logisch, daß dies die Wirkung benachteiligt. Dazu kommt der Schaden, wenn die Flügel in die vorher gebildeten Hohlen hineinschlagen, was sie wie eine Beschußwirkung zerfrißt. (Hohlraum = mit dünnstem, der Temperatur entsprechendem Wasserdampf gefüllt = wie leer.) Man muß danach streben, die Erscheinungen zu verzögern, zu

Das auf die Flügelflächen des Diagrammes 61 abgestimmte Diagramm 62 zeigt richtlinienmäßig an, ob der betreffende Fall im Kavitationsgebiet liegt oder nicht. Die Achsenwerte nach Diagrammtext rechnen. (Achtung: Zahlen kleiner als 1 werden zum Quadrat noch kleiner. Z. B. 0,4 × 0,4 = 0,16.) Je weiter weg das Ergebnis vom Querstrich zu liegen kommt, um so tiefer liegt der Fall im Kavitationsgebiet oder um so entfernter. Zuletzt rechne ich dafür ein Beispiel vor.

Berechnung der Propeller für die in Tabelle 6 behandelten Boote

Vorher einen allgemeinen Hinweis, meistens Kielyachten und Motorsegler betreffend, welchen ich in den Beispielen nicht berücksichtigt habe: zu stumpfer oder behinderter Wasserzulauf durch dicke Achterschiffe, Achtersteven usw. verringert den Wirkungsgrad. Liegen solche Fälle vor, müssen alle, auch die Geschwindigkeits-Berechnungen mit einem etwas geringeren η erfolgen, als es meine Diagramme anzeigen.

In den ersten 4 Zeilen der Tabelle 7 wiederhole ich jene Werte der Tabelle 6, welche wir nun benötigen. In der Zeilenkolonne weisen die eingeklammerten Zahlen auf die entsprechenden Zeilen der Tabelle 6 hin. V-M nun in m/sec = c_1 und die Drehzahl U auch pro sec umgerechnet = n_1.

Der Rechnungsvorgang ist unter dem Diagramm 61 gesammelt zu finden. Dank der η-Diagramme 58 werden Rechnungswiederholungen nur selten nötig sein.

Nicht vergessen, daß das Diagramm 61 dreiflügelige Prop. aus gutem Material, mit nicht zu dicken, aber ziemlich breiten Flügeln und bester heutiger (1967) Herstellung betrifft. Für zweiflügelige, auch wenn für Segelyacht-Hilfsmotoren, Schlußsätze des „Vorganges" beachten.

An Hand der bereits gegebenen Erläuterungen und der teilweisen Wiederholung in der zweiten Kolonne der Tabelle 7 ist wohl kaum noch was zu sagen. Sehr auf Stellenwerte aufpassen, wie in der Volksschule, mit Dezimalen abstreichen usw. Die eingetragenen Tabellen-Zahlen sind alle mit dem Rechenschieber gerechnet, jeweils jede vierte Ziffer ist ungenau oder bewußt abgerundet. Letzteres wird man auch mit den Propellermaßen tun und nicht etwa einen mit 0,381 × 0,274 bestellen.

Tabelle 7 Propeller-Berechnungen

Zeile	Betrifft	I	II	IIa	III	IIIa	IV	V	Va	Vb
1 (20 u. 14)	c_1 = V-M in m/sec	$\frac{7510}{3600}$ = 2,09	$\frac{20\,400}{3600}$ = 5,66	$\frac{23\,500}{3600}$ = 6,52	$\frac{15\,800}{3600}$ = 4,38	$\frac{48\,000}{3600}$ = 13,34	$\frac{67\,000}{3600}$ = 18,60	$\frac{54\,400}{3600}$ = 15,12	$\frac{49\,500}{3600}$ = 13,75	$\frac{41\,700}{3600}$ = 11,58
2 (6)	n_1 = U/sec	$\frac{1500}{60}$ = 25	$\frac{1500}{60}$ = 25	$\frac{1300}{60}$ = 21,7	$\frac{2000}{60}$ = 33,3	$\frac{2300}{60}$ = 38,3	$\frac{3500}{60}$ = 58,3	$\frac{1800}{60}$ = 30	$\frac{1800}{60}$ = 30	$\frac{2400}{60}$ = 40
3 (6)	PSe je Prop.	10	220	155	22	62	219	172	200	125
4 (18)	η aus Diagr. 58	0,40	0,51	0,565	0,53	0,72	0,71	0,73	0,71	0,66
5	Schub S in to siehe Text Diagr. 61	$\frac{0{,}40 \times 10 \times 75}{2{,}09 \times 1000}$ = 0,144	$\frac{0{,}51 \times 220 \times 75}{5{,}66 \times 1000}$ = 1,485	$\frac{0{,}565 \times 155 \times 75}{6{,}52 \times 1000}$ = 1,000	$\frac{0{,}53 \times 22 \times 75}{4{,}38 \times 1000}$ = 0,202	$\frac{0{,}72 \times 62 \times 75}{13{,}34 \times 1000}$ = 0,250	$\frac{0{,}71 \times 219 \times 75}{18{,}60 \times 1000}$ = 0,626	$\frac{0{,}73 \times 172 \times 75}{15{,}12 \times 1000}$ = 0,622	$\frac{0{,}71 \times 200 \times 75}{13{,}75 \times 1000}$ = 0,775	$\frac{0{,}66 \times 125 \times 75}{11{,}58 \times 1000}$ = 0,534

Zeile	Betrifft	I	II	IIa	III	IIIa	IV	V	Va	Vb
6	Leitw. ξn siehe Text Diagr. 61	$12{,}5 \times \frac{0{,}144 \times 625}{19{,}1} = 59{,}00$	$12{,}5 \times \frac{1{,}485 \times 625}{1030} = 11{,}26$	$12{,}5 \times \frac{1{,}000 \times 472}{1810} = 3{,}26$	$12{,}5 \times \frac{0{,}202 \times 1100}{369} = 7{,}60$	$12{,}5 \times \frac{0{,}250 \times 1466}{31\,720} = 0{,}144$	$12{,}5 \times \frac{0{,}626 \times 3400}{119\,400} = 0{,}223$	$12{,}5 \times \frac{0{,}622 \times 900}{52\,600} = 0{,}132$	$12{,}5 \times \frac{0{,}775 \times 900}{35\,800} = 0{,}244$	$12{,}5 \times \frac{0{,}534 \times 1600}{18\,000} = 0{,}56$
7	γ aus Diagr. 61	0,244	0,360	0,477	0,393	1,020	0,920	1,048	0,906	0,738
8	**D** in m $= \frac{c_1}{\gamma \times n_1}$	2,09 0,244 × 25 = **0,343**	5,66 0,36 × 25 = **0,633**	6,52 0,477×21,7 = **0,632**	4,38 0,393×33,3 = **0,335**	13,34 1,02×38,3 = **0,342**	18,60 0,92×58,3 = **0,347**	15,12 1,048×30 = **0,482**	13,75 0,906×30 = **0,505**	11,58 0,738×40 = **0,393**
9	$\frac{H}{D}$ aus Diagr. 61	0,58	0,67	0,77	0,695	1,27	1,19	1,30	1,165	0,995
10	**H** in m für D nach Zeile 8	**0,200**	**0,424**	**0,487**	**0,234**	**0,434**	**0,413**	**0,626**	**0,590**	**0,390**
11	η nach Diagr. 61	0,405	0,505	0,570	0,525	0,725	0,713	0,728	0,708	0,667
12	Kavit. nach Diagr. 62	ja	ja!	nahe	nahe	nein	sehr nahe	nein	nein	nahe

Findet für einen Außenborder- oder Z-Anlage-Prop. der gerechnete ϕ keinen Platz, so muß man zwecks (leider nur) der Drehmoment-Aufnahme das H um ca. das 1,4fache der ϕ-Verminderung vergrößern. Natürlich leidet das η darunter.

Vergleiche in der Tabelle 7 die vorher berechneten η der Zeile 4 mit jenen des Diagrammes, nun in Zeile 11. Fast dieselben, und daher ist keine Rechnungs-Wiederholung nötig.

Für die Slip-Berechnung und die Kavitations-Kontrolle nur je ein Beispiel, das Boot II, Tabelle 6 und 7, betreffend. Alles in m/Min. Gewollter Prop.-Weg = H × U/min = 0,424 × 1500 = 636 m/min. Boot fährt 24 km = 400 m/min, scheinbarer Slip 236 m/min = 37,1 % von 636.

Der Mitstrom war mit 15 % von V angenommen. 15 % von 400 = 60 m/min. Tatsächlicher Slip ca. 236 + 60 = 296 m/min = 46,5 % von 636.

Führt man solche Rechnungen für verschiedene Fälle durch, zeigt sich deutlich, daß, je geringer der Wirkungsgrad, um so größer der Slip ist.

Kavitations-Kontrolle. Diagramm 62, Grundlinie: $\frac{D \times U}{100} = \frac{0{,}633 \times 1500}{100}$ = rund 9,5. Vertikal: $\frac{PSe}{(V\text{-}M) \times D^2} = \frac{220}{20{,}4 \times 0{,}633 \times 0{,}633} = 26{,}9$
(V-M aus Tabelle 7, Zeile 1, jedoch in km/Std.)

Fällt ziemlich tief in das Kavitationsgebiet, also Flügel breiter, sichelförmig usw. Die Hersteller haben hierfür genaue Anhaltspunkte. Hinweise auf unsere 9 Fälle in Tabelle 7, Zeile 12.

Manche wollen den Propeller statt als Schraube als Pumpe errechnen. Ist auch nicht einfacher und das Ergebnis ist dasselbe.

17. Der Linienriß und seine Berechnung

Bevor man an den Linienriß, also an die genaue Formgebung, des Bootes herangeht, will alles bisher Gebrachte durchüberlegt und durchgerechnet sein. Die zeichnerische Vorbereitung des Netzes wurde im Kapitel 10 behandelt.

Schwimmt ein Boot zu tief, so ist meistenteils nichts dagegen zu machen, falls am Bootsgewicht nichts wegzunehmen geht.

Schwimmt ein Boot zu hoch, so muß es so viel Ballast bekommen, bis es in die richtige Schwimmlage gebracht ist. Wieviel Ballast hierzu notwendig ist, läßt sich mit Hilfe von Ballastgewicht = Wasserlinienfläche × gewünschte Mehrtauchung annähernd bestimmen.

Das Zuhochschwimmen eines Bootes hat oft eine sehr geringe Stabilität zur Folge. Das Ballastgewicht, welches diesen Fehler beheben soll, stellt ein totes, ansonst zweckloses Mehrgewicht dar, welches mitgeschleppt werden muß. Dies kostet stets Fahrt, beim Motorboot außerdem Brennstoff.

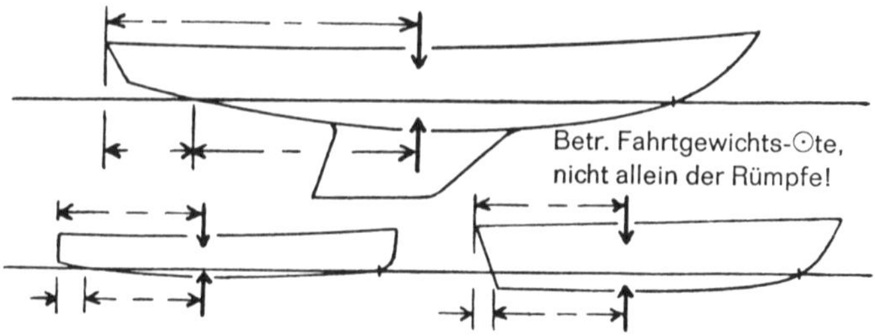

Zeichnung 63

Ist ein Boot achter- oder vorderlastig, so muß versucht werden, mit Hilfe von Verlegung im Boot bereits vorhandener Gewichte (Flossenballast oder evtl. vorhandener Tanks, Batterie, Motor) die richtige Schwimmlage herbeizuführen. Gelingt dies, so kann man sagen, daß man den Fehler ohne Beeinträchtigung der Fahrteigenschaften behoben hat. Reichen die angeführten Gewichtsverlegungen jedoch nicht aus, so muß zu Zusatzgewichten gegriffen werden, was aber wieder ein eigentlich unnötiges Mehrgewicht bedeutet. Da man aber von zwei Übeln stets das geringere wählen soll, wird man sich bei nennenswerten Vertrimmungen zu dieser Gewichtszugabe entschließen müssen.

Am besten ist es natürlich, wenn ein Boot so gebaut bzw. konstruiert ist, daß weder eine unterschiedliche Tauchung noch eine Vertrimmung erfolgt. Dies zu erreichen, ist gar nicht so schlimm, wie man es im ersten Augenblick vielleicht glaubt. Die Überlegungen, welche diesen Rechnungen zugrunde liegen, sind, daß einerseits das Boot in der *gewünschten* Schwimmlage ein solches Wassergewicht verdrängen muß, als es selbst wiegt, da ja dann der Auftrieb so groß wie das Bootsgewicht ist und sich diese beiden Kräfte (Gewicht und Auftrieb) das Gleichgewicht halten, andererseits die Unterstützung des Bootes durch das Wasser so erfolgen muß, daß das Boot keine Ursache zu einer Längsvertrimmung hat. Dies ist dann der Fall, wenn der Auftrieb, als Einzelkraft im Schwerpunkt der Verdrängung angreifend gedacht, genau unter dem Gewicht, als Einzelkraft im Systemschwerpunkt angreifend gedacht, zu liegen kommt, wie es Zeichnung 63 zeigt. Das gilt für Gleitboote in Ruhelage genauso.

Wenn dagegen der Auftriebsschwerpunkt, auch Verdrängungsschwerpunkt genannt, hinter den Gewichtsschwerpunkt fällt, wird das Boot vorderlastig — und umgekehrt.

Der Verdrängungsschwerpunkt ist der Schwerpunkt der Unterwasserform, also bloß der Form, und ist von keinem Gewicht, auch nicht jenem des Wassers, abhängig.

Aus diesen Erläuterungen geht hervor, daß, bevor an die genaue Formgestaltung (Linienriß) geschritten werden kann, sowohl das Gewicht als auch der Systemschwerpunkt des Bootes unter Zugrundelegung der Projektzeichnung, besser erst einer maßstäblichen vorläufigen Projekt-Skizze, auf welcher man auch noch Gewichte verschieben kann, gefunden werden muß. Es ist jene Arbeit durchzuführen, welche in den Kapiteln 6, 8 und 9 erklärt wurde.

Nebenbei:

Die Methode, Kiel- oder Kielschwert-Yachten so zu entwerfen, daß man das Gesamtgewicht festlegt, dafür eine gute Form zeichnet, die Gewichtsberechnung auf den ballastlosen Teil beschränkt und das konstruktive Erreichen der Schwimm- und Trimmlage nun dem Ballast überläßt, halte ich — allgemein — für gewagt. Wer nicht äußerst ähnliche Vorlagen hat, wird gut tun, auch bei diesen Booten alles in die Rechnung zu setzen. Die Möglichkeit, bei fast beendeter Konstruktion zuletzt etwas mit dem Ballastgewicht und seiner Stelle als Korrektur zu jonglieren, so wie es der Motorbootskonstrukteur mit den Tanks und Akkus tut, bleibt ihm immer noch.

Die richtige Projektzeichnung empfehle ich, ganz zuletzt fertigzustellen, damit sie im Kiel- und Decksverlauf, Fußbodenbreiten, Einbautenbreiten, ebenso in evtl. Querschnitten, genau der Ausführung entspricht. Das wird oft sehr nützlich, und dazu muß erst der Linienriß fertig sein.

Dieser hat die Aufgabe, die Kurven der durch den Bootsrumpf zu ziehenden Schnitte untereinander in ein stimmendes-strakendes Verhältnis zu bringen, welcher Vorgang mit der Trimmrechnung Hand in Hand gehen muß. Diese folgt im nächsten Abschnitt.

Um einen Körper zeichnerisch darzustellen, benötigt man drei „Projektionen". Das heißt, man projiziert den Körper von drei untereinander im rechten Winkel stehenden Sehrichtungen aus auf drei zu diesen Sehrichtungen jeweils senkrecht stehenden Ebenen. Wie das zu verstehen ist, zeigt Zeichnung 64.

Diese drei Ebenen denkt man sich sodann aufgeklappt, auf eine Ebene gebreitet und hat somit das übliche Bild vor sich, auf welchem man den *„Aufriß"* (Seitenansicht, Längsschnitt), den *„Grundriß"* (Draufsicht) und den *„Kreuzriß"* (Achteransicht, Querschnitt) unterscheidet.

Man beginnt mit den Umrissen des Aufrisses und der Draufsicht, teilt die Länge in die zu numerierenden Linienriß-Spanten (wie, folgt), überträgt alle oder erst nur einige Kiel- und Deckspunkte auf den Kreuzriß, indem man die Höhen aus dem Aufriß und die Breiten aus dem Grundriß entnimmt. Ebenso verfährt man bei Knickspantbooten mit dem Kimmknick. (Alles erst ganz leicht = ausradierbar!) Bei einem Holzboot entsprechen die Kielpunkte der Außenkante Sponung und liegen entsprechend seitlich von der Mittellinie. Man zieht die Versuchsspanten, nur die Decks- und Kielpunkte benutzend, eventuell auch noch CWL-Punkte aus einer Versuchswasserlinie (oder dem Kimmstrak) entnehmend, freihändig nach Auge!

Nun benötigt man die zwischen den Umrißlinien liegenden Zwischenpunkte. Um diese zu erhalten, muß man, wie bereits gesagt, den Schiffskörper in verschiedenen Richtungen schneiden, diese Schnitte in den einzelnen Projektionen darstellen und untereinander in Zusammenhang bringen.

Man unterscheidet:

1. *Schnitte* parallel zur Konstruktions-Wasserlinie (CWL = Schwimmebene), sogenannte „*Wasserlinien*" (Zeichnung 65), von welchen die wichtigste die CWL selbst ist. Die Abstände zwischen den einzelnen Wasserlinien wählt man im Unterwasserschiff enger als im Überwasserschiff. Die Schnitte erscheinen im Aufriß als gerade Linien, im Grundriß geben sie die Form der Wasserlinien (es genügt hierzu eine Schiffshälfte), und im Kreuzriß erscheinen sie wiederum als Gerade. Man pflegt sie über Wasser lateinisch und unter Wasser arabisch zu numerieren.

Der Zusammenhang der Wasserlinien im Aufriß und Grundriß ist für Wasserlinie 2 angedeutet.

Bei flachbodigen Knickspantern zieht man unter der CWL keine weiteren Wasserlinien und arbeitet dort nur mit den Vertikalschnitten und evtl. steilen Senten, denn schleifende Schnitte sind ungenau.

2. Die *Querschnitte* sind Schnitte senkrecht zur Mittellängslinie und ergeben im Kreuzriß die wahre Form des Querschnittes, also die jeweilige *Spantform.* Man zeichnet jedoch bloß die halben Spanten, und zwar links von der Mittellinie die Achterschiffsspanten, rechts die Vorschiffsspanten. Die Abstände dieser Querschnitte sollen gleich sein. Im Aufriß und Grundriß erscheinen diese Schnitte als gerade Linien.

Die, auf den nur die geometrischen Zusammenhänge zeigen sollenden Zeichnungen 65—68, gewählte Spanteinteilung ist für die Hand in Hand gehende Berechnung nicht günstig. Besser, man teilt zuerst die Wasserlinienlänge in eine — zwangsweise — gerade Anzahl gleicher Teile, so wie auf den Zeichnungen 69 und 70 zu sehen. Falls Überhänge vorhanden oder auch nur ein sehr ausfallender Vorsteven, wird man die Einteilung hinter und vor der CWL ähnlich, doch nur nach praktischen Gesichtspunkten gewählt, fortsetzen.

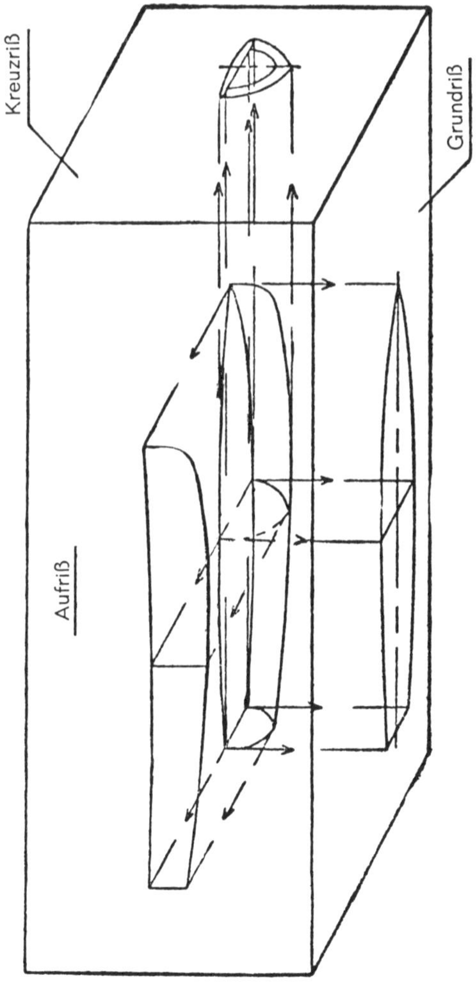

Zeichnung 64

Da man für die Berechnungen des Schwimmkörpers eine gerade Teilezahl benötigt, würde das Boot, Zeichnung 65—68, dazu zwingen, erst nur von Spant 1 bis 7 zu rechnen und dann mit der Methode der Hebel und Gewichte, vorne das fehlende Spitzchen wegzuzwicken und dagegen das Stück hinter Spant 1 dazuzuzählen. Manchmal kommt so was vor — und somit ist auch dies erklärt worden.

Die Wasserlinien der kleinen Boote teilt man meistens in 6 Teile, dann 8, der großen Boote in 10, 12 und mehr. Für mittlere und größere empfehle ich ein Vielfaches von 4, weil man dann bei den rechnerischen, richtlinienmäßigen Vorkontrollen die Möglichkeit hat, erst mal mit nur jedem 2. Spant zu arbeiten, wobei man den doppelten Abstand in die Rechnung einsetzt. Die Stellen der Bauspanten sind von jenen der Formgebung und der Berechnung dienenden Linienrißspanten unabhängig. Man schneidet diese nachher in die festliegende Form, also in die beendete Zeichnung hinein.

Der zeichnerische Zusammenhang der Wasserlinien und der Spantkurven ist nun nicht schwer zu erkennen. Der Abstand im Grundriß auf einer bestimmten Spantnummer von der Mittellinie bis zum Schnitt mit einer bestimmten Wasserlinie muß im Kreuzriß gleich dem Abstand des Spantkurvenpunktes, auf der betreffenden Wasserlinie gemessen, von der Mittellinie sein. (Siehe Zeichnung 65; Sp. Nr. 1 mit CWL und Sp. Nr. 5 mit II.)

3. Die „*Vertikalschnitte*" sind lotrechte Schnitte parallel zur Mittellängsebene (Zeichnung 66, a und b). Diese Linien, welche in ihrem wahren Verlauf im Aufriß zu sehen sind, sind äußerst empfindliche Kontrollkurven, welche man sich hier vorderhand bloß mit Hilfe der im Kreuzriß abgemessenen Schnitthöhen über bzw. unter CWL dargestellt denke, so wie es für Sp. 0—b und Sp. 4—a angedeutet ist. Im Grundriß erscheinen diese Schnitte als gerade Linien, parallel zur Mittellinie, desgleichen im Kreuzriß.

Weil daselbst links die halben Achterschiffsquerschnitte, rechts die halben Vorschiffsquerschnitte zu sehen sind, muß sich ein solcher Vertikalschnitt im Kreuzriß im selben Abstand von der Mittellinie auf beiden Seiten zeigen.

4. Ebenfalls Kontrollkurven sind die *Senten*, welche, ebenso wie die Wasserlinien, den strakenden Verlauf der Spantquerschnitte überprüfen. Es sind dies schräge Schnitte (Zeichnung 66), welche man so legt, daß sie die Spanten möglichst stumpf schneiden. Dadurch gewinnt der Schnitt an Genauigkeit und überprüft besonders auch den Verlauf der Kimm. Gemessen werden sie vom Schnittpunkt mit der Mittellinie.

Ist ein Boot nach Wasserlinien und Spanten ganz genau gezeichnet, dann sollten die nachträglich geführten Kontrollschnitte von selbst strakend verlaufen. Je runder die Spantform, um so mehr gewinnen die Senten an Bedeutung. Man bezeichnet sich auch diese (S_1, S_2). Wie dieselben aufzutragen sind, zeigt Sp. 6—S_1 (Zeichnung 66).

5. Für Segelboote wichtige Schnittführungen sind noch die „geneigten Wasserlinien", wie in Zeichnung 66 angedeutet ist (gen. WL). Solche Schnitte, ebenso wie die horizontalen Wasserlinien, auf den Grundriß übertragen, geben ein gutes Bild über den Wasserzu- und -ablauf am Boot, wenn es durch den Segeldruck geneigt wird. Genaueres folgt.

Legt man nun alle hier einzeln dargestellten Schnitte auf eine Zeichnung zusammen (Zeichnung 67), so wird es nicht schwerfallen, den Zusammenhang der Kurven, soweit nicht schon erklärt, festzustellen. Die Vertikalschnitte müssen im Aufriß und Grundriß an derselben Stelle die Wasserlinien schneiden, wie es für Schnitt a mit Wasserlinie 1 verdeutlicht ist. Dieser Zusammenhang war auch schon in Zeichnung 66 mit den Deckspunkten gezeigt.

Stimmt ein solcher Schnitt nicht, muß entweder die betreffende Wasserlinie oder das betreffende Spant ausgebessert werden, was oft eine Veränderung des Sentenverlaufs zur Folge hat. Eine solche Zeichnung, wie sie Zeichnung 67 zeigt, nennt man *„Linienriß"*.

Bereits für die schon genannten ersten Umrisse benötigt man einen Anhalt, um erst mal halbwegs die Bedingungen zu erfüllen. Man benutzt die Gleichung: Multiplikation der 3 Hauptmaße des Unterwasserkörpers $\times$ Völligkeitskoeffizient des Bootstypes ϑ = Verdrängung. (Siehe Kapitel 7, Punkt 13, Tabelle 3.) Die CWL-Breite ermitteln wir ca. durch eine Querschnitts-Skizzie-

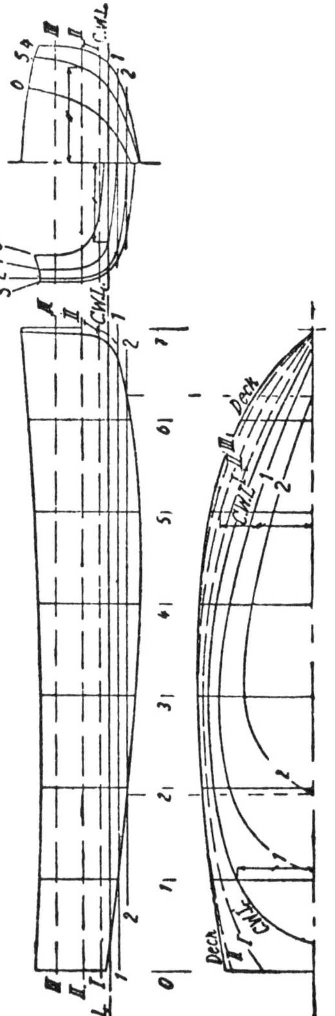

Zeichnung 65

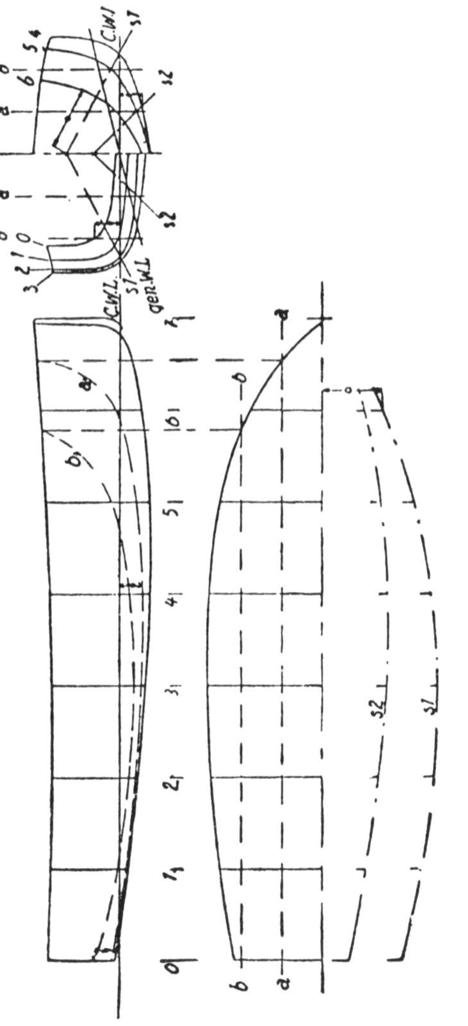

Zeichnung 66

rung an ihrer voraussichtlich breitesten Stelle, und so ergibt sich aus der Gleichung der Tiefgang der eigentlichen Form (Kapitel 7). Bei Kielyachten ist für diese Rechnung der *Inhalt* (nicht das Gewicht!) der Flosse von der Totalverdrängung abzuziehen. Wo dieser voraussichtlich größte Tiefgang hinkommt, hängt von der Art des Bootes und seiner Schwerpunktslage ab, was aus Kapitel 15 hervorgeht. Vom dicksten vorskizzierten Spant messen wir seine CWL-Breite, den Formtiefgang und seine eingetauchte Fläche und sehen nach, ob sein Völligkeitskoeffizient β in die Gruppe hineinpassen kann (Kapitel 7, 14, Tabelle 3). Ferner prüfen wir, den Wert τ benutzend (Tabelle 3), ob die Hauptspantfläche zur gewünschten Verdrängung führen kann. Wir messen auch $L_{CWL} \times B_{CWL}$ und die Wasserlinienfläche zur Beurteilung des Koeffizienten α. (Auch bei Gleitern.) Die Wasserlinienfläche zu kennen wird für die folgenden unvermeidbaren Korrekturen des Tiefganges, der Völligkeit usw. sehr bequem. All dies verkürzt dann das Herumprobieren. Es gibt Leute, welche behaupten, daß man es bei richtigem Vorgang — ohne zu probieren — gleich trifft. Ich habe in meinem Leben über 500 Boote gezeichnet, auch einige Segelboote, und behaupte das Gegenteil, schon weil die yachtmäßige Formung viel zu viele Finessen und Raffinessen erfordert, welche sich auf mechanischem Wege nicht ergeben. Die yachtmäßigen Finessen empfehle ich auch dem Großschiffbau, insofern es sich um Schnellbote oder gar Gleiter für die Marine und ähnliche Zwecke handelt.

Flächenmessung Kapitel 10 und im folgenden Abschnitt.

Um die genannte Versuchswasserlinie zu ziehen, hat man bereits die Schnittpunkte aus dem Kreuzriß auf den Grundriß übertragen und — zweifellos! — beides ausbessern müssen. Es geht auch umgekehrt, daß man mit der Versuchs-CWL beginnt und daraus die Punkte für den Versuchsspantenriß entnimmt.

Hat man so nach und nach mehrere Schnitte aller Arten gezeichnet, so muß das Schiffbauerauge prüfen, ob die zusammengehörigen untereinander auch harmonisch verlaufen. Das ist äußerst wichtig, denn andernfalls schimpfen erst die Bootsbauer und nachher die Stromfäden.

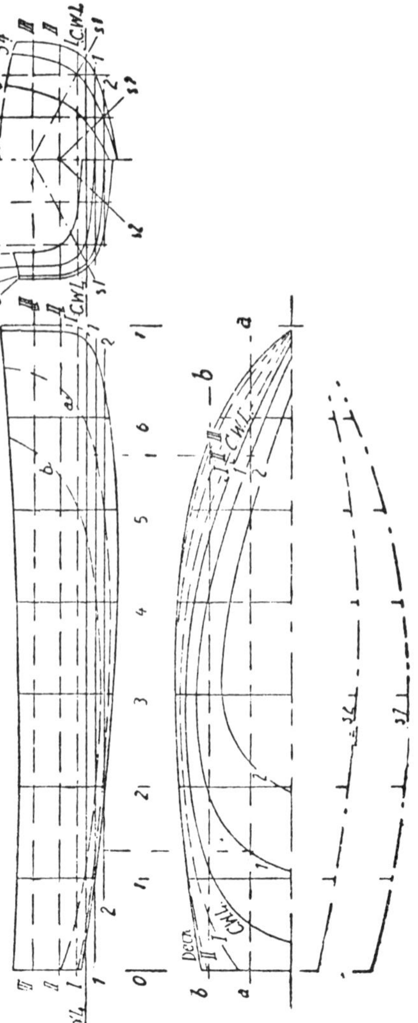

Zeichnung 67

Spantenriß 1 : 1

Ist ein Linienriß in jeder Hinsicht rechnerisch und zeichnerisch fertig, so dient er im Hauptzweck dazu, den Spantenriß in natürlicher Größe daraus zu entnehmen.

Man zieht dazu in den Linienriß (Aufriß — Grundriß) die Bauspantenschnitte in den gewünschten Abständen ein. Diese Abstände brauchen nicht gleich zu sein, man wird sie so wählen, daß auf jedes Schott ein Spant fällt, Flossenbereich, Motorenbereich durch Engersetzen berücksichtigen usw., also dem Bootstyp anpassen. Man wird sich ferner außer der Decksbuchtlinie die Kielbreite, seine Höhe und den Außenüberstand hineinstraken, um dann im Spantenriß auch die Kielquerschnitte in natürlicher Größe darstellen zu können. Die Spantfüße beginnen bei Holzbooten nicht an der Mittellinie, sondern um die halbe Kielholzbreite, welche in der Mitte außen stehenbleiben soll, seitlich. Oberhalb muß dann der Kiel um so viel breiter sein, als es die Plankensponung erfordert.

Nun baut man sich die sogenannte Aufmaßtabelle. Oben, von links nach rechts, als erste senkrechte Kolonne jene mit den Spantnummern, und jede Nummer erhält eine waagerechte Zeile. Dann folgen die Kolonnen für die einzelnen Schnitte und Kurven. Holzkiele erfordern vier Kolonnen: Sponungstiefgang, seine Breite aus Mitte, die Kielbreite, den Überstandstiefgang (Totholztiefgang). Kanten, wie die Knickspantweger und die Deckslinie, erfordern je zwei Kolonnen: Breite und Höhe.

Dann mißt man, mit dem entsprechenden Maßstab und größtmöglichster Genauigkeit auch die letzten Zehntel schätzend (evtl. mit Lupe), von der Mittellinie (im Grundriß) die Schnittbreiten und von der Wasserlinie im Aufriß die Tiefen- und Höhenschnitte heraus und trägt sie, naturgrößengerecht, in die Aufmaßtabelle ein. Es empfiehlt sich, die Übergangsmaße jener Schnitte, wie z. B. der Vertikalschnitte, welche von unter der CWL nach darüber verlaufen, am Übergang als Richtungsweiser mit — und + zu versehen.

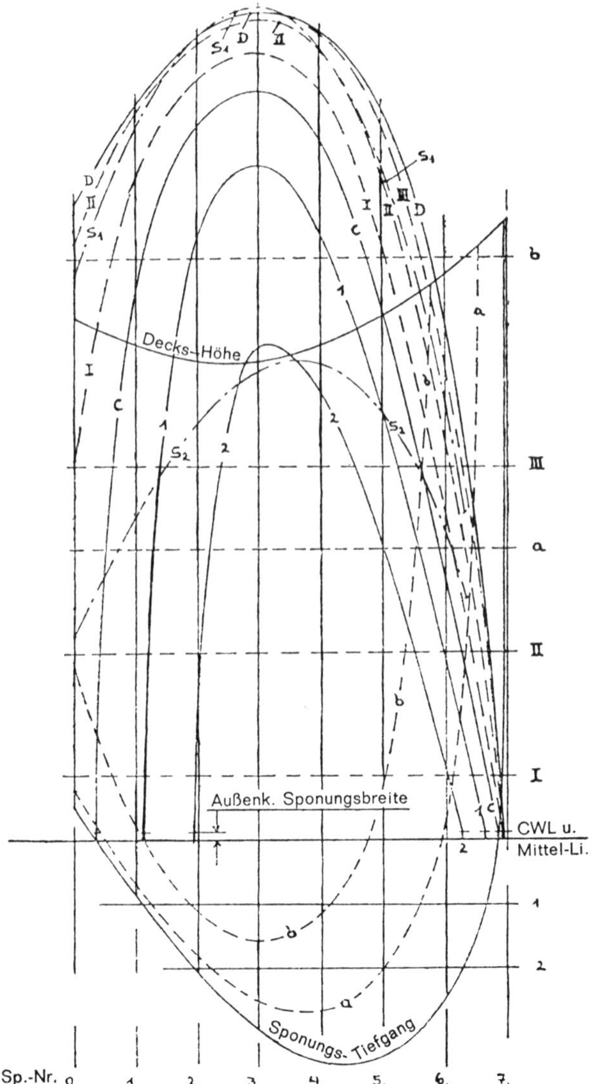

Zeichnung 68

Auf einem entsprechend großen und kräftigeren Papier zeichnet man sich in natürlicher Größe dasselbe Liniennetz wie im Kreuzriß des kleinen Spantenrisses, wobei man den rechten Winkel wieder mit aller Sorgfalt konstruiert. Ist das Boot ein größeres, so empfiehlt es sich, für Achterschiff und Vorschiff getrennte Bogen zu nehmen. Auch für den Bootsbauer genügt meistens die eine Bootshälfte, obwohl ihm für Knickspanter auch totale Risse dienlich sind. Zeichnet man auf Pauspapier, so kann man jeweils für die andere Hälfte umgedreht kopieren lassen.

Hat man auf diesem Netz alle Maße der Aufmaßtabelle aufgetragen und dabei die Punkte mit den Spantnummern gekennzeichnet, so muß man, falls es sich um ein Holzboot handelt, inklusive der Kielpunkte, mittels Zirkelschlägen die Plankenstärke (oder Stärken) abtragen. Ob und wieviel bei Plastikbooten abzuziehen ist, hängt von der Bauweise der Form ab, darf aber nicht vergessen werden.

Die Verbindungskurve der zusammengehörenden Punkte beziehungsweise die die Zirkelschläge tangierende Strakkurve müßte die jeweilige Spantform ergeben. Schwerlich werden sie gleich buckelfrei sein. Übung mit Augenmaß und Formeinfühlung spielen dabei eine Rolle. Es wäre Regel, die Kurve von nicht ganz stimmenden Punkten zwischendurch zu ziehen, aber bei Holzbooten ist es besser, fraglich genaue Spanten lieber zu dick als zu dünn zu zeichnen, weil Weghobeln einfacher ist als Aufleimen.

Das Beste ist es aber, wenn der Spantenriß überhaupt keinen Fehler hat. Deswegen haben bereits größere Werften einen Schnürboden, das heißt einen großen Raum mit glattem Fußboden, auf welchem mit Pastellstiften der ganze Linienriß, an Hand der aus dem kleinen Riß entnommenen Aufmaßtabelle, in natürlicher Größe neu gezeichnet wird, einschließlich der Bauspanten im Kreuzriß.

Wir „kleinen Leute“ können uns aber auch helfen, und das Ergebnis wird, abgesehen vom Zulauf zum Vorsteven, sogar noch genauer. Unser Zeichentisch — oder freier Fußboden — ist zwar nicht so lang wie das Boot, aber wohl so lang wie die halbe Bootsbreite, noch besser wäre die halbe Breite + dem größten Tiefgang. Wir zeichnen uns in der kürzeren Richtung des Papiers eine Gerade, welche gleichzeitig die CWL für die Höhenmaße und die Mittellinie für die Breitenmaße darstellt, und tragen auf dieser, in demselben Maßstab wie unser kleiner Linienriß, die Abstände der Bauspanten auf, durch welche Punkte wir — ganz genau — lange, numerierte Senkrechte ziehen. Wir vervollständigen das Netz, in den natürlichen Abständen, mit den Wasserlinien- und Vertikalschnitten. Nun tragen wir alle Maße der Tabelle in natürlicher Größe auf, und wenn wir mittels Latten und Kurven die ganze Sache durchgestrakt haben, erhalten wir einen verzerrten Linienriß, so wie ihn Zeichnung 68 zeigt. Habe diesen aus Zeichnung 67 entnommen, nur mußte das Bild, des Buchformates wegen, kleiner werden. Es gelten alle — und ebenso zu kontrollierenden — Zusammenhänge zwischen dem zusammengelegten Auf- und Grundriß dieser Verzerrung, wie sie mittels der Zeichnungen 65, 66 und 67 erläutert worden sind. Um das kleine Bild nicht zu verwirren, habe ich diese Anschauung, entgegen dem Zweck, nur auf Linienrißspanten dargestellt statt auf den viel enger liegenden und damit auch eine viel genauere Kontrolle ergebenden Bauspanten. Nach der Durcharbeitung dieses verzerrten Risses mit 1:1-Maßen korrigiert man die Aufmaßtabelle und schreitet erst jetzt zum Auftragen der Spantenrißmaße.

Nur dort, wo die Schnitte sehr steil einem Steven zulaufen, ist diese 1:1-Verzerrung nicht genau. Es empfiehlt sich, besonders für Metallboote, dann die Enden mit etwa dreifach vergrößerten Spantabständen (z. B. im Maßstab statt 4 cm 12 cm) nochmals zu zeichnen, worauf die Schnitte flacher verlaufen.

Es passiert jedoch, daß bestens strakende Längskurven keine auch bestens strakenden Spantkurven ergeben. Um das zu vermeiden, muß man während des Zeichnens des verzerrten Linienrisses an 3 bis 4 Stellen Spantproben machen, welche dann zeigen, ob eine Kurve irgendwo voller oder schlanker werden muß. Erfordert das unter Wasser zu große Abweichungen, dann muß man neu zeichnen, sonst stimmt nachher die Schwimmlage nicht.

Wer sich bis hierher geübt hat, dem wird es auch gelingen, den Vorsteven mit einigen Wasserlinienschnitten in natürlicher Größe darzustellen, ebenso den Spiegel, auch wenn dieser geneigt und dazu noch rund wäre. Ist er geneigt und rund, so ist seine Darstellung eine Geduldsarbeit. Bei Schrägstellung sind die Höhen in der Schrägrichtung zu messen, falls rund, so die Breiten auf den Rundungskreisen, und falls Holz, so vergesse man ja nicht unten und an den Seiten, falls nach vorne geneigt auch oben, die Schmiegenzugaben. Runde Spiegel werden also abgerollt dargestellt, mit Angabe des Krümmungsradius.

Die unter 5. genannten *geneigten Wasserlinien sind bei einem Segelboot eigentlich die wichtigsten,* doch solche mal veröffentlicht zu sehen, hat direkt Seltenheitswert.

Bei den Yachtformen mit in der CWL, noch von der Kimm herkommend, ausfallenden Spanten (auch stabilitätswichtig!) kann die geneigte Wasserlinie — nenne sie „gWL" — niemals so wie nur andeutungsweise in Zeichnung 66 gezeigt, durch den Schnittpunkt der Mittellinie mit der CWL laufen. Die Verdrängung bleibt auch in der Schräglage unverändert, also muß der austauchende Teil gleich dem eintauchenden sein, welcher aber durch den Spantenausfall schneller zunimmt. Der Schnittpunkt der gWL mit der CWL wandert daher nach der eintauchenden Richtung, und zwar um so merklicher, je unterschiedlicher der Bodenquerschnitt vom Überwasserquerschnitt und und je größer der Neigungswinkel ist. Siehe Zeichnungen 69 und 70.

Das Bootchen der Zeichnung 69 ist dem für die Linienrißerklärung benutztem sehr ähnlich. 20° halte ich für eine diesem Zweck angepaßte Krängung. Um die gWL-Schnitte klar zu zeigen, habe ich Achter- und Vorschiff beiderseitig gezeichnet. Daß ich die Höhenlage der gWL „getroffen" habe (nach einigen Versuchen), zeigt sich daran, daß die Spantflächenkurven (= Verdrängungskurven) für „aufrecht" und „geneigt" sichtlich denselben Inhalt aufweisen. Wir sehen, daß sich die Wasserlinie vorne verkürzt hat. Verlängern kann sich solche nur dort, wo längere Überhänge vorhanden und die Krängung sehr groß ist, so daß die gWL die Bootshaut über den CWL-Enden hinaus berührt (siehe Achterende).

Die WL-Breite hat sich vermindert! Günstig für die Geschwindigkeit, weniger für die Stabilität, doch ist sie dafür zur Auffangseite gewandert.

Die B-Verminderung beträgt in Zeichnung 69 27 %, in Zeichnung 70 14 %. T wird größer, B : T kleiner = Form schlanker.

Wir sehen an Hand beider Zeichnungen, daß ein nach einer Seite gekrängtes Boot, sofern wie eigentlich immer das Achterschiff unten flacher und breiter als das Vorschiff ist, eine Wasserlinienrichtung bildet, welche es nach der austauchenden Seite steuert! Das führt, in puncto Luvgierigkeit, Segel- und Lateraldruckpunkten (Kapitel 11), leicht zu argen Täuschungen über die tatsächlichen Vorgänge. Gemildert wird die Steuerwirkung wohl dadurch, daß nun die eintauchende Seite den größeren Widerstand erleidet, welcher außerdem an einem zugenommenen Hebelarm wirkt, ferner, daß sich Schwert oder Flosse nicht mit verdrehen. Bei Knickspantformen zeigt sich die den Widerstand sehr vergrößernde Achsenverdrehung weniger, was mitunter so weit geht, daß sie, falls noch Verdränger, sogar leicht gekrängt schneller segeln.

Gekrängt hat der Eintrittswinkel zugenommen, der Austrittswinkel, obwohl in einer Rundung endend, abgenommen.

Doch Zeichnung 69 zeigt etwas Böses: der Auftriebs- bzw. Verdrängungsschwerpunkt ist sehr nach achtern gewandert. Dieses Boot würde daher in gekrängter Lage — falls nicht, wie bei einer Jolle möglich, Gewichte nach achtern wandern — vorderlastig werden, was ungünstig ist. (Es kann auch Formen geben, womit das gekrängte Boot achterlastig wird.) Ein gutes Segelboot muß möglichst gleichlastig bleiben, wie dies Zeichnung 70 zeigt, wo die beiden Spantflächenkurven kaum differieren. Das Boot nach Zeichnung 69 würde ohne Gewichtsverlagerungen geneigt ungefähr so schwimmen, wie ich es mit kurzen Strichen unter und über der theoretischen gWL angedeutet habe.

Zeichnung 70 zeigt einen Flossenkieler (weniger Form-, mehr Gewichtsstabilität) mit hier weggelassener Flosse (auch in den Spantflächenkurven), da sie, noch unter Wasser bleibend, die geneigten Schnitte nicht beeinflußt. Die gWL konnte sich achtern verlängern, hat sich jedoch vorne verkürzt. Aus dem achteren Verdrängungsunterschied kann man entnehmen, daß das 0-Spant

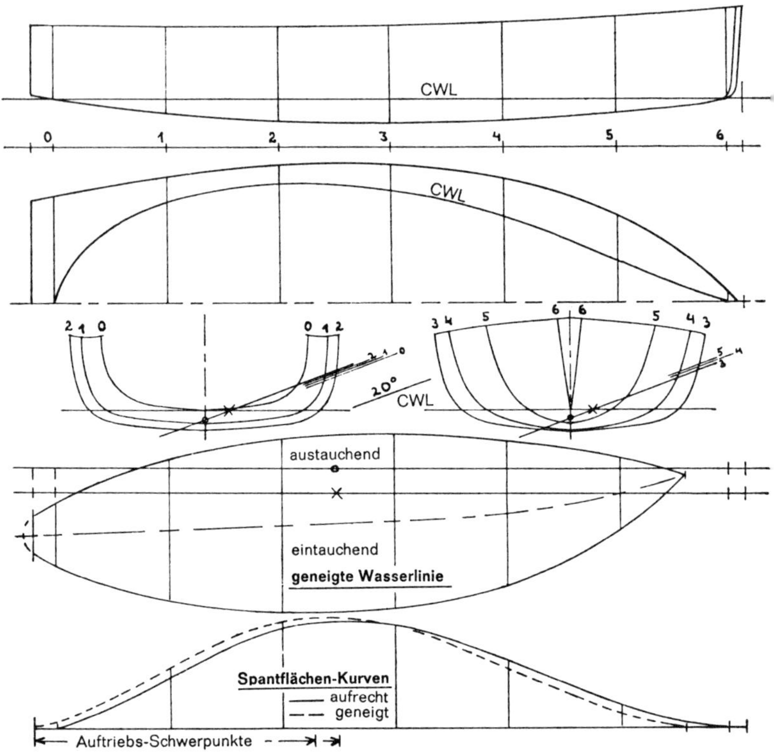

Zeichung 69

im Boden eine Idee steiler hochgehen könnte, falls keine Gegengründe vorliegen. Die gWL ist hier näher zur Mitte geblieben als bei der formstabilen Form der Zeichnung 69.

Jedenfalls kann man den Schluß ziehen, daß die Unterschiede aufrecht-gekrängt um so mehr in Erscheinung treten, je formverschiedener Achter- und Vorschiff sind. Womit ich jedoch nicht, besonders für Hochsee, für Spitzgatter plädiere. Mehr Achterschiffsbreite gibt Auflage, schützt vor achterem Wasserübernehmen, weil der große Reserveauftrieb, wenn in Welle, das Heck schnell hebt.

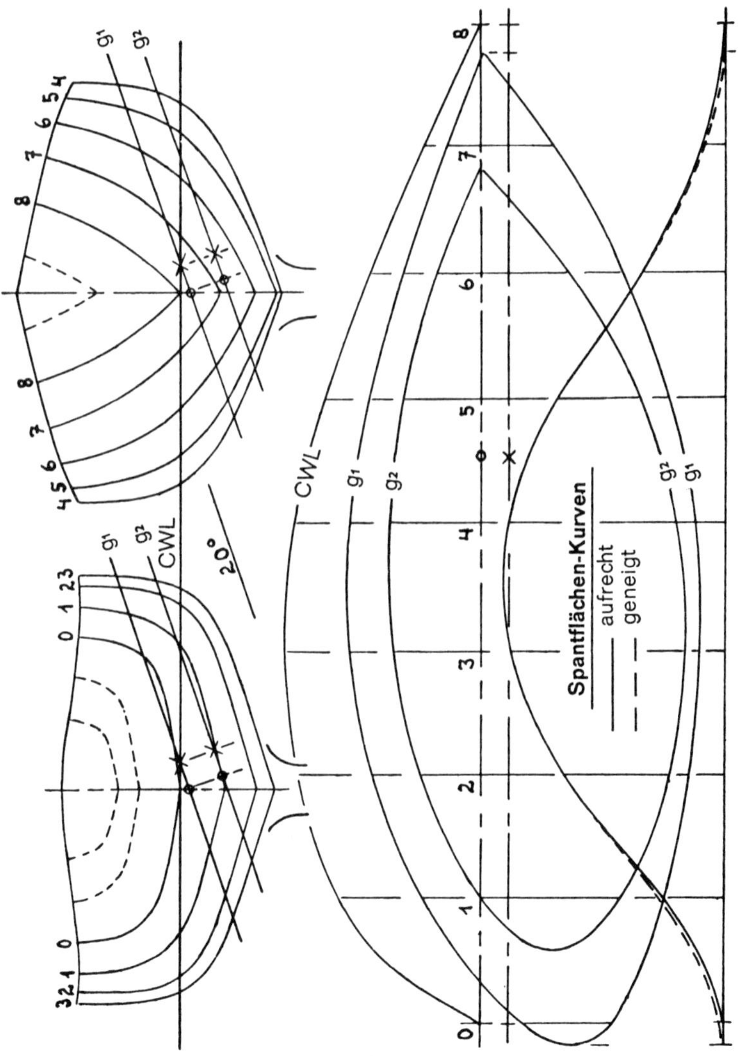

Zeichnung 70

Welche Auftrageachse man für die gWL wählt, ändert zwar an ihrer Form nichts, doch aus Gründen der Stabilitätsrechnung ist die in Zeichnung 70 angekreuzte und nicht die mit dem kleinen Kreis gekennzeichnete zu verwenden. Die Darstellung der gWL's ist natürlich mit dem Blick auf die geneigte Lage gedacht, was besonders beachtet sein will, wenn man, wie sehr empfehlenswert, den guten und gegenseitig harmonischen Verlauf mit den unteren gWL's prüfen will, so wie mit g_2 gezeigt.

Um die Spantflächen zu messen, braucht man in aufrechter Stellung nur die halben festzustellen und dann $\times$ 2, in gekrängter Stellung muß man dagegen die jeweiligen ganzen Flächen messen.

Wird der Krängungswinkel so groß, daß die Deckskante eintaucht, wird von der gWL eine Sichelform außen weggeschnitten, wodurch sich die Stabilität sprungartig vermindert. Damit das spät eintritt, sind Freiborde oft höher, als sie sonst nötig wären. Im Zusammenhang sei gesagt, daß eine in kritischer Lage ungewünschte Stabilitäts-Verminderung jene Boote *schon vor* dem Eintauchen der Deckskante erleiden, deren Bootsseiten oben eingezogen sind. Das gehört mit zu den Kenterursachen.

Die Berechnung von Bootsflächen und Eintauchformen mit Hilfe der Simpson-Regel

Mit Hilfe der Simpson-Regel kann man den Inhalt und die Längs-Schwerpunktslage einer auf einer geraden Längsrichtung aufgebauten und mit strakenden Kurven umgrenzten Fläche berechnen. Die Länge muß in eine gerade Anzahl gleicher Teile geteilt werden und die Ordinaten im rechten Winkel zur Längsrichtung stehen. 4 Teile — wie in Zeichnung 71 nur zur Erläuterung — sind das mindeste, und wie für die Linienrißvorbereitung gesagt, empfehle ich, je nach Bootsgröße, 6—8 und dann weiterhin Vielfache von 4. Bei der Festlegung der Teilezahl muß man darauf achten, daß die Ordinaten (Schnitte) auch auf besonders hervorragende oder eingezogene Kurventeile fallen, weil sonst das Ergebnis nicht genau wird. Als Beispiel dazu auch die Zeichnung 71, wo mit 6 statt 4 Teilen das dickere Achterende besser

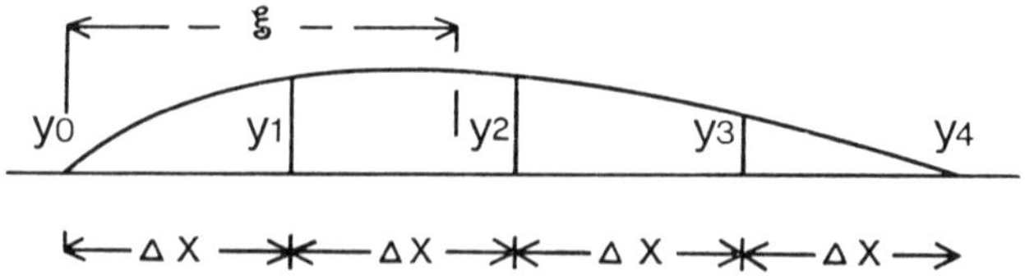

Zeichnung 71

erfaßt worden wäre. Dagegen sind die Unterteilungen der Spantflächenkurven der Zeichnung 69 und 70 recht brauchbar, denn die dort eingezogenen Enden haben ihre Ordinaten. Obwohl ich bei Flossenkielern ausdrücklich empfehle, schon um die reine Rumpfform mit ihren Völligkeitskoeffizienten richtig zu erfassen, den Flosseninhalt separat dazuzurechnen, kann man im ersten Überschlag die Flossenquerschnitte mit in die Kurve nehmen (siehe Zeichnung 11). Doch ist die Flosse kurz und inhaltsreich, dann bildet sie auf der Rumpf-Spantflächenkurve einen

1	2	3	4	5	6
Nr.	y	σ	σy	K	$K\sigma y$
0	y_0	$1/2$	$1/2\, y_0$	0	0
1	y_1	2	$2y_1$	1	$2y_1$
2	y_2	1	y_2	2	$2y_2$
3	y_3	2	$2y_3$	3	$6y_3$
4	y_4	$1/2$	$1/2 y_4$	4	$2y_4$
			ΣI.		ΣII.

Zeichnung 72

direkten Buckel, und die ganze Bootsunterteilung müßte so eng werden, daß mindestens zwei Ordinaten in den Flossenbereich fallen.

Nehmen wir an, daß die Kurve der Zeichnung 71 eine halbe Wasserlinie darstellt. Wir messen die mit y bezeichneten Ordinaten. Diese Maße faßt man in eine Tabelle zusammen, wie sie Zeichnung 72 zeigt.

Nun kann die eigentliche Rechnung beginnen. In Spalte 3 stehen die mit σ (sigma) bezeichneten „ersten Simpsonschen Multiplikatoren". Die Reihenfolge ist stets so wie hier, das heißt in der ersten Zeile steht $^1/_2$, in der nächsten 2, dann 1, 2, 1, 2 und so fort, und in der letzten Zeile steht wieder $^1/_2$. Hierbei ist zu beachten, daß vor diesem $^1/_2$ unbedingt eine 2 zu stehen kommen muß, was auch stets der Fall sein wird, wenn man die Fläche, wie bereits gesagt, in eine gerade Anzahl von Teilen unterteilt hat.

In Spalte 4 setzt man nun die Produkte der jeweiligen y mit seinem σ ein, also die σ y.

In Spalte 5 stehen die mit *K* (Kappa) bezeichneten „zweiten Simpsonschen Multiplikatoren". In derselben Zeile, wo unter σ das erste $^1/_2$ steht, ist hier eine 0 zu setzen, dann 1, 2, 3 usf. Diese Zahlen stellen theoretisch Hebelarme dar und haben mit der Nummernbezeichnung der y nichts zu tun. Hierauf setzt man nun in Spalte 6 die Produkte der Zahlen in Spalte 4 mit diesem zweiten Multiplikator ein, also $K\sigma\gamma$.

Spalte 4 und Spalte 6 werden addiert, d. h. es werden die Summen Σ I und Σ II gebildet.

Nun besagt die Simpson-Regel, daß die Fläche

$$F = \frac{2 \cdot \triangle x}{3} \Sigma \mathrm{I}$$

und der Schwerpunktabstand vom ersten in der Tabelle erscheinenden y (hier y_0) gleich

$$(\text{„xi"})\ \xi = \frac{\triangle x \cdot \Sigma \mathrm{II}}{\Sigma \mathrm{I}} \text{ wird.}$$

Hierbei ist unter $\triangle x$ die Länge eines Flächenteils zwischen zwei y zu verstehen, hier wäre es also gleich Länge der Fläche geteilt durch 4.

Da sich hier die Rechnung auf eine halbe Wasserlinie bezog, darf man nicht vergessen, das F mit 2 zu multiplizieren, um die ganze Fläche zu erhalten. Das beeinflußt das ξ, also die Längslage des Schwerpunktes, natürlich nicht. Im Bootsbau haben wir es zuerst fast immer mit halben Flächen oder Inhalten zu tun.

Um die Simpson-Regel anzuwenden, kann die Fläche ebensogut an einem oder an beiden Enden ein Maß zeigen, wie in Zeichnung 73 dargestellt.

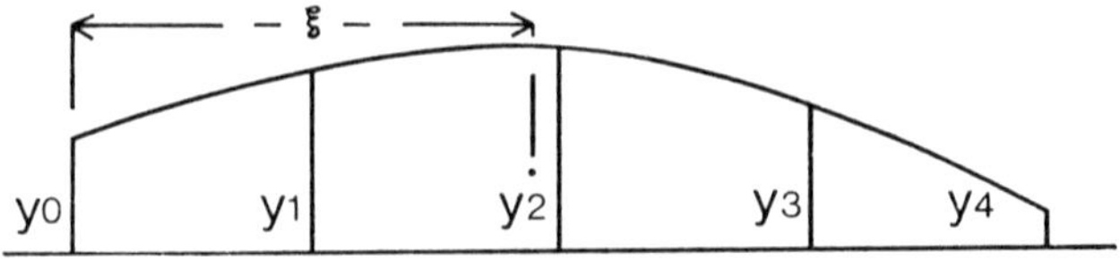

Zeichnung 73

Zur Übung, auch der Flächenzusammensetzung (Kapitel 5 und 6) ein Sonderbeispiel: Zeichnung 74 zeigt eine geneigte Wasserlinie, welche zwar keine Mittellinie, doch eine Längsrichtung mit dazu senkrechten Unterteilungen hat. Wie in den Zeichnungen 69 und 70 ist sie gegenüber der Linienrißeinteilung vorne kürzer und achtern länger. Wenn man sich die neue Länge nicht neu in gleiche Teile teilt, was man oft nur ungern tut, kann man hier nach Simpson nur das Stück von 0 bis 4 rechnen. Als Maß-

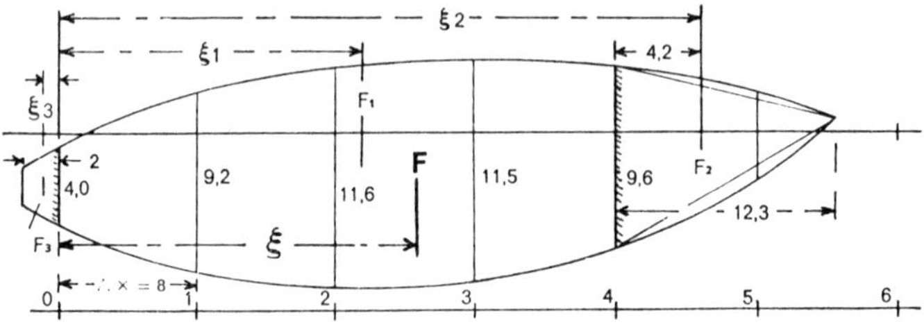

Zeichnung 74

einheit wähle ich dm. Die y muß man hier von Kurve zu Kurve messen, es entfällt daher am Ende das $\times$ 2 wie bei nur halben Flächen. Das $\triangle$ x sei = 8 dm. Baue die Tabelle mit eingesetzten Maßen (zweite Spalte):

0	4,0	1/2	2,0	0	—
1	9,2	2	18,4	1	18,4
2	11,6	1	11,6	2	23,2
3	11,5	2	23,0	3	69,0
4	9,6	1/2	4,8	4	19,2
			59,8		129,8

F_1 (von 0 bis 4) wird:

$$\frac{2 \times 8}{3} \times 59{,}8 \cong 329 \text{ dm}^2 \quad (= 3{,}29 \text{ m}^2)$$

$$\xi = \frac{8 \times 129{,}8}{59{,}8} \cong 17{,}35 \text{ dm } (= 1{,}735 \text{ m}) \text{ vor } 0$$

Das Stück vor Sp. 4 kann man als Dreieck + Bogenflächen rechnen, genauso wie nach Zeichnung 25 d.

$$\frac{9{,}6 \times 12{,}3}{2} = 59, \text{ dazu } 10 + 5 = F_2 = \text{ca. } 74 \text{ dm}^2.$$

Die Schwerpunktlage wird etwas größer als jene des reinen Dreiecks $\frac{12{,}3}{3} = 4{,}1$, sagen wir ca. 4,2 dm vor 4. $\xi_2 = 4 \times 8 + 4{,}2 = 36{,}2$ dm vor 0, da ich hier alles auf 0 beziehen will. Das achtere Stück F_3 = ca. 6,5 dm². Schwerpunktlage ξ_3 auf 0,8 dm *hinter* Sp. 0 geschätzt. Nun eine Art Tabelle:

$$\begin{array}{rcrcr} 329 & \times & 17{,}35 & = & 5708 \\ +\ \underline{74} & \times & 36{,}20 & = & \underline{+\ 2678} \\ 403 & & & & 8386 \\ +\ \underline{6{,}5} & \times & -\ 0{,}80 & = & \underline{-\quad 5} \\ 409{,}5 & & & & 8381 \end{array}$$

$$\xi \cong \frac{8381}{409{,}5} \cong 20{,}5 \text{ dm}$$

(2,05 m)

($\cong$ bedeutet ungefähr)

= F in dm²
(4,095 m²)

Wenn auch nicht ausgerechnet für eine geneigte Wasserlinie, so kommen Rechenaufgaben dieser Art doch öfters vor. Beachten: wo die Hebelrichtung andersherum geht, wie hier für F_3, wird das Produkt negativ. (Ebenso bei einer Gewichtsberechnung, wenn z. B. das Beiboot hintenüberhängt.)

Man kann nach Simpson auch die Höhenlage eines Schwerpunktes rechnen, indem man sich die Fläche in der Höhenrichtung in eine gerade Vielzahl gleicher Teile teilt. Ihre Abstände werden nun zum $\triangle$ x, und die Längen dieser Schnitte werden nun die y. Doch wo es sich gut machen läßt, ist die Methode nach Zeichnung 5 gar nicht übel.

Die Außenhautfläche flach gelegt richtig darzustellen ist sehr umständlich. (Im Großschiffbau = Vorbereitung zum Plattenplan.) Die Höhenmaße sind gleich den Spantumfängen (bzw. den halben), doch die Längenmaße können nur am Kiel ca. den Spantabständen entsprechen, denn weiter oben — am meisten dann am Deck — nehmen die Abstände, welche längs der Draufsicht auf den Wasserlinien zu messen sind, laufend und ungleichmäßig zu. Es ergibt sich ein verzerrtes Gebilde, die Spantenschnitte laufen fächerförmig und krumm auseinander. Man könnte dann zwar Simpson verwenden, indem man das Gebilde nun neu, gleichmäßig und im rechten Winkel zu einer geraden Längsachse unterteilt, Enden dazu- oder wegzählt usw. Den Schwerpunkt der abgerollten Fläche zu suchen wäre unnütz, denn wenn man sie sich wieder in die Bootsform zurückgebogen denkt, haben dann die Teile ganz andere Abstände zu irgendeiner angenommenen Ausgangsachse, und so auch der Höhe nach liegen dann die oberen Teile, nun wieder den Spantenbogen mitmachend, viel tiefer. Hier empfiehlt es sich, entweder nach meinen Angaben des Kapitels 8, Zeichnungen 14 bis 20, Tabellen 4 und 5, zu arbeiten, oder, falls man es „von alleine" machen will, die Bootsform in Scheiben zu zerschneiden (wie es die Spanten tun), Stück für Stück zu vermessen (Art Trapeze, am Vorsteven Dreiecke), jede Fläche und jeden Einzelschwerpunkt zu suchen und das Ganze rechnerisch zusammenzusetzen.

Flächenmaßstäbe: siehe Kapitel 2. Setzt man aber das $\triangle$ x, was oft praktisch ist, in natürlicher Größe in die Simpson-Rechnung, braucht man das Ergebnis nur einmal mit dem Maßstab zu multiplizieren.

Bevor wir an die Spantflächenkurve und die Verdrängungsrechnung gehen, einiges über das *Flächenmessen oder Planimetrieren.* Das Planimeter, siehe Kapitel 10, Punkt 5. Da dieses (teure) Instrument nicht riesengroß ist, dient es in erster Linie zum Messen der eingetauchten Spantflächen, während man Wasserlinien, wie erklärt, besser nach Simpson rechnet und ebenso die Spantflächenkurven, von welchen man ja außerdem die ⊙-Längslage benötigt.

Um sich ohne Instrumente zu behelfen, könnte man jede einzelne eingetauchte Spantfläche in Rechtecke, Trapeze und Dreiecke unterteilen und addieren. Oder man teilt jede einzelne (denn sie sind ja verschieden lang oder tief) in eine Anzahl gleicher Teile und rechnet nach Simpson. Beides ist recht umständlich. Ich benutze dazu das Planimeter, wenn der Linienriß und damit auch der Spantenriß ziemlich groß gezeichnet sind. Für alle anderen Fälle besteht mein Lieblingsplanimeter aus einem Stück Pauspapier, auf welchem ich mir selber, haargenau und in Tusche, ein 5- und 10-mm-Netz gezeichnet habe. Das lege ich auf den Linienriß-Spantenriß darauf oder darunter, hefte es gut fest, worauf sich ein Bild wie in Zeichnung 75 ergibt, auf welcher ich hier nur zwei Spantkurven verschiedener Boote zur Demonstration gezeichnet habe.

Ich schreibe in Zeile die Spantnummern und unterstreiche sie. Dann lese ich frei Auge jede 1-cm-Kolonne auf ihrer gestrichelten Mittellinie ab und schreibe diese Werte spantenweise untereinander. Sowie durch alle 1-cm-Kolonnen + Restteile durch, wird für jedes Spant addiert. Das Ergebnis ist verblüffend genau und dauert nicht länger als — sicherheitshalber öfteres — Planimetrieren. Beispiele nach Zeichnung 75:

Spant a, da unten gerade, kann ich hier 5 Kolonnen auf einmal rechnen. 5,00 (angekreuzt) $\times$ 2,1 (mit Punkt) = 10,5. Dazu oben, links, quer gemessen 0,80 und darunter etwas mehr als $^1/_4$ = 0,27. Summe = 11,57 cm².

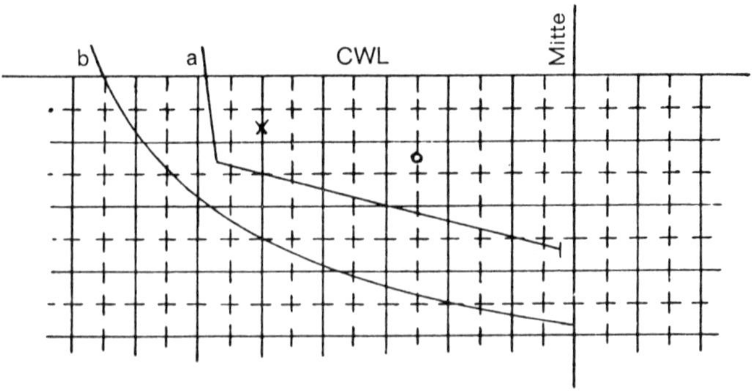

Zeichnung 75

Bei Spant b muß jede Kolonne einzeln gemessen werden. 3,75 + 3,58 (Zehntel mm schätzen!) + 3,35 usw. bis 1,40, dann

+ ein Dreieck $= \frac{0,85 \times 0,52}{2} = 0,22.$

Hierauf addieren. Mit Miniatur-Versuchslinienrissen kann man das mit einem Millimeternetz ebenso machen.

Erklärt wurde die Spantflächenkurve im Kapitel 7, gleich nach Punkt 15. Um die eingetauchten Spantflächen als Kurvenordinaten aufzutragen, benötigt man einen Maßstab. Seine Wahl beeinflußt weder die Verdrängungsrechnung noch jene des Auftriebsschwerpunktes. Man sagt : 1 cm der Spantflächen-Ordinaten entspricht .... cm² der eingetauchten Spantflächen auf der Zeichnung oder in Natura ... dm² bzw. bei großen Booten ... m². Dabei muß der Linienrißmaßstab beachtet werden. Ist es 1 : 10, entspricht 1 cm² = 1 dm². Ist er 1 : 15, dann 1 cm² = 2,25 m², und wenn 1 : 20, so ist 1 cm² = 4 dm². Für die Flächenkurve-Ordinaten sagt man dann : 1 cm = 1 dm² oder 2,25 dm² bzw. 4 dm². Wird damit die Kurve für die Zeichnung zu hoch, so kann man Vielfache wählen: z. B. 1 cm = 2 — 4,5 — 8 dm².
In der Längsrichtung gilt der Maßstab der Zeichnung. 1 cm = ... dm.

Der Flächenmaßstab der Spantflächenkurve wird dann das jeweilige Produkt. 1 cm² der Flächenkurve = ... dm² der Höhe nach x ... dm der Länge nach = ... dm^3 = Liter. Beispiel, Zeichnung 1 : 20. Ich hätte einen Ordinaten — cm = 4 dm^2 gesetzt. In der Länge 1 cm = 2 dm. 1 cm^2 der Kurvenfläche = $4 \times 2 = 8$ dm^3 = Liter.

Dieses zu wissen ist nützlich, weil man dann nach den ersten Verdrängungskontrollen errechnen kann, wie viele cm^2 die Flächenkurve zu viel oder zu wenig hat und wie viele ungefähr wegen der Auftriebslage vorne oder hinten dazu oder weg müssen. Hat man die Kurve danach geändert, versucht man die Linien (also neue oder geänderte) und damit die Spantinhalte hineinzupassen.

Nimmt man für diese Vorkontrollen erst einmal nur jedes 2. Spant, so vergesse man nicht, daß dann das $\triangle$ x zweimal so groß in die Rechnung zu setzen ist. In der ersten Simpson-Kolonne die richtigen Spant-Nummern, in der fünften jedoch stets 0, 1, 2, 3 usw.

Mathematik: hätte man alle Maße nur in cm und cm^2 aus der Zeichnung entnommen, nichts umgeformt, *die ganzen* und nicht nur die halben Spantflächen eingesetzt, so wäre die Verdrängung gleich dem Simpson-Ergebnis $\times$ Maßstab^3. (Wie Modell und Boot.) Das rechnet man sich dann auf dm^3 oder — um lange Zahlen zu vermeiden — auf m^3 um. Hat man aber das $\triangle$ x in natürlicher Größe eingesetzt, dann nur $\times$ Maßstab^2, und hat man auch die Spantflächen in natürlicher Größe eingesetzt, dann $\times$ gar nichts mehr. Wenn alles berichtigt ist, muß außer Verdrängung = Gewicht der Auftriebsschwerpunkt unter Beachtung des Abstandes Achterkante Boot — Beginn der Simpson-Einteilung

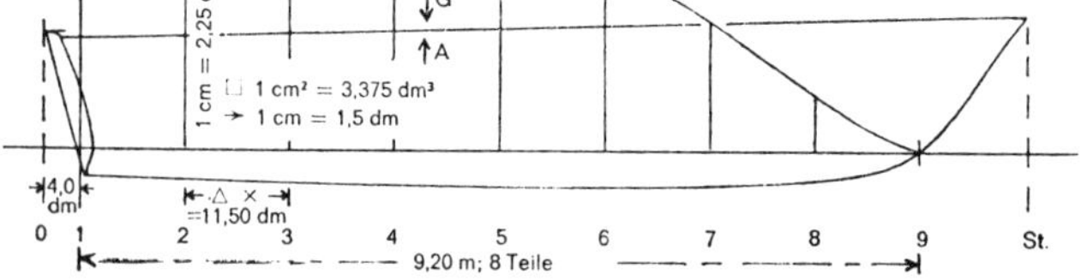

Zeichnung 76 a

(Zeichnungen 63, 73, 76) unter den Gewichtsschwerpunkt fallen. (Für Seewasser: Verdrängung × spez. Gew. des betreffenden Meeres = Deplacement = Gewicht.)

Macht der Strak durch die zur Bildung der Spantflächenkurve aufgetragenen Flächenmaße eine Zacke, so stimmt entweder an der Flächenmessung oder an den Bootsform-Straken etwas nicht.

1	2	3	4	5	6
Nr.	y	ς	ςy	K	Kςy
1	11,60	½	5,80	0	0,00
2	14,22	2	28,44	1	28,44
3	15,68	1	15,68	2	31,36
4	16,20	2	32,40	3	97,20
5	15,51	1	15,51	4	62,04
6	13,33	2	26,66	5	133,30
7	9,30	1	9,30	6	55,80
8	4,04	2	8,08	7	56,56
9	0,00	½	0,00	8	0,00
			142,87 = Σ I		464,70 = Σ II

Zeichnung 76 b

Zahlenbeispiel nach Zeichnung 76 a und b

Einige Angaben weil nötig, andere zur Illustration. Betrifft einen 10,80-m-Doppelschrauben-Binnen-Motorkreuzer, 26 km = flotter Verdränger, scharfe Rundspantform, L_{CWL} = 9,20 m,

Geschwindigkeits-Bereich $= \frac{V}{\sqrt{\mathrm{CWL}}} = 8{,}6$, womit bereits zusätzliche Gleiterscheinungen beginnen, Linienrißzeichnung 1:15.

Auf Grund der Gewichtsberechnung wird ein Auftrieb von 4920 kg mit dem Schwerpunkt auf ξ_1 = 4,19 m vor Achterkante Boot (Sp. 0) gewünscht.

Die CWL-Länge, trotz des größeren Bootes, hier zwecks Kürzung in 8 statt in 12 Teile geteilt (welche ja stets auch den Linienrißspanten entsprechen). Üblich ist, die 0 auf CWL-Beginn zu setzen. Hier absichtlich auf Achterkante Boot und 1 auf CWL = Simpson-Rechnungs-Beginn gesetzt, damit *es ja* auffällt, daß die 5. Tabellenkolonne nicht die Spantnummern wiederholt, sondern $\triangle$ x-Hebelarm-Faktoren aufzählt. Beachten, daß ich mit Sp. 1 die Spiegelschräge halbiert habe.

Die aufgetragenen Maße der Flächenkurve-Ordinaten entsprechen in cm den in 1:15 in cm^2 gemessenen halben Spantflächen. Das sind die Zahlen der zweiten Tabellen-Kolonne. Alles andere ist aus der Zeichnung zu entnehmen. Die Tabelle ergibt $\Sigma\,1 = 142{,}87$ und $\Sigma\,II = 464{,}70$. *Verdrängung V,* da halbe Flächen eingesetzt, nicht $\frac{2 \times \triangle x}{3}$ sondern

$$\frac{4 \times \triangle x}{3} \times \Sigma\,I \times \frac{\text{Maßstab}^2\ (\text{weil } \triangle x \text{ in nat. Größe, sonst }^3)}{100\ (\text{damit cm}^2 \text{ zu dm}^2 \text{ werden})} =$$

$$\frac{4 \times 11{,}5}{3} \times 142{,}87 \times 2{,}25 = 4{,}928\ dm^3$$

minus Spiegelrundungsverlust 35 dm^3

V = 4,893 dm^3 oder Liter.

Es fehlen 27 Liter = 0,55 % = praktisch sehr richtig.

Auftriebsschwerpunkt: $\xi_2 = \frac{\triangle x \times \Sigma\,II}{\Sigma\,I} \times$ nichts, weil $\triangle$ x in natürlicher Größe eingesetzt.

$$\xi_2 = \frac{11{,}5 \times 464{,}70}{142{,}87} = 37{,}40\ dm = \quad 3{,}74\ m$$

Wegen weggeschnittener Spiegelrundung	+	0,02 m
		3,76 m vor Sp. 1
+ Abstand 0—1		0,40 m
	=	4,16 m vor Sp. 0

Es fehlen 3 cm. Da in diesem Geschwindigkeits-Bereich eher kleine Vorderlastigkeit günstig = richtig. Damit wird der Steven in Ruhe um ca. 1 cm (ca. $\frac{1}{3}$ der Schwerpunktslagen-Differenz) tiefer tauchen.

Nebenbei:
Hauptspantfläche = Sp. 4 = 16,2 × 2 × 0,0225 = 0,729 m².

Im Kapitel 15, Text zu den Zeichnungen 47, 48, 50 und 52, benötigte man den bei *Gleitfahrt übrigbleibenden statischen Auftrieb*. Nun siehe Zeichnung 77 oben. Aus der Fahrtwasserlinie ergibt sich, in welcher Höhe diese die Spanten schneidet. Man mißt nun die einzelnen Spantflächen unter diesen Schnitten und

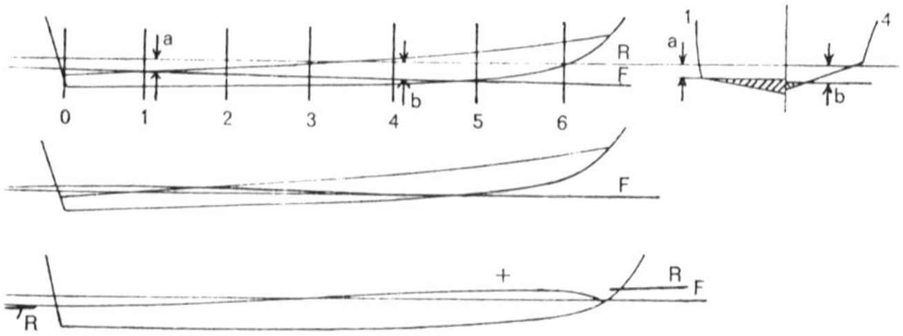

Zeichnung 77

erhält so die Spantflächenkurve in Fahrt (Zeichnung 50). Hat man betreffs gerader Teilezahl mittels den vorhandenen Spantschnitten kein Glück, muß man sich diese Fahrtverdrängungskurve entweder stückweise rechnen oder neu in gerader Zahl teilen und dann nach Simpson. Man erhält so Größe und Lage des A_{stat}.

Die zweite Darstellung zeigt dasselbe Boot wie oben, auf derselben theoretischen, jetzt horizontal gestellten Fahrtwasserlinie — und dazu, wie bereits in Zeichnung 47 angedeutet, die nach achtern gewanderte Welle. Die Fahrtwasserlinie wird also entschieden von der Wellenlinie beeinflußt. Wellenberge = Wasser über dem Wasserspiegel, wird nicht so viel tragen wie das kompakte, doch etwas bestimmt, und wer es genau nimmt, muß das berücksichtigen. Daß dagegen in einem Wellental das Wasser fehlt, ist offensichtlich, doch dieses tiefer liegende trägt wohl dafür etwas mehr, soweit das Boot dort eintaucht. Diese Rechnungen sind wissenschaftlich schwierig, sind Spezialgebiete und würden weit über unseren Rahmen gehen. Auch die sehr von der Bootsform abhängige Wellenhöhe ist kaum berechenbar, dagegen sehr leicht und einfach die, solange die Geschwindigkeit nicht sehr groß ist, nur von ihr abhängige Wellenlänge = von Berg zu Berg.

Wellenlänge in m = 0,64 v^2 (v in m/sec des Bootes)
Sie ist von dort, wo sich am Boot die vorderste hohe Welle bilden wird (beim Vollgleiter am Boot gar nicht mehr zu sehen, schon dahinter), nach rückwärts aufzutragen.

Beispiel: 20 km = 5,5 m/sec.

Wellenlänge = 0,64 × $5{,}5^2$ = 19,2 m.
Angenommen, die vordere höchste Stelle läge 1 m hinter CWL-Vorderende. Auf $\frac{19{,}2}{2}$ = 9,6 m dahinter liegt die tiefste Stelle des Wellentales = 10,6 m hinter CWL-Vorderende. Hätte das Boot ein L_{CWL} von 10,6, so wäre das also seine ungünstigte Geschwindigkeit, weil hierbei die größte Vertrimmung. (Zeichnung 54, Abteilung 3.) Solchen Fall zeigt die untere Abbildung der Zeichnung 77. Beachten, daß zu der mit R—R gezeigten Ruhewasserlinie der Boden solcher Boote (Verdränger) außerdem nach achtern ansteigt.

Jedenfalls steht fest, daß vom langsameren Verdränger bis zum Halbgleiter die Fahrtvertrimmung zum Großteil eine Folge der vom Boot verursachten Formveränderung der Wasseroberfläche ist, was wir bei der Durchbildung der Konstruktionen mit beachten müßten.

Und könnte wirklich alles genügend genau berechnet werden, mit praktisch richtigen Ergebnissen, dann wären ja die kostspieligen Versuchsanstalten nicht nötig, welche jedoch, ganz im Gegenteil, immer mehr zu tun erhalten, neue und schwierige Probleme an Hand von Versuchen lösen müssen und — man hätte es mal nicht für möglich gehalten — nun auch für unseren lieben Yachtbau.

18. Die Stabilität im Verdrängungszustand

Die Stabilität eines Bootes bewirkt, wenn es aus seiner Ruhe-Normallage gebracht wird, daß es wieder in sie zurückschwingt. Die Stabilität richtig zu erfassen und bei den Entwürfen zu beachten ist, wie es die Unfallstatistiken beweisen, sehr wichtig. Wer aus meinen Zeilen Nutzen ziehen will, muß sich, ob Segler oder Motorer, mit dem ganzen Kapitel befassen, weil alles ineinander greift.

Die grundlegensten Begriffe zeige ich — erstmal „auf dem Festland" — an Hand der Zeichnung 78, welche schaukelstuhlartige Körper darstellt. In aufrechter Lage befindet sich der Gewichtsschwerpunkt genau über dem Unterstützungspunkt. Der Hebelarm h zwischen Gewicht und Aufdruck (Auftrieb), beide klarerweise stets in Lotrichtung wirkend, ist erst Null. Dieser Zustand wäre labil, wenn nicht bereits bei der geringsten Krängung der Unterstützungspunkt schneller zur Seite wandern würde als der Schwerpunkt, womit sich ein Hebelsarm h und ein aufrichtendes Moment G × h *(Stabilitätsmoment)* bildet (Zeichn. 8c, Kräftepaar). Sehr zu beachten, daß bei diesem Vorgang der ⊙ gehoben wird — und ebenso beim Boot, von welcher Tatsache auch die hohe Schiffbau-Theorie immer weitgehenderen Gebrauch macht. Diese Hebung heißt *Stabilitätsweg*. (Auf der Zeichn. „Stw"). In angekippter Lage steckt daher in den Körpern eine potentielle Energie (Lagenenergie), welche sie mittels Zurückschwingens wieder abgeben möchten. Sie entspricht der Arbeit, welche zum Krängen notwendig gewesen ist, = G × Stw. Erfolgt diese Arbeit rasch, stoßweise (Wellengang, Bö), wird dem Boot auch eine Winkelbeschleunigung, eine kinetische Energie (Bewegungs- Trägheitsenergie) erteilt. Wenn die Auswirkungen der Wellen weiter erforscht sein werden (1968, man ist dabei), werden die Bewegungsberechnungen auf der Umwandlung der Wellenarbeit in die genannten Energien bestehen, um diese *dynamische Stabilität* besser zu erfassen. Mit den Winddrücken kommt man heute schon gut zurecht.

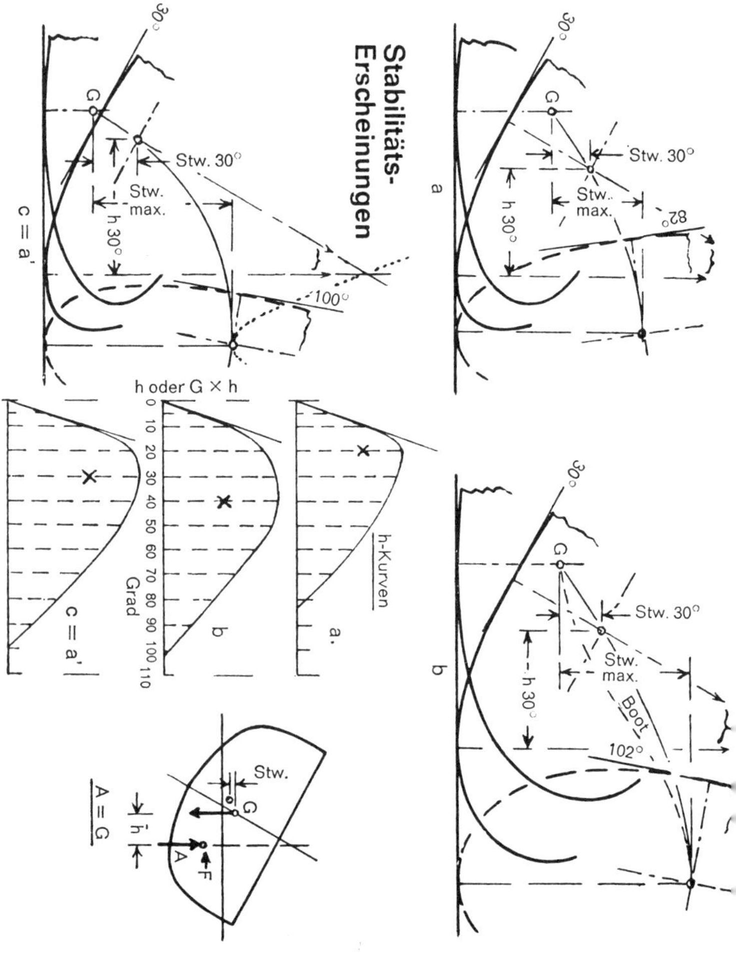

Zeichnung 78

Wir behandeln erst — und noch nach Zeichn. 78 — die *statische Stabilität* (langsam durchgeführte oder/und dann gleichgehaltene Krängung) bei angenommenem ruhigem Wasser, hier Boden. In allen drei Skizzen habe ich die Körper zuerst um 30° geneigt. Körper b ist breiter und höher (mehr Freibord) als a. Der Körper c = a' hat dieselbe Form wie a, doch der ⊙ liegt tiefer. Die Wege, welche die ⊙e bei Krängung bis zum Kippen (Kentern) beschreiben, sind eingezeichnet, so auch der lotrechte Begriff des Stabilitätsweges. (Beim Boot setzt diese Kurve erst flacher an, so ca. wie in Skizze b strichliert gezeigt.) In den Kenterstellungen liegen die Gewichts- und Auflagepunkte wieder lotrecht untereinander und bilden, wie zu Anfang, wieder kein h, nur daß jetzt die Körper ebensogut nach der anderen Seite fallen könnten. Der Stw. kann sich nicht mehr vergrößern.

Mit nicht über 5° Ankippung würde sich das Anfangs-h ergeben und mit G × diesem ersten h, die sogenannte *Anfangsstabilität.* Geht man dann so alle 10 oder 20° weiter bis zur Kenterstellung und trägt die sich jeweils ergebenden h auf einer Gradskala auf, so erhält man die *Hebelarmkurve.* Da G dasselbe bleibt, hat diese Kurve denselben Verlauf wie die Stabilitätskurve G × h, „im Maßstab 1:G". Den Größtwert (wo h am größten) nennt man das *Maß der statischen Stabilität,* gezeigt bei x°, des betreffenden Bootes, worauf auch die Yacht-Teste in „DIE YACHT" basieren. Würde das krängende Moment, welches den Körper = das Boot bis dorthin gekrängt hat, unvermindert anhalten, käme es unweigerlich zur Kenterung, weil sich ab dort das aufrichtende Moment verkleinert.

Vergleicht man a mit b, so sieht man, daß der breitere Körper, hier bei 30°, ein größeres h entwickelt als Körper a, daß auch der Stw. größer ist und der endgültige Kenterwinkel dank der höheren Form (Freibord) von 82 auf 102° zugenommen hat. Das größte statische Stabilitätsmaß ist von der 20°- auf die 40°-Stelle gewandert.

c = a', mit derselben Form wie a, nur mit tieferem G-⊙, erreicht nun 100° statt 82°, also fast soviel als b. *(Zunahme des Stabilitätsumfanges.)* c zeigt das größte h aller 3 Fälle, nun bei

30 statt schon bei 20°. Wäre dieser Körper etwas breiter, käme er leicht auf 40°. Dieser Fall c ergibt die größte Gewichtshebung = Stw. max, erfordert bei angenommenem gleichem G die meiste Krängungsarbeit.

Die Steilheit des Anlaufes der h-Kurven zeigt (genau wie das Anwachsen der Stw.e) die Intensität mit welcher die Stabilitätsmomente zu Beginn anwachsen, ist also eine gute Richtlinie für die Anfangsstabilität. Die Stw.-Größen steigen, wenn auch laufend flacher, bis zum Kippen an, obwohl die h bereits abnehmen, denn bis zum Kenterpunkt ist immer noch Arbeit nötig, also bis zum Ende des Stabilitätsumfanges.

Würde man für die verschiedenen Neigungen die Körper-Mittellinien mit den Aufdruck-Richtungen zum Schnitt bringen (siehe für 30° Pfeile mit Klammern und Fall c), so wandern diese Schnitte und ihre Wegkurven (c, punktiert) würden im ⊙ der Kippstellung ihre Schlußschlaufe bilden. Diese Punkte sind mit dem Begriff des *scheinbaren Metazentrums* verwandt. Fallen sie bis in G-Höhe, wird die Stabilität Null und nachher negativ = umkippend statt aufrichtend. Die Höhenlage des M bei den allerersten kleinen Neigungen heißt im Schiffbau die *Anfangsmetazenterhöhe.*

Die Skizze rechts unten zeigt die Analogie des bisher gesagten zum Bootsbau, und womit wir die Schaukelstühle verlassen. Die wesentlichsten Unterschiede zu ihnen sind, daß sich das Boot nicht mit seiner Außenhaut auf fester Ebene abrollt, sondern mehr an Ort und Stelle schaukelt (rollt) und daß sein jeweiliger Unterstützungspunkt, wo der Auftrieb A = G wirkt, im jeweiligen Formschwerpunkt der geneigten Lagen liegt (F). Diese wollen für die aufrechte Lage und mehrere gekrängte erfaßt werden. Ihr Weg beschreibt eine Kurve, deren jeweiliger sich verändernder Krümmungsmittelpunkt im *wahren Metazentrum* liegt und nicht in einem scheinbaren, wie es der Schnitt der Auftriebseinrichtungen mit der Schiffsmittellinie ist. Die Punkte F liegen „höher als man denkt“, weil die Vor- und Achterschiffe weniger tief tauchen.

Werde hin und wieder Abkürzungen verwenden, wie St = Stabilität, Fst und Gst = Form- und Gewichtsstabilität, Kr = Krängung und andere, welche aber wohl leicht zu erraten sind. In der Schiffstheorie führt der Stw den Buchstaben e, was ich nachher auch tue. Siehe stets die Zeichnungen.

Auch unsere Kleinschiffs-St-Rechnungen werden in m und to durchgeführt.

Die Fst und die Gst sind unzertrennbar zu einer einzigen St verbunden. Ich würde so definieren:

Die Lage des G-⊙tes und die G-Größe *beeinflußen* mit + oder — die *Auswirkung* der Fst.

Nur die dyn St, welche auf Bewegung, auf Massenträgheitsimpulsen und ihrer Abwehr beruht, ist (nachher) getrennt zu betrachten. Ich behandle hier in erster Linie die Querstabilität.

Wie aus der Skizze rechts unten in der Zeichn. 78 zu ersehen, benötigt man zur St-Bestimmung, beziehungsweise der Hebelsarme h, die Höhenlage des G-⊙tes, den F-⊙ und seinen Weg bei Krängungen.

Der Vorgang, um die Höhenlage des G-⊙tes zu finden, ist jenem der Längslagen-Aufsuchung (Kap. 9) absolut identisch und ebenso lang, nur daß man jetzt die Abstände von einer durch den untersten Punkt gedachten Achse nach oben zu mißt. Die Gewichte bleiben dieselben. Wieder besteht die größte Schwierigkeit darin, den ⊙ des Bootsrumpfes zu ermitteln. Das kann auf zwei Arten geschehen. Die erste: man schneidet in einer Kopie des Spantenrisses den Rumpf mittels einiger Wasserlinien, vom tiefsten bis zum höchsten Punkt in horizontale Scheiben und berechnet ihre Einzelgewichte, ohne alles das zu vergessen, was zu jedem Streifen dazu gehört, und setzt sie rechnerisch dann zusammen.

Der zweite Weg ist von mir. Für alles, was nun folgt, benutze ich als Vorführungsboot *denselben Flossenkieler* der Zeichnung 70, nun natürlich das ganze Boot und nicht nur die tauchende Länge.

Das Boot hat die Maße 11 x 3,26, in der CWL 7,55 x 3,08, gedachter Sponungstiefgang 0,74, Flossentiefgang 1,45, Ballast 2,50 to, Gesamtverdrängung (einschließlich dem hier reichlichen Inhalt des S-Schlages mit der Flosse von 0,80 m³) = 6,60 m³,

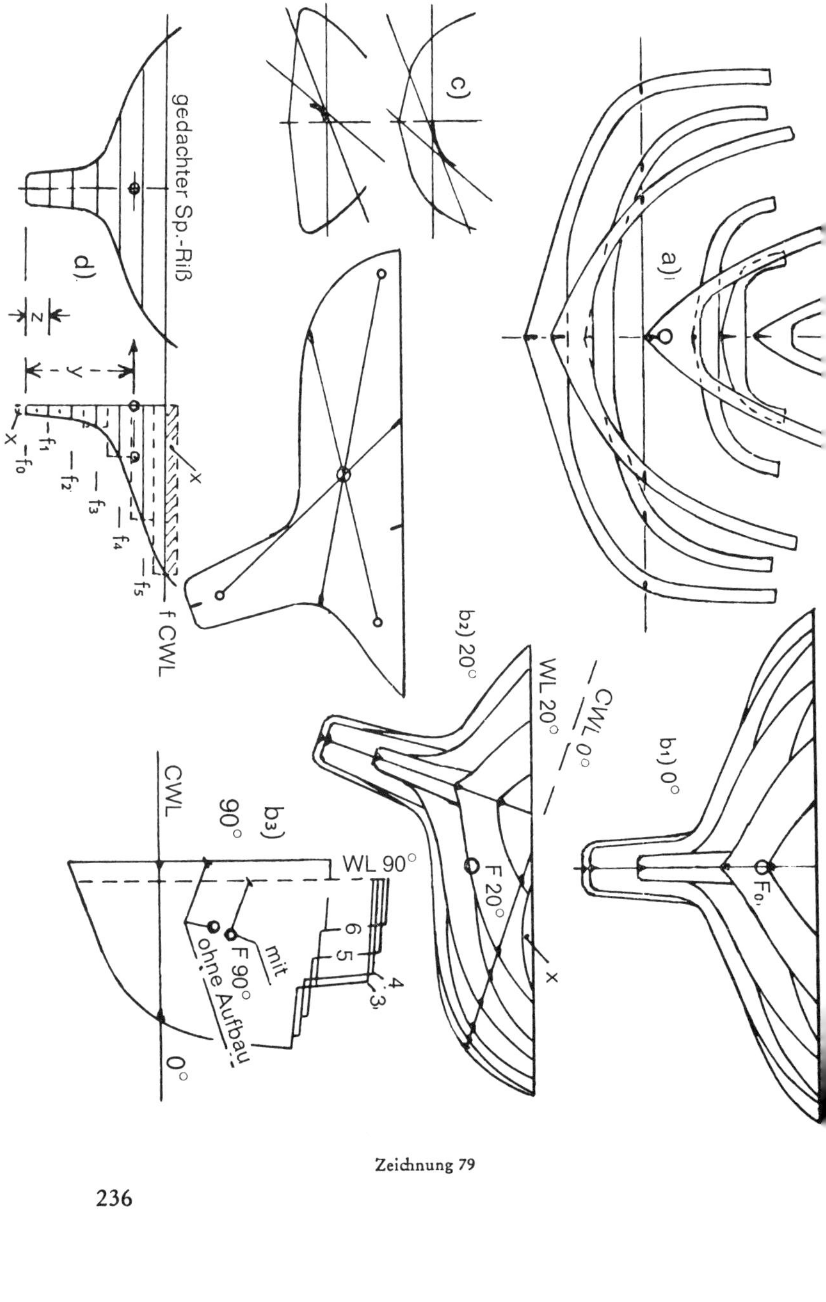

Zeichnung 79

was bei Seewasser einem Gewicht von etwa 6,80 to entspricht, mit Besatzung, Hilfsmotor, segelklar. Am Wind 57 m².

Im Ernstfall müßten die Riß-Spantabstände enger sitzen, so daß auf die CWL-Länge nicht nur 8 sondern 10, besser noch 12 Teile entfallen.

Nun weiter mit dem Rumpf-⊙, doch nur des Teiles über der gedachten Sponungslinie, also ohne S und Flosse. Man zeichnet sich mittels Blaupapier auf einem kräftigeren Karton sämtliche Linienriß-Spanten, vom ersten vor dem Spiegel bis zum letzten hinter dem Vorsteven einzeln und getrennt durch, wobei man die CWL und die Mittellinie gut markiert und komplettiert sie auf beiderseitig. Dann trägt man nach innen eine Höhe von ca. 1/40 der größten Bootsbreite ringsherum ab, berücksichtigt unten die Bodenwrangenhöhen und schneidet diese Rahmen aus. Auf ein leichtes Papierblatt (welches zum Karton-Gewicht keinen merkbaren Einfluß ausübt) zeichnet man das Mittellinie-CWL-Kreuz und klebt die Rahmen so übereinander, daß die CWL- und Fußpunkte richtig liegen. Siehe Zeichnung 79 a, wo der Deutlichkeit wegen nur ein Teil der Spantrahmen gezeichnet sind. Die CWL nicht berührende Überhangsspanten müssen in ihrer richtigen Höhe geklebt werden. In welcher Reihenfolge ist gleichgültig, also beginnt man praktisch mit dem breitesten. Gepreßt trocknen lassen, überstehendes Papier wegschneiden, umdrehen, mittels dreier Aufhängungen nach Zeichnung 5 den ⊙ suchen und durchstechen. Dieser entspricht, unter der Voraussetzung, daß der Rumpf gleichmäßig beplankt sei und die Spanten vom Spiegel bis zum Vorsteven gleiche Stärken und Abstände haben, dem ⊙ der Außenhaut mit Spanten und Bodenwrangen. Nun, wie vorhin, die Bezugsachse im tiefsten Punkt des Gesamtprojektes gezogen und Beplankungsunterschiede, Kiel-Kiele, Zusatz-Bodenwrangen, enger stehende Spantrahmen, Steven, Spiegel, untere und obere Weger usw. hinzurechnen, womit sich der ⊙ der fertigen Schale ergibt. Ihr Gesamtgewicht ist jenem bereits nach Kap. 8 berechnetem gleichzubringen. Flossen, Ballast usw. erscheinen besser sodann in der Gesamtrechnung.

Diese und alle weiteren ⊙-Höhenlagen sind leicht zu ersehen, zu erfühlen. Segelgewicht in ihrem ⊙ annehmen, Mast und Hölzer tiefer, stehendes und laufendes Gut einsetzen usw. Und ja keinen Optimismus dabei, wie z. B. tief liegende Tanks voll, Personen unten statt oben annehmen und dergleichen.

Mit der Berechnung der Auftriebs-F-Lagen ist mir eine ganz bedeutende, sogar wissenschaftlich exakte, auch großschiffbaufähige Vereinfachung gelungen. Diese erspart *sehr* viel Zeit und benötigt keine kostspieligen Geräte.

Wieder benötigen wir weiter nichts als einen Karton (welcher für die gesamte Arbeit derselbe sein muß), Blaupapier und nun auch eine Briefwaage.

Den Spantenriß des Linienrisses gut sichtbar (Tusche) durchkopieren, Vor- und Achterschiff getrennt und auf beiderseitig komplettiert, diesmal aber *mit S-Schlag und Flossenverlauf!* CWL, Mittellinie, irgend eine weitere WL und einen Vertikalschnitt zur Schaffung mehrerer Anhaltspunkte durchziehen. Für die aufrechte Stellung und dann für die verdrängungsrichtigen Schräglagen (wie, folgt) die dazugehörigen Unterwasserflächen auf den Karton durchpausen, so auch die Schnitte, welche man nach dem Ausschneiden der Flächen über die Kanten hinweg gut markiert. Jede zu einer Lage-Stellung zusammengehörige Gruppe wird, mit der jeweils größtflächigsten beginnend, sorgfältig an der richtigen Stelle — WL's jeweils bündig — übereinander geleimt. Hier erübrigt sich ein Aufklebe-Papier. Jeder solche Stoß wird nach Zeichnung 5 behandelt, wozu man die breitflächige Seite benutzt. Es ergeben sich die F-Stellen für jede Schräglage und welche man sich in den Spantenriß überträgt. Siehe Zeichnung 79b, für 0°, 20° und (nur den Umriß gezeichnet) für 90°. Das kleine angekreuzte Scheibchen bei bereits 20° ist das nun auch tauchende Sp.0, wie aus Zeichnung 70 und noch weiter für die größeren Neigungen aus Zeichnung 80 ersichtlich. Darauf muß man aufpassen. Mit 10—12 Spanten (statt 8) dauert die Pappe-Arbeit für jede Schräglage etwa 90 Minuten.

Vorher ist es aber notwendig, die zu jeder Krängung richtige Schwimmlage, das heißt mit derselben Verdrängung, zu finden. Ist das gelungen, dann müssen — zur Kontrolle — sämtliche zusammengeleimten Neigungspäckchen (gleichen Karton vorausgesetzt) dasselbe Gewicht aufweisen wie jenes der aufrechten Stellung. Dazu die Briefwaage.

Als Hinweis diene: je ausfallender die Spanten, um so mehr wandern die schrägen WL's nach der eintauchenden Seite. Würden die Spanten einfallen, ginge die Wanderung nach der austauchenden zu, wie es Zeichnung 79c mittels der Charakteristik der *Hüll-* oder *Rollkurve* zeigt. Bei lotrechten Seitenwänden laufen, so lange weder das Deck ein- noch die Kimm austaucht, auch die schrägen WL's durch den Schnitt CWL-Mittellinie.

Nun die 90°-Lage auf Zeichnung 79b3 und 80 ansehen. Letztere stellt nur *ein* Boot dar (stets dieselbe Kielyacht), und alle Eintragungen beziehen sich auf das Ganze. Auch je ein Spant vor und hinter der Ruhe-CWL ist eingezeichnet, weil sich bei Schräglagen die WL-Länge verändert, was erfaßt sein will. Zeichnung 79b3 zeigt die Tauchungen und F-Lagen, wenn man die Aufbauten (von Sp. 3 bis über 6 laufend) als Tragkörper mitzählt oder nicht. Ich rate dazu, diese (theoretisch günstigen) auszuschalten, weil sie nicht immer dicht sind. Achtung auch auf die Plicht-Breite. Besser ist es, man rechnet bloß mit dem Deck als Abschluß. Diesem Gesichtspunkt entspricht Zeichnung 80.

Ob es nun ein 90°-Boot werden soll (gemeint: dabei noch nicht kentert) oder auch nicht, zieht man, nachdem man 0° mit F_0 nach Zeichnung 79b1 hat, *vorerst die Zwischenschräglagen überspringend,* die 90°-WL nach Augenmaß und macht dazu eine sorgfältige Verdrängungsrechnung. Man sieht, daß das Boot achtern bis über Sp. 0—1 und vorne bis etwas über Sp. 8 taucht, was man mit dem Rechnen und nachher auch mit den Karton-Ausschnitten berücksichtigen muß. Ferner skizziert man sich die dazugehörige (komische) WL und bestimmt ihre Fläche. Damit kann man den sicherlich gemachten Augenmaßfehler korrigieren. Fehlen z.B. an der Verdrängung 0,82 m^3 und die Fläche hat 9,75 m^2, so muß die 90°-WL um $\frac{0{,}82}{9{,}75} = 0{,}084$ (8,4 cm) näher zur Bootsmitte (und umgekehrt). Ist der Fehler jedoch groß, dann ja alles neu machen. Wegen der zugenommenen tauchenden Länge teilt man die erst nach den vorhandenen Spanten gezogene Spantflächenkurve zwecks Berechnung des V mit ande-

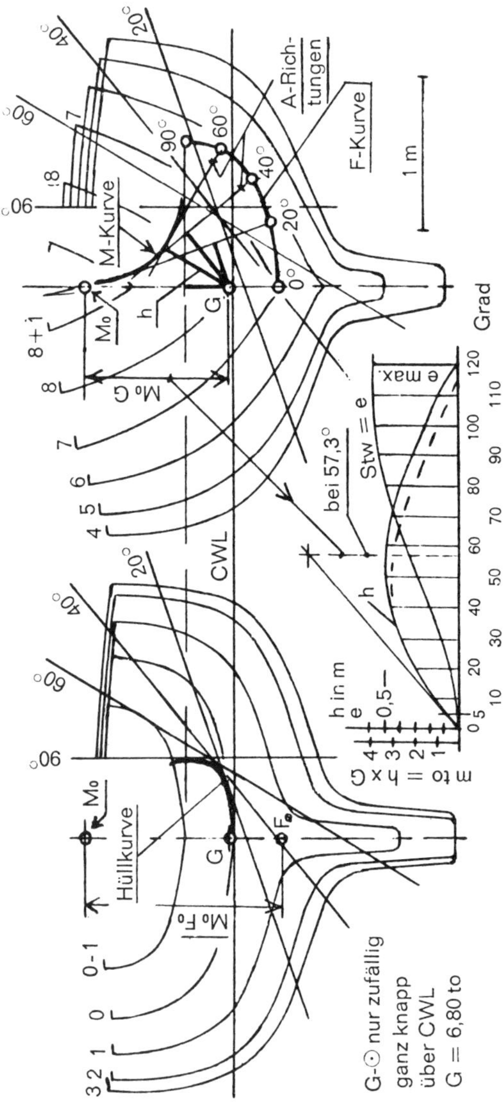

Zeichnung 80

rem $\triangle$ x in eine gerade Teilezahl. Dann die Karton-Arbeit, Gewicht des Päckchens mit dem der aufrechten Lage vergleichen und den A-$\odot$ = F_{90} mittels Lot suchen — in die Zeichnung eintragen. Die Waagerechte durch dieses F_{90}, die CWL, die Mittellinie und die 90°-WL bilden ein Rechteck. In dieses zeichne ich — siehe Zeichnung 80 links — eine im Bereich um 20° — 40° ganz leicht eingedrückte Viertelellipse und sage, obwohl theoretisch nicht genau: das ist unsere Hüll- oder Rollkurve.

Die Formen der Hüll- und der F-Kurven hängen von den Booten ab. Die Hüllkurve kann auch zu einem Kreis oder zu einer hoch stehenden Ellipse werden und dort, wo Kimm und Deck aus- oder eintauchen, Zacken bilden.

Wenn man nun an die Hüllkurve die anderen schrägen WL-Lagen tangieren läßt, so werden die Verdrängungen ohne Nachrechnung genügend genau stimmen. Nun geht man an die Karton-Arbeit, hier für 20-40 und 60°, kontrolliert das Gruppengewicht und wenn alles stimmt, sucht man mittels Lot die F-Punkte und trägt sie in den Spantenriß ein. Diese müssen, siehe Zeichnung 80 rechts, auf einer strakenden Kurve liegen. Durch die F, im rechten Winkel zu ihren WL, gehen die A = die Auftriebsrichtungen und man kann sich die (dick gezeichneten) Hebelsarme h herausmessen, um sie über einer Grade-Skala aufzutragen. Letztere unterliegt keinem Maßstab, kann beliebig sein.

Die h-Kurve zeigt, daß dieses Boot bis zu einer sehr großen Krängung — fast 60° — über einen St-Zuwachs und über einen sehr langen St-Umfang verfügt, während im Allgemeinen diese Kurven so wie die strichliert gezeigte verlaufen.

Die h-Kurven sind die Stabilitätsbilder der Boote.

Man liest immer wieder, daß 90°-Boote bei dieser Krängung über noch „einen" positiven Hebelsarm verfügen müssen. Aber „einen" könnte nur wenige cm messen, die wären bereits durch alles das weg, was — einschließlich Besatzungsmitglieder — bereits bei 40-60° nach Lee gekullert ist und dies bei Seegang und nassen Segeln. Darum sage *ich:* „90°-Boote müssen hierbei noch über ein h verfügen, welches mindestens ebenso groß ist wie jenes bei 10 - 15°". Hier, unser Boot, hat es sogar wie bei 20°. Ähnlich auszulegen ist das für 40 - 60°-Boote, sprich Motorboote und merke: sowie Wasser in irgend ein Boot hineinläuft, geht auch die schönste errechnete End-St in die Binsen!

Will man aus der Kurve außer den h auch die St-Momente ersehen, braucht man nur diese mit dem stets gleich bleibenden G zu multiplizieren und kann sich daneben die G × h-Skala bauen. (Siehe Zeichnung 80)

Der Stw = e ist das Anwachsen der G-Höhenlage über den dazugehörigen Wasserspiegeln, also die Differenz bis zu den einzelnen WL gemessen. Er nimmt bis zum Ende des St-Umfanges zu. $e_{max} \times G$ = die bis zum Kentern aufgebrachte Arbeit, hier 0,57 m × 6,80 to = rund 3,88 mto.

Wie gesehen und ersichtlich ändern sich bei Krängung, besonders bei größeren, die Verdrängungs-Verteilungen. Meistens werden die Boote — so wie hier — dabei vorderlastig. Aber: der Einfluß der Längsvertrimmung auf die Querstabilitätswerte ist sehr gering.

Die, wie erklärt, durchgeführte Berechnung der G-⊙-Höhenlage hat für unser Boot 1,47 m über dem tiefsten Punkt, = 2 cm über der CWL ergeben, entsprechend Zeichnung 80.

Vergleichsweise habe ich erst den 2,5 to schweren Bleiballast und dann noch die anderen zu einer Segelyacht gehörenden Teile weggenommen und die Ergebnisse in der Zeichnung 82a dargestellt. Ohne Ballast 0,66 m, ohne Mast, Spieren, Segel und Flossenholz, sozusagen als niedriges Motorboot, 0,30 m über CWL.

Die *Anfangs-Metazenterhöhe,* der einzige Fall, wo man das Metazentrum auf der Bootsmittellinie annehmen kann (Zeichnung 80, Punkt M_0), müssen wir leider rechnen und womit sich der Abstand $\overline{M_0 F_0}$ ergibt. (Strich über zwei Buchstaben bedeutet ihr Abstand, die $_0$ beideutet bei 0°). Wir nehmen dazu eine ganz kleine Krängung an von (bis) 5°. Dieses Ergebnis mit Karton oder sonstwie zu konstruieren, wäre schon wegen des schleifenden Schnittes der A-Richtung mit der Mittellinie zu ungenau.

Die Stelle des F_0 wurde — oder wird — sonst ebenfalls rechnerisch gesucht, weshalb ich jene, welche andere Literatur benutzen, auf einen oft vorkommenden Fehler in der Anleitung hinweise: Siehe Zeichnung 79 d. Wenn man die Schwerpunktslage der Wasserlinienflächenkurve (= die Höhenlage des F_0) statt nach Simpson oder durch ihre Karton-Auslotung nach dem Hebelgesetz errechnet, also wie mit Gewichten und wie hier vorgeführt,

Nr.	Fläche	×	Produkt
f_0		0	0
f_1		z	
f_2		2 z	
und so weiter			
f_{CWL}		6 z	
	I		II

ist das Rechenergebnis, daß $y = \frac{\text{Summe II}}{\text{Summe I}}$ *falsch,*

denn das wirkt sich so wie strichliert angedeutet aus.

Die Boote, auch jene ohne Flosse, sind unten schmaler als in der CWL, wodurch sich wegen des langen oberen Doppelstreifens eine meßbare höhere F-Lage ergibt, als sie es ist, und *das* Boot *würde rechnerisch dann stabiler als tatsächlich erscheinen.* Wir hatten jedoch mit meiner Karton-Methode bereits das richtige F_0 und dies ohne die Wasserlinienflächen zu berechnen, gefunden.

Das F_0 unseres Bootes liegt 0,34 m unter der CWL, G liegt 0,02 m darüber, womit $\overline{G\ F_0} = 0{,}36$ m wird und was wir nachher brauchen.

Die Formel für die Metazenterhöhe über F_0 (Zeichn. 80 links) ist $\overline{M_0\ F_0} = \frac{J_0}{V}$ (Ableitung siehe Schiffbau-Bücher) Hierbei ist J_0 das sogenannte Trägheitsmoment der Wasserlinienfläche um die durch ihren ⊙ gehende Längsachse, für die Ruhewasserlinie = Mittellinie. In der Zeichn. 70 ist die CWL unserer Kielyacht ersichtlich und mittels der Zeichn. 81 zeige ich, wie J_0 errechnet wird. Um nachher keine Tabelle zu wiederholen, führe ich das gleich in jener Weise vor, wie man es mit unsymmetrischen, also mit geneigten Wasserlinien machen müßte (für welche die Formel auch gilt. *Wir* finden den M-Weg — Verlauf einfach zeichnerisch). *Die ganze Rechnung geht aus der Zeichn. 81 hervor,* ebenso daß für unsere symmetrische WL 5 Kolonnen genügt hätten, worauf man die Σ III einfach mit 2 multipliziert. Doch merke: das J mittels der ganzen statt der halben Breiten zu errechnen, wäre in dieser Art ein sehr großer Fehler!

Trägheitsmoment J (in m^4) einer WL-Fläche
ya = Breiten von der schiffsparallelen ⊙-Achse zur austauchenden Seite
ye = Breiten von der schiffsparallelen ⊙-Achse zur eintauchenden Seite

1	2	3	4	5	6	7	8	9
Nr.	ya	ya^3	σ	$ya^3 \times \sigma$	ye	ye^3	σ	$ye^3 \times \sigma$
0	0,00	0,00	½	0,00	0,00	0,00	½	0,00
1	1,09	1,30	2	2,60	1,09	1,30	2	2,60
2	1,42	2,86	1	2,86	1,42	2,86	1	2,86
3	1,54	3,66	2	7,32	1,54	3,66	2	7,32
4	1,47	3,18	1	3,18	1,47	3,18	1	3,18
5	1,22	1,82	2	3,64	1,22	1,88	2	3,64
6	0,86	0,64	1	0,64	0,86	0,64	1	0,64
7	0,43	0,08	2	0,16	0,43	0,08	2	0,16
8	0,00	0,00	½	0,00	0,00	0,00	½	0,00
(III und IV zwecks Unterscheidung von der Zeichnung 76 b)				20,40 = Σ III				20,40 = Σ IV

$\triangle$ x = L der WL : Teile; hier 7,55 : 8 = 0,945 m

Zeichnung 81

V hier = 6,60 m^3 (nicht = to, falls Seewasser)

$$J\text{, hier } J_0 \text{ für } 0° = \frac{2 \times \triangle x}{9} \times (\Sigma\, \text{III} + \Sigma\, \text{IV}) =$$

$$= \frac{2 \times 0{,}945}{9} \times (20{,}40 + 20{,}40) = 0{,}21 \times 40{,}80 = \mathit{8{,}58\ m^4}$$

$$\text{Folglich: } \overline{M\,F}\text{, hier } \overline{M_0\,F_0} = \frac{J_0}{V} = \frac{8{,}58}{6{,}60} = \mathit{1{,}30\ m}$$

$G\,F_0$ war 0,36 m; folglich: $\overline{M_0\,G} = 1{,}30 - 0{,}36 = \mathit{0{,}94\ m.}$

Wie aus den Kolonnen 3 und 7 ersichtlich, nimmt ein Trägheitsmoment mit der dritten Potenz der Breiten zu — oder ab, woraus sich gute Anhaltspunkte ergeben.

Das für uns wertvolle Metazentermaß ist:

$$\overline{M_0 G} = \overline{M_0 F_0} - \overline{G F_0}$$

denn trägt man dies im h-Diagramm bei (immer) 57,3° auf, so tangiert die Verbindung zu 0° den Anlauf der h-Kurve. Siehe Zeichn. 80. Damit ergeben sich die h für die allerersten Grade, also jene der Anfangsstabilität, genauer als mit allen anderen Mitteln. Dieser kleine Hebelsarm muß auch gleich sein $\overline{M_0 G} \times \sin \varphi$ (φ = Winkel). Die zirka sin-Werte siehe Zeichn. 82b. Für 5° genau = 0,087.

Die Anfangsstabilität ist, mit weder zu viel noch zu wenig, für das Wohlbefinden, besonders auf kraft-angetriebenen Booten, welche nicht den Luft-Schlingerkiel = Segel haben, wichtig und bei den Segelbooten, damit sie sich nicht bereits bei leichten Winden krängen, wobei sie an Winddruck verlieren und sich ihr Fahrtwiderstand merklich vergrößert (je 10° um ca. 10—12 %). Bei Knickspant weniger oder später.

Doch die Auffindung der Anfangsstabilität, womit oft der Schnellunterricht aufhört, *genügt nicht,* wie bereits aus allem ersichtlich gewesen, denn der Sicherheitsfaktor beginnt nachher. Allein die Anfangs-St zu wissen genügt nur, wenn das $\overline{M_0 G}$ eines guten und sehr sehr ähnlichen Bootes bekannt ist, so daß man bei den Krängungen des neuen Bootes gleicher Eigenschaften sicher sein kann.

Vom M_0-Punkt läuft die *Metazenterkurve* in die Auftriebsrichtungen hinein tangierend. Siehe Zeichn. 80 rechts. Ihre Form hängt vom Boot ab. Nimmt bei kleinen Neigungen die WL-Breite zu (z.B. bei lotrechten Seitenwänden, was hier nicht der Fall ist) und laufen die ersten Auftriebsrichtungen *über* M_0 hinweg, machen sie erst, wie angedeutet, eine kleine Spitze nach oben. Dort, wo sie unten, bei 90°, den Auftrieb tangiert, würde sie, das Boot weiter krängend, wieder eine pfeilartige Spitze bilden, um dann nach Mitte — schräg nach unten weiter zu laufen. Wo die Kurve die A-Richtungen berührt = tangiert, liegen die dazugehörigen wandernden M = momentane Krümmungsmittelpunkte der F-Kurve. Sowie die A-Richtung G erreicht, gibt es kein h mehr und gleich nachher ein negatives, ein kippendes. Dort erreicht der Stabilitätsweg (Gewichtshebung) das Maximum, und dort endet der Stabilitätsumfang, hier bei uns bei 122°. Wir haben das alles in einfacher Weise mit Hilfe der Pappmodelle gelöst, haben *das Wichtigste, die h,* herausgemessen und könnten so ca. auch die jeweiligen $\overline{MF}$ messen.

Bei unserer Kielyacht wandert, trotz bester See-Eigenschaften, das F etwas wenig zur Seite. Dies weil die Flosse, welche hier einen großen Rauminhalt hat (mit S-Schlag 0,8 m^3) bei Krängung nach austauchend dreht. Ergebnis: mit dünnen Flossen mit Ballastwulst kommt die Formstabilität besser zur Geltung.

Der Leichtbau mit dünner Flosse zeigt sowieso, daß man mit weniger G und größerem h dieselbe Stabilität erzielen kann. Was er nicht kann, ist, einem Wogenanprall dieselbe Masse entgegenzusetzen. Man sagt, zum Ausgleich weichen solche Boote leichter zur Seite, schneller. Doch sicher ist es, daß für das lotrechte Auf und Nieder ein nicht zu schweres Boot angenehmer ist, weil es sich beim Absturz ins Wellental viel weniger eingräbt. Es folgt in jeder Situation schneller dem Reserveauftrieb. (Oft gut, nicht immer angenehm.)

Freibord ist wichtig, weil es das Eintauchen der Deckskante verzögert. Mit hohem Freibord liegt allerdings das G auch höher und alle hoch liegenden Gewichte wollen beachtet und möglichst vermindert werden. Doch der Freibord-Vorteil überwiegt hierbei.

Was wirkt auf ein Boot krängend? Der Winddruck, der Wellenverlauf, ihr Anprall. Mit Schüttgut, welches nach Lee übergeht, haben wir auf einem Sportboot wenig zu tun, nur etwas mit den Tankinhalten. Am besten läßt sich *die Wirkung des Winddruckes* erfassen. Was nun folgt, beruht sehr auf Annahmen — und nicht nur bei mir! — doch es erfüllt den Endzweck. Weil aufschlußreicher, setze ich mit dem Segelboot fort, *doch ist alles für das Sportmotorboot,* das Fahrgastboot, das Kleinschiff jeder Kategorie, *ebenso wichtig,* wobei man auch das zu befahrene Gewässer berücksichtigen muß.

Die Beaufort-Windstärken-Bezeichnungen überspringend, gehen aus der Zeichn. 82c die auf eine zur Richtung senkrechten Fläche, einschließlich der Sogwirkung, ausgeübten Winddrücke in kg/m^2 hervor. Unterschiede wegen der Höhenlage wollen wir

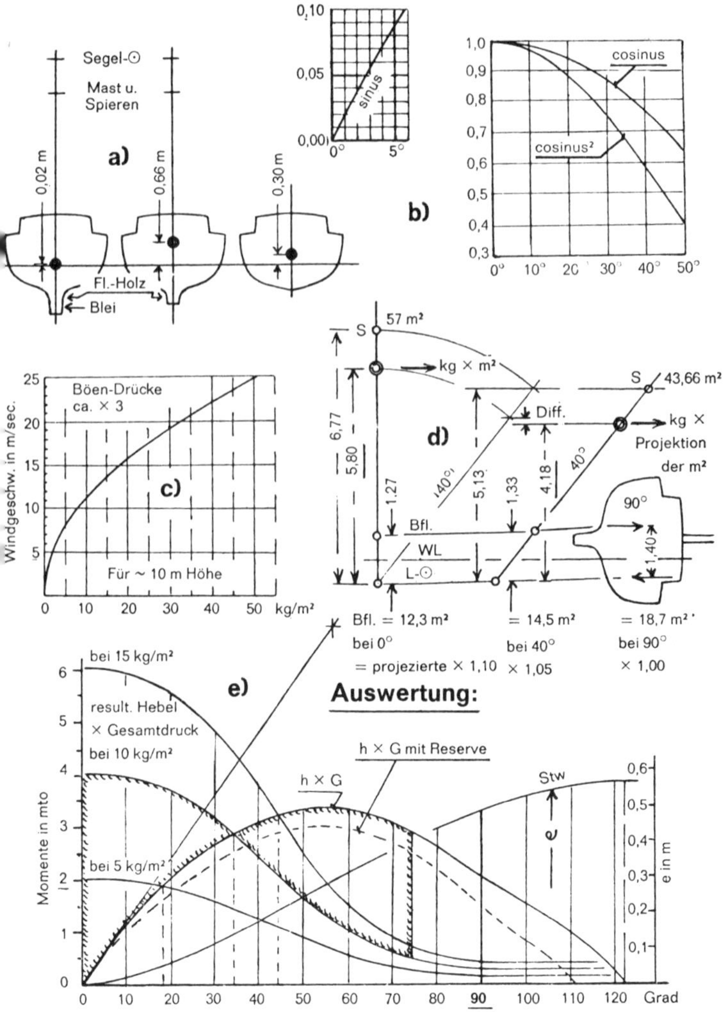

Zeichnung 82

vernachlässigen. Böendrücke sind rund 3 × so groß als der dabei herrschende Wind. Heute prüft man ein Boot bei verschiedenen Windstärken und nicht nur mit 5 kg/m².

Wir beginnen mit der aufrechten Stellung = Skizze d links. Man muß außer der Segelfläche mit ihrem ⊙ auch die Überwasser-Seitenansicht des Bootes mit Aufbauten mitrechnen. Wegen der Zusatzwiderstände der Relings, Handleisten und Beschläge habe ich die 11,2 m² große Fläche „unseres Bootes" mit 1,1 multipliziert = 12,3. Als Hebel-Drehpunkt wird der Lateral-⊙ angenommen, woraus sich nun die gemeinsame Fläche mit ihrem gemeinsamen ⊙ errechnen läßt. Diese, dort mit den gewählten Winddrücken multipliziert, ergibt die krängenden Momente.

Durch die Krängung vermindert sich die Projektion des Segels auf × cos φ (φ = Krängungswinkel), welcher Faktor aus der Skizze b für jede Neigung bis 40—50° hervorgeht. Entspricht in Skizze d dem oberen Kreisschlag und von den 57 m² bleiben bei 40° nur noch 43,66 in waagerechter Richtung übrig. Es heben sich die ⊙te der Lateral- und Bootsfläche. Letztere nimmt hier in der Projektion zu statt ab. Weil nun Zusatzwiderstände teils schon zur Sogseite gewandert sind, habe ich die jetzige Fläche (13,8) nur mit 1,05 multipliziert. Ergibt 14,5 m². Das holt den gemeinsamen ⊙ um „Diff" herunter (Skizze d Mitte). Die Hebelarme müssen stets auch lotrecht gemessen werden, also nochmal × cos φ, macht insgesamt × cos² φ; siehe Skizze b. Würde man das „Diff", durch die Änderungen des Bootskörpers verursacht, vernachlässigen (gefahrlos, weil damit das Krängungsmoment eher größer erscheint), so könnte man das Ergebnis der aufrechten Stellung *bis* und für 40° einfach mit cos² φ multiplizieren. Über 40° nicht. Dann besser nach Skizze d weiter arbeiten. Nun höre ich — und so auch für die 90°, auf welche wir jetzt weiterspringen — manchen rufen, daß man heute doch anders rechnet. Ich habe unseren Fall auch „anders" gerechnet (neuwissenschaftlicher), doch das Ergebnis war haargenau dasselbe, nur der Vorgang weniger anschaulich. Ein Fall mit einem modernen „vielstöckigen" Motorkreuzer würde sich der Großschiffsbau-Methode besser anpassen, weil aufrecht die Bootsfläche sehr groß, bei 90° jedoch nur so wie unsere Aufbauarme Kielyacht. Die Wind-Bootsfläche könnte bei einem Kreuzer also ab- statt zunehmen. Diese Bootsfläche, Skizze d rechts, muß man messen, dazu ihre ⊙-Höhenlage und die Höhenlage des ⊙-tes der jetzigen Lateralfläche. (Evtl. mittels Pappmodellen.) Es ergibt sich dann das 90°-Krängungsmoment mit: Abstand der ⊙-te × Fläche × Druck/m², welche Werte ich ab dort bis zum Umfangsende einfach gleichbleibend annehme.

Die Auswertung, nach Zeichn. 82e. Die h × G und die Stw mit den e-Kurven sind genau dieselben wie auf Zeichnung 80, nur in anderen Maßstäben. Die gestrichelte h × G-Reservekurve, welche hier nichts mit der allgemeinen Charakteristik wie jene auf Zeichnung 80 zu tun hat, ist vorderhand wegzudenken. Links geht die Skala der Momente hoch; sie gilt für die aufrichtenden des Bootes und für die krängenden. Letztere habe ich für Winddrücke von 5, 10 und 15 kg/m² ausgerechnet, jeweils für 0°, 40° und 90°. Die Momente sind zu den gewählten Winddrücken direkt proportional. (Man kann auch nur Hebelsarme gegen Hebelsarme umrechnen, wobei jene des Bootes die echten, jene der Kr.-Mom. errechnete sind. Wäre aber für uns nur unklarer.) Diese Kr.-Mom. sind entsprechend der (beliebigen) Grad-Skala aufgetragen. Wenn man nun von 0° über 40° nach 90° waagerecht beginnende elegante S-Kurven durchzieht, welche im ersten Teil, solange noch viel Segelfläche eine Rolle spielt, so ca. der $\cos^2\varphi$-Kurve entsprechen, so stellt jede den Verlauf des betreffenden Krängungsmomentes dar. Wo diese (vorderhand als stetige gekrängte Stellung gedacht) die h × G-Kurve schneiden, herrscht Momenten-Gleichgewicht. Das heißt, bei stetigen Dwarswinden (sehr theoretisch mit brettartig mittschiffs belegten Segeln) würde sich unser Flossenkieler bei den 3 genannten Winddrücken um 18, 34 und 44° neigen. Wir sehen, daß bei 15 kg-Wind (ca. 18,5 m/sec = harter bis stürmischer Wind) es schon brenzlig aussieht, weil das Boots-h × G nachher kaum noch zunimmt.

Alle diese Momentenkurven haben (man denke an Moment × Weg statt an Kraft × Weg) die Eigenschaft, daß ihre bis zu einer bestimmten Grade-Zahl darunter liegende Fläche das Maß der vom Moment bis dorthin geleisteten Arbeit darstellt. Krängung und Stabilität kämpfen gegen einander, sie bringen daher gegenseitig ihre Momente zum Abzug. So steckt — jetzt nur als Beispiel die Kr.-Mom.-Kurve für 10 kg Winddruck betrachtend — bei 34° die linke anschraffierte Fläche als potentielle Energie im Boot. (Von der Krängung aufgebrachte Arbeit minus der von der Stabilität aufgebrachten.) Sie entspricht der dortigen Schwerpunktshebung e × G.

Ist jedoch die Krängung von 0 bis 34° schwungartig so erfolgt, daß der Anstoß z. B. bei 34° aufhört (Bö), so steckt nun kinetische = Bewegungsenergie im Boot: Drehungsschwung mit G-Hochwurf, wegen welcher das Boot so lange weiter krängt, bis die rechts anschraffierte Fläche genau so groß geworden ist wie die linke, was hier bei ca. 74° der Fall wäre. (Praktisch: die Reibung hilft abbremsend etwas mit). Denkt man sich nun dasselbe mit der 15 kg-Kurve (Schnitt bei 44°), so sieht man schon mit freiem Auge, daß es bis zum Stillstand fast oder ganz bis zu den 122° käme, also bis zum endgültigsten = dynamischen Kenterwinkel. Das alles zu ersehen, ist der wichtige Zweck solcher Darstellungsweise.

Diese letzten Ausführungen betrafen die *dynamische Stabilität.*

Einige Überlegungen. Binnen und in Küstennähe kommt der Wind auch oft von schräg oben. Dann stimmt das mit den cos oder $\cos^2\varphi$ nicht mehr, die Kr.-Mom. werden größer. Ferner: die die 90°-Stellung ist für die Berechnungen sehr brauchbar und zum Wiederaufrichten nützlich, doch praktisch ein unerwünschter Grenzfall. Man wird sich also mit der Stabilitätsbemessung auf 40—60° einstellen (für Motorboote als Maximum). Es greift ja die Besatzung mit Gegenmaßnahmen ein, wobei ihr die dann noch vorhandene Stabilitätsreserve sehr zu Nutzen kommt.

Ein Stabilitätsweg-Hinweis. Siehe e-Kurve in Skizze 82e. Ist zum Beispiel die h × G-*Fläche* (bis runter) bis zu ¹/₄ oder ¹/₂ verbraucht, was hier bei ca. 35° und bei 54° der Fall ist, dann muß auch ¹/₄ und ¹/₂ der maximalen e-*Höhe* verbraucht sein, denn die Arbeit des Stab.-Momentes muß gleich sein jener der Gewichtshebung = e × G.

Über die *Zusatzmomente und Gefahren durch den Wellengang* ließe sich viel schreiben und skizzieren, doch hier fehlt der Platz dazu. Diese *gelten* genau so für die *Motorboote,* welche ebenfalls außerdem der Windeinwirkung unterliegen. Die auftretenden

Situationen können wir nur statisch untersuchen und dabei dynamisch denken. Rollen und Stampfen können getrennt auftreten, doch meistens verbinden sie sich zum Schlingern. Es ändern sich die Neigungen, es ändern sich die Tiefgänge mal vorne, mal achtern, mal in der Mitte, was alles sich laufend ändernde Wasserlinien, damit sich ändernde Trägheitsmomente und damit der Stabilitäten zur Folge hat. Dabei spielt es eine große Rolle, wie lange die einzelnen Situationen andauern. Darum besteht die größte Gefahr, wenn die Wellen von schräg achtern kommen, nicht viel schneller als das Boot sind und besonders, wenn die Wellenlänge ungefähr der Bootslänge entspricht. Dagegen helfen große Reserveauftriebe und auch achtern kein zu geringer Freibord. Darum ist Plattgatt (oder ähnlich) sicherer als Spitzgatt. Das bisher Erläuterte gibt jedem, der es will, die Möglichkeit, sich die Situationen — aufrecht oder geneigt — zu zeichnen und die Hebelsarme dazu zu suchen. Dabei beide Fälle nach Zeichnung 32 vornehmen. Man kann auch sehen, daß große Tiefgänge an den Enden die gewünschte F-Auswanderung vermindern, weil sie andersrum schwenken.

Infolge der noch bestehenden Schwierigkeiten, das Verhalten bei schwerer Welleneinwirkung zu erfassen, wird in verschiedener Art vorgeschlagen, mit Sicherheitsreserven zu rechnen. Ein solcher Weg wäre unter der h × G-Kurve eine ähnliche, mit kleinerem h und geringerem Umfang zu ziehen, so wie in der Zeichnung 82e einstrichliert und diese als Grundlage zu benutzen. Mein Vorschlag wäre, an der Höhe und am Umfang der h, bzw. der h × G-Kurve:

für Binnen, je nach Gewässer	0 % bis 5 %
für große Seen und Küste	5 % bis 10 %
und für Hochsee	10 % bis 15 %

in Abzug zu bringen. Unter sehr ungünstigen Umständen verringern sich die h sogar um zweimal so viel, besonders, wenn sich ein schnell gehobenes Boot zuletzt, vom Schwung, noch ein weiteres Stückchen heraus hebt, was die WL-Fläche sehr vermindert.

Betreffs des Krängungsmomentes durch die *Fliehkraft in der Kurve* (Flkr. $= \frac{G}{9{,}81} \times \frac{v^2}{R}$)

will ich lediglich daran erinnern, daß bei flotten oder schnellen Motorbooten der mit v^2 + Propellerstrom anwachsende Ruderdruck dem Auswärtskippen entgegenwirkt und das Boot damit nach innen legt, falls das oder die Steuerruder tief genug reichen. Dagegen fördern tiefe Tothölzer oder Rennbootsflossen die nach außen gerichtete Wirkung der Fliehkraft, weil sie ihren Hebelsarm verlängern.

Mit der *Längsstabilität* beschränke ich mich auf die Ermittlung einer durch Gewichtsverschiebung (oder unrichtiger Bootsberechnung) verursachten Vertrimmung. Siehe Zeichnung 83a. Rechenbeispiel das Boot b. Für diese kleinen Winkel genügt es, die Längs-Anfangs-St zu ermitteln. Aus den Entwurfsberechnungen und jenen der Querstab. kennen wir bereits das V, die G und F_0-Lage (der Länge nach untereinander) und die G- und F_0-Höhenlagen. Was wir nun noch brauchen ist das Längs-Trägheitsmoment der CWL und den CWL-⊙, weil durch diesen die J_L-Bezugsachse geht. Auch für das Längenmetazentrum gilt die Formel $\overline{M\ F_0} = \frac{J_L}{V}$, wobei die J_L-Berechnung genauso wie nach Zeichnung 81 vor sich geht. B in eine gerade Anzahl gleicher Teile geteilt. Diesmal sind die y_a und y_e tatsächlich verschieden. Ich zähle für nachher nun alle, auch die jetzt für die Längs-St nicht notwendigen Charakteristiken der Binnen-Motoryacht 83b auf: 10,60 × 3,07 m. Rundspant. (zu schmal wegen Bahntransportmaß) CWL = 9,75 × 2,75, V = D = 5,1 to, G der Länge nach (wie F_0) auf 4,20 m vor Achterkante Spiegel, der Höhe nach 0,47 m über CWL, F_0 liegt 0,145 m unter CWL. Demnach $\overline{G\ F_0} = 0{,}615$. J der CWL für die Querstab. = 10,2 m^4, für die Längsstab. = 118 m^4. (Beachte, ca. × 11.) Für die Querstab. ergibt sich $\overline{M_0\,F_0} = \frac{10{,}2}{5{,}1} = 2{,}00$ m und minus 0,615 = $M_0\,G$ = 1,315 m. Dasselbe für die Längsstab. $\overline{M\ F_0} = \frac{118}{5{,}1} = 23{,}15$, daher M G = 22,535 m. CWL-Fläche (immer nützlich) = 20,8 m^2, CWL-⊙ liegt auf 4,18 m vor Achterk. Spiegel.

Verschieben wir z. B. 400 kg um 3 m nach vorne, wandert der G-⊙ um 0,23 m nach G'. $\overline{M\ G'}$ praktisch = $\overline{MG}$ und mit

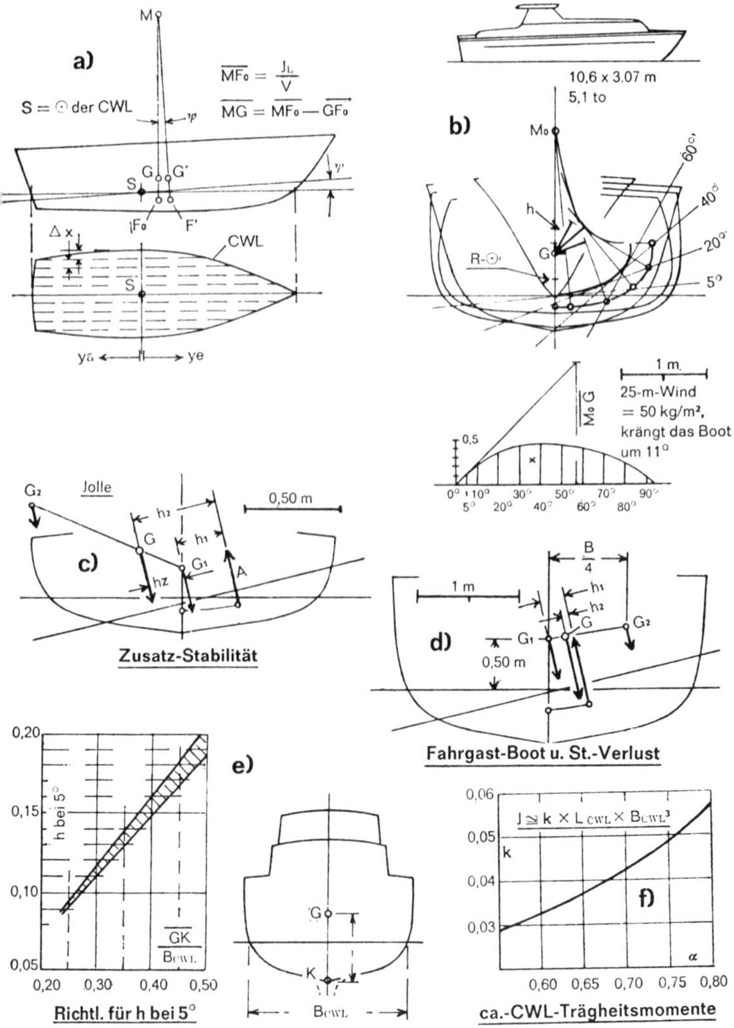

Zeichnung 83

ca. im rechten Winkel dazu die $\overline{GG}$, haben wir das Verhältnis des Trimmwinkels. Die Neigung erfolgt um den CWL-$\odot$. Von diesem nach vorne mißt die CWL 5,69, nach achtern 4,06 m. Daher: Tiefertauchung vorne: $\overline{GG'}$ = 5,69 : $\overline{MG}$ und Austauchung achtern: $\overline{GG'}$ = 4,06 : $\overline{MG}$. $\overline{GG'}$ = 0,23, $\overline{MG}$ = 22,535, und es ergeben sich die Ein- und Austauchungen mit 0,058 und 0,041 m.

Über den Daumen gepeilt vertrimmen sich Motorboote, am Vorsteven gemessen, um rund $^{1}/_{4}$ bis $^{1}/_{3}$ der Schwerpunktsverschiebung — oder des Rechenfehlers.

Längsstabil ergibt sich ein Boot mit nicht zu scharfen Enden, noch wichtiger mit dort guten Reserveauftrieben und keine großen Gewichte, denn diese verlangsamen die Reaktionen und ihr Abklingen.

Zurück zur Querstabilität der Motoryacht nach Zeichnung 83b. Der Vorgang, um die bereits angegebenen Daten zu finden, war genau dergleiche wie für die Kielyacht beschrieben. Auch habe ich wieder — für die größten Krängungen — die Aufbauten nicht als tragende Körper angenommen. Außerdem sind solche Krängungen bei Motorbooten nur theoretisch, weil sie ja schon vorher vollschlagen. Von den 12 tatsächlichen Linienrißspanten habe ich nur 4, nur um die Form zu zeigen, gezeichnet. Aus der Seitenansicht ist zu entnehmen, daß das Boot für seine Größe schon ziemlich hoch ist, genau 14 cm höher als das gleich lange der Zeichnung 22, wo der Besteller mit der Stehhöhe bescheidener war. Außerdem ist das jetzige ein Zweischrauber, wodurch die seitlich liegenden Maschinen bekanntlich höher sitzen müssen. Alles zusammen treibt den $\odot$ hoch (und seitliche Gewichte schwingen).

Obwohl bei größeren Neigungen absolut sicher, könnte im Vergleich mit dem Boot nach Zeichnung 22 die Anfangsstabilität eine bessere sein. Das Verlangen des Bahntransport-Maßes (bis 3,15 über Leisten) erlaubte keine größere Breite. Es gibt eben Fälle, wo man sich besser mit größerer Breite auf den Landtransport einstellt. Rundspant wurde es, weil sich seine Geschwindigkeit noch im Verdrängungsbereich befindet (24—25 km). Knickspant hätte zwar die Fahrt leicht vermindert, dafür aber — weil damit die WL breiter wird — die Anfangs-St verbessert und das jetzige h bei 5° von 0,118 m auf ca. 0,13 bis 0,14 m gebracht. Das merkt man. Der Hinweis auf der Zeichnung, daß ein heftiger Sturm (See; dieses Boot ist für Binnen) das Boot um 11° neigen würde ist nicht mit „doch garnichts“ abzutun, weil es sich um Zusatzkrängungen zu jenen des Seeganges handelt. (Berechnet wie für die Kielyacht, nur mit Überwasser-Seitenansicht als „Segel“.)

Auf solchen Booten und Fahrgastschiffen gefallen den Insassen bereits die leicht vorkommenden 10°-Schwankungen garnicht. Bei 12° beginnt man zu rutschen.

Zusätzliche und verminderte Stabilität. Die im Wassersport bekannteste angewandte Zusatz-St ist jene, welche mittels Aussitzen oder gar der Trapez-Verwendung erzielt wird. Siehe Zeichnung 83c. Damit verschiebt sich der Gesamt-⊙ nach der austauchenden Seite. Die Hebelsarme h sind dann von den jeweiligen Auftriebseinrichtungen bis zum neuen G-⊙ zu messen. Man kann auch getrennt rechnen, so daß sich die h-Differenz ergibt. Acht geben, daß keine Gewichte 2 mal erscheinen. Je schwerer das Boot im Verhältnis zum Gewicht der Aussitzer, um so mehr verringert sich die Wirksamkeit. Für die See bestimmte Boote müssen auch ohne Aussitzer genügend stabil sein.

Das Entgegengesetzte kann dagegen bei *Fahrgastbooten* vorkommen, wenn sich die Personen aus irgend einem Grund, meistens bei Gefahr oder Mann-über-Bord, auf eine Bootsseite verlegen. Rechnerisch nimmt man dazu ihr Gewicht auf 1/4 von B an. Die G-⊙-Wanderung (wenn Personen aufstehen, auch nach oben) ist des kg-Verhältnisses Boot/Personen wegen beträchtlich. Die Kentergefahr ist groß, siehe Zeichnung 83d. (Tanks unterteilen oder längs lagern.) Es muß ein noch wirklich wirksames h_2 übrig bleiben. Die Berechnungen sind mit den dazugehörigen Tauchlagen durchzuführen.

Die Skizzen 83a, c und d sind nur Schaubilder.

Krängungsversuche und Messungen *der Rollschwingungszeiten* haben den Zweck (leider „hätten“) konstruktive Unterlagen zu schaffen. In dieser Hinsicht sind die Segelbootsteste in der „YACHT“ sehr zu loben und ähnliches hätten die Motorboote mit ihren zunehmenden Höhen immer nötiger. Zur Auswertung im Sinne der St-Rechnungen muß man den Linienriß haben, um das J und über F_0 den Punkt M_0 zu finden. Der Krängungsversuch ergibt die tatsächliche G-⊙-Höhenlage eines fertigen Bootes und die zu den Krängungen dazugehörigen h. Durchführung mit Personen, mit ganz leeren oder ganz vollen Tanks, ruhigem Wasser, den Steven gegen das unvermeidbare Lüftchen gedreht. Man schafft, bei Motorbooten am besten mittels Gewichte-Verschiebung, ein bestimmtes Krängungsmoment bis zu Neigungen von etwa 5—10°. Den Winkel mißt man mittels einem hinter einem Lot befestigten Gradmesser — und Beobachter auch „fest".

Das gesuchte $\overline{M_0G}$ ist $= \frac{\text{Krängungsmoment}}{\text{tg}\,\varphi \times G}$. Den tg (Tangens)-Wert des gemessenen Winkels findet man in den Handbüchern, doch bis 6° ist er praktisch den Sinuswerten (Zeichnung 82b, links) gleich. Damit errechnet sich das $\overline{M_0G}$, welches von M_0 herunter abgetragen den G-⊙ ergibt. Das zur Krängung dazugehörige h ist $= \frac{\text{Krängungsmoment}}{G}$ denn Krängungsmoment = Stabilitätsmoment.

Besonders für *Motoryachten* wertvoll ist die Zeit T in sec für eine Rollschwingung hin *und* zurück. Bei kleinen Ausschlägen sind diese bis zum Abklingen gleich. (Isochron). Vereinfacht, doch praktisch brauchbar, lautet die Formel

$$T = \frac{2\,i}{\sqrt{M_0 G}} \text{ oder } i = \frac{T}{2} \times \sqrt{M_0G}$$

Das i ist der Trägheitsarm des Bootes (+ einem Anteil des mitschwingenden Wassers), auf die Rollachse bezogen, als welche man bei kleinen Ausschlägen die CWL-Mittellinie annehmen kann. Hat man $\overline{M_0G}$, so ist das i eines fertigen Bootes mittels der Schwingungszeit leicht zu finden. Konstruktiv dagegen nur mit sehr viel Geduld. (Das ganze Boot, einschließlich Rumpf, in Querschnittssicht in eine sehr große Anzahl Einzelgewichte aufteilen. Ihre Abstände r zur Drehachse messen, für jede Position r^2 × Einzelgewicht bilden, diese Produkte addieren und dann wird i (ohne der schwierigen Erfassung des bewegten Wassers)

$$= \sqrt{\frac{\text{Summe der } r^2 \times \text{Einzelgewichte}}{G}}$$

Die T-Zeiten der Flossenkieler und Schwertboote sind wegen der mitbewegten Wassermassen gut anderthalbmal länger als aus den Rechenergebnissen nach obiger Formel.

Wissenschaftlich müßte man mit Massen (: 9,81) rechnen, was sich aber gegenseitig aufhebt.

Wertvoll als Richtlinie *für das* Stabilitäts und Anfangs*verhalten* ist das *Verhältnis von i zur CWL-Breite*. Der Großschiffbau rechnet meistens mit einem i um 0,4—0,45 B. Wir im Kleinschiffbau benötigen (Grund folgt) größere Stabilitäten und damit kleinere *i, etwa 0,30 bis 0,39 B*, denn, siehe T-Formel, schneller schwingend, das heißt stabiler, sind jene Boote, welche einen kleinen Trägheitsarm haben. Das ist der Beweis des schädlichen St-Einflusses von sehr seitlich oder hoch liegenden Gewichten. Und andererseits würden noch geringere i zu unangenehm harten Bewegungen führen.

Wir benötigen im Vergleich zu den Großschiffen nicht nur kleinere $\frac{i}{B}$, sondern (entgegengesetzt) größere Hebelsarme h, weil ihr Bedarf weniger von der Schiffsgröße, doch sehr vom Verhältnis des Überwasserschiffes zur Verdrängung abhängt, welches im Kleinschiffbau bedeutend höher liegt. Vereinfachen wir die Richtlinie auf das Verhältnis Seitenansicht über- zu jener unter Wasser (Lateralplan der reinen Form), so liegt dieser Wert vom Überseefrachter bis zum Passagierschiff um 1,2 bis 2,7. Doch bereits eine einfache Motoryacht, ohne viel Aufbauten, ergibt die Zahl 4. Mit Deckshaus und Flybridge kommt man daher leicht auf 5 und darüber, also auf das Doppelte der großen Luxusklasse.

Gewiß, wir gehen dafür in die Breite, aber trotzdem lade ich meine Leser dazu ein, sich an Hand von Veröffentlichungen hoher Yachten einen ganz einfachen maßstäblichen Umriß der Vorderansichten zu skizzieren, mit der Frage: fällt der um? Und so auch von jenen Booten *aller Zwecke*, welche — meistens mit Menschenverlusten verbunden — infolge Kenterung *hinterher* bedauert wurden.

Skizze 83e zeigt Anhaltspunkte für günstige Anfangs-St.-Hebelsarme h bei 5°, aufgebaut auf der Boots-⊙-Höhenlage = G über dem tiefsten Form-Punkt K (ohne S-Schläge u. dergl.) Nicht mit dem h_{max} zu verwechseln, welche bei Segelyachten bei 55—60° und bei Motoryachten bei 30—40° erreicht werden sollen.

Die Skizze f zeigt ein Überschlagsverfahren zur ca.-Auffindung des CWL-Trägheitsmomentes J, (statt nach Zeichnung 81) aufgebaut auf dem CWL-Völligkeitsgrad α (Kap. 7), womit sich der Faktor k ergibt. Formel steht in der Skizze.

Beispiele: 1. Aus einer Versuchskonstruktion haben sich ergeben: CWL = 10,5 × 3, ihr $\alpha = 0{,}70$, $V = 6\ m^3$, G-⊙ 0,45 m über CWL und F_0 (für Überschlag evtl. nur geschätzt) 0,15 darunter, daher $\overline{GF_0}$ ca. 0,60; $\overline{GK} = 0{,}90$.

Aus Skizze f wird $J \cong 0{,}042 \times 10{,}5 \times B_{CWL}^3 = 11{,}9\ m^4$. $\overline{M_0F_0} = \frac{J}{V} = 1{,}98$; minus $\overline{GF_0} = \overline{M_0G} = 1{,}38$ m. Dieses $\times \sin 5° = 1{,}38 \times 0{,}087 = h = 0{,}120$ m. Skizze e: $\frac{GK}{B_{CWL}} = \frac{0{,}90}{3} = 0{,}3$. Zeigt dazu einen h-Bedarf bei 5° von 0,112 bis 0,117. Wir sind also richtig.

2. Ein *gleich langes,* ziemlich ähnliches Boot soll mit Deckshaus und Flybridge gebaut werden. Damit wandert in diesem Falle der G-⊙ um 0,20 m nach oben. (Mit Zusatzrechnung zu ermitteln.) Liegt nun auf 0,65 über CWL. V wächst von 6 auf 6,6. Annahme α bliebe 0,70, also ist k wieder 0,042. Das leichte Absinken von F_0 und K wird vorderhand vernachlässigt und wir fragen: wie groß muß nun B_{CWL} werden? $\frac{J\ alt}{V\ alt}$ war 1,98, welches Maß nun auch, für gleiches h, um mindestens 0,20 m höher reichen muß. Daraus $\frac{J\ neu}{V\ neu} = 2{,}18$, womit das notwendige $J\ neu = 2{,}18 \times 6{,}6 = 14{,}4$ wird. Wir setzen nach Skizze f: $14{,}4 = 0{,}042 \times 10{,}5 \times B\ neu^3$. Neue CWL-Breite

$$\sqrt[3]{\frac{14{,}4}{0{,}042 \times 10{,}5}} = \sqrt[3]{32{,}7} \cong 3{,}20 \text{ statt } 3{,}00 \text{ m.}$$

Nach Skizze e, welche die anderen Folgen der Bootserhöhung berücksichtigt: $\overline{GK}$ neu = 1,10; $\frac{1{,}10}{3{,}20} = 0{,}34$. Danach ein h von 0,130 bis 0,137 erwünscht, statt 0,120. Darum wird es besser sein, die neue CWL auf 3,25 m zu bringen.

Skizze e ist restlos von mir, Skizze f nicht, doch für unsere Kleinschiffe von mir umgebaut.